de la part de l'auteur

POMOLOGIE

PHYSIOLOGIQUE.

IMPRIMERIE
DE MADAME HUZARD (née VALLAT LA CHAPELLE),
RUE DE L'ÉPERON, N°. 7.

POMOLOGIE
PHYSIOLOGIQUE,

ou

TRAITÉ

DU PERFECTIONNEMENT DE LA FRUCTIFICATION;

Avec recherches et expériences sur les moyens d'améliorer les fruits domestiques et sauvages, d'augmenter et d'assurer leur produit, de faire naître des espèces et variétés nouvelles, et d'en diriger la création, d'acclimater les espèces étrangères, et d'accélérer l'époque de la mise à fruit des végétaux, et particulièrement des jeunes arbres à fruit, à pepin et à noyau, et autres venus de semis; suivies de plusieurs Mémoires relatifs à la taille des arbres à fruit, à la marche de la sève, à la formation des hybrides et des variétés, etc.

Par M. SAGERET,

MEMBRE DE LA SOCIÉTÉ ROYALE ET CENTRALE D'AGRICULTURE, DE CELLE D'HORTICULTURE, ETC.

PARIS,

Mme. HUZARD (née VALLAT LA CHAPELLE),

LIBRAIRE, RUE DE L'ÉPERON-SAINT-ANDRÉ, N°. 7.

1830.

POMOLOGIE
PHYSIOLOGIQUE.

CHAPITRE PREMIER.

INTRODUCTION.

L'établissement de nombreuses Sociétés d'horticulture sur plusieurs points du monde civilisé devra faire époque dans l'histoire de l'agronomie. Jusqu'à ces derniers temps, l'art du jardinage ou l'horticulture, considéré comme science, avait été concentré chez un petit nombre de praticiens et d'amateurs. Ce n'était qu'un point dans la science beaucoup plus vaste de l'agriculture, négligée elle-même dans son ensemble, et encore plus dans ses nombreuses subdivisions; une de ses branches les plus importantes, soit comme utile, soit comme agréable, est sans contredit la culture des fruits et des arbres à fruit. Quoique plusieurs auteurs recommandables depuis Olivier de Serres, tels que Duhamel, la Quintinie et beaucoup d'autres, s'en soient occupés avec honneur et succès, nous pouvons cependant dire que la Pomiculture est encore très peu avancée. L'éducation et la multiplication des arbres à fruit par le secours des semis, de la plantation, de la greffe et de la taille sont bien, à la vérité, assez généralement reconnues comme fondées sur des principes sûrs, et l'exécution de ces moyens comme perfectionnée; cependant il y a même, à cet égard, encore beaucoup à faire; et en mon particulier je m'inscris en faux contre la pratique de la taille, au moins telle qu'elle est usitée trop généralement; j'en excepte néanmoins celle du pêcher, que les cultivateurs de Montreuil ont poussée bien près de la perfection. Mais, laissant là la pratique de cet art, et nous élevant à sa partie physiologique, si nous visons à l'amélioration des espèces quant à la saveur et à la qualité des fruits, quant à l'augmentation, à l'accélération et à la certitude des produits, à l'acclimatation des espèces étrangères, à la création des variétés, et, ce qui est encore plus important, à la direction à suivre dans cette création, en avons-nous seulement les premières données? Non. On a cependant obtenu quelques succès; mais la plupart ont été dus au hasard, c'est à dire à un concours de circonstances heureuses, peut-être, mais non amenées et non prévues; et il n'y a point de corps de doctrine pour nous enseigner, pas même pour nous mettre sur la route, et nous guider dans ces recherches.

Ce n'est point aussurément comme fondateur de cette doctrine que je me présente ici, j'ai cherché seulement à ramasser les matériaux, à indiquer ceux qui manquent, à offrir le peu que j'ai pu y ajouter de mon chef, et enfin à présenter, dans l'avenir, à de plus habiles et de plus heureux que moi une réunion de faits, d'expériences, d'observations, de rapprochemens, de conjectures et de réflexions dont la liaison et le classement restent à faire.

Occupé, dans ma jeunesse, d'agriculture pratique beaucoup plus que d'horticulture, je n'ai cependant, lorsqu'il m'a été possible, jamais négligé de faire des observations particulières sur divers sujets; dans mes momens de loisir, je m'amusais à greffer, à faire des incisions annulaires, à faire des semis, soit de fleurs, soit de plantes économiques, soit d'arbres, dans un but de perfectionnement, de production de variétés. Outre l'intérêt de curiosité que cette méthode de culture par semis inspire par elle-même, elle a le grand avantage de fournir les moyens d'étudier la marche de la végétation et de la fructification propres aux plantes en général et à chacune d'elle en particulier; la multiplication par semis, plus conforme au vœu de la nature, plus rapprochée d'elle en rapproche aussi les plantes (j'entends quant à leur manière de végéter), et par là nous apprenons mieux à les connaître, que lorsqu'elles sont défigurées par la greffe, la bouture, etc. J'ai donc, à différentes reprises, semé force graines de pommes de terre, d'œillets, de jacinthes, tulipes, oreilles-d'ours, primevères, etc., presque toutes les espèces de cucurbitacées, comme potirons, giraumons, concombres, melons, etc., ainsi que des rosiers et des pepins et noyaux de beaucoup d'arbres à fruit, pratiquant de temps à autre des fécondations artificielles sur un grand nombre d'individus. Ces semis m'ont donné, dès long-temps, lieu d'étudier, dès le principe, soit la marche ordinaire de la nature, soit les modifications résultantes de la culture dans la production spontanée des variétés, et dans la production artificielle des hybrides, soit entre variétés, soit entre espèces plus ou moins éloignées. J'ai pu, dès l'origine, étudier la formation des arbres fruitiers venus de semis, et, relativement à eux, j'ai bientôt été convaincu que cette première formation, et par conséquent leur véritable naturel, était complétement inconnu à plusieurs de ceux qui ont traité de leur conduite et de leur taille. La preuve de ce que j'avance résulte de la différence des diverses méthodes de taille entre elles, et de ce que, dans l'emploi de la plupart de ces méthodes, on se trouve perpétuellement en contradiction avec l'ordre de la végétation et de la fructification assigné à chaque espèce d'arbre; on taille, ou plutôt on rogne sans connaître la place où les boutons à fruit devront naturellement apparaître. On greffe sans trop faire attention à l'essence des sujets et au lieu où l'on prend et où l'on place les yeux ou les branches, sans prévoir les effets résultans de ces opérations, soit sur l'endroit opéré, soit sur l'arbre lui-même en entier, soit sur le greffant, soit sur le greffé, en raison de la différence des sujets; on ébourgeonne sans mesure, on pratique l'incision annulaire, on pince, on casse sans plus de prévoyance; l'éborgnement, cette opération si utile, est à peine connu. On parle de la sève du printemps et de celle d'août sans s'en faire une idée juste, sans se douter même que, sur plusieurs essences, et même sur plusieurs sujets de la même essence, il ne s'en manifeste jamais qu'une seule; on sème les pepins et les noyaux des fruits sans connaître en aucune manière, je ne dis pas l'espèce, mais l'individu sur lequel on les a pris; on prononce sur la qualité d'un fruit, surtout de celui obtenu de semis, au premier coup-d'œil, à la première dégustation sans faire attention à l'âge, à la position du sujet, soit greffé, soit franc de pied, et enfin ce qui, quoique beaucoup plus important, a été complétement négligé jusqu'ici, ou même inaperçu, on ne connaît ni ne soupçonne l'influence et les résultats probables de toutes ces opérations de culture sur les graines des fruits des arbres qui y ont été soumis, et sur leurs provenances futures : est-il donc bien étonnant qu'on soit encore si loin de la perfection ?

On peut donc dire avec assurance qu'avancés, jusqu'à un certain degré, dans la Pomiculture pratique, nous sommes absolument dans l'enfance de l'art relativement à la théorie, et à l'amélioration des espèces. Ce n'est pas que nous n'en ayons d'excellentes, mais d'où viennent-elles ? Comment les a-t-on obtenues ? Une grande partie, dit-on, a été trouvée dans les bois, d'où il était tout simple de les transporter dans les jardins, ce qu'on a fait en effet, ayant, comme de raison, attention de choisir les bons ou très bons, et de laisser les médiocres ou mauvais. D'après ce fait, on a paru croire, contre toute analogie, que ces bonnes espèces étaient le produit des pepins d'arbres sauvages, soit même demi-sauvages, au lieu de les attribuer aux pepins de bons fruits portés et mangés dans les bois par les oiseaux, les bûcherons, les pâtres, ou aux bonnes espèces greffées dans les bois par ces derniers dans leur temps de loisir; ce qui se voit assez souvent. Quoi qu'il en soit, il en résulte toujours que, dans la production de ces bonnes espèces tirées des bois, nous n'avons guère à nous glorifier d'autre mérite que de celui de les avoir trouvées.

Je conviendrai néanmoins avec plaisir, et j'en fais honneur aux savans et aux amateurs distingués à qui nous avons cette obligation, comme M. Van Mons et autres, qu'on a obtenu en Belgique et ailleurs d'excellentes variétés nouvelles : comment s'y est-t-on pris ? J'avoue que jusqu'à ces derniers temps, je ne savais rien de positif à cet égard. Je rends grâce à M. Poiteau d'avoir soulevé cette question, et à M. Van Mons d'avoir publié un extrait de son Catalogue, où les principes de sa méthode sont indiqués. J'y vois une excellente pratique, mais rien de nouveau : je suis donc réduit pour de plus amples renseignemens, à désirer le traité complet qu'il nous a promis ; je reviendrai sur ce sujet en temps et lieu.

On s'est plaint, d'ailleurs, qu'en France et dans notre climat, les essais faits en ce genre n'avaient pas réussi ; mais en a-t-on fait bien réellement et les a-t-on suivis ? Je sais bien que Duhamel avait assez l'habitude de semer des pepins de ses meilleurs fruits, et qu'il passe pour n'avoir rien obtenu de merveilleux ; mais peut-être n'avons-nous pas là dessus des renseignemens bien exacts ; et d'ailleurs, ces expériences sont si longues, qu'il n'a pas dû pouvoir les mettre à fin, et, depuis lui, qu'est-ce que tout cela est devenu? Le petit nombre de semis faits en France dans cette vue de perfectionnement, le peu d'attention et le défaut de constance, le trop grand empressement qu'on peut avoir mis à juger ces nouveaux fruits sont, à mes yeux, des causes bien suffisantes de non-succès; car je ne dois pas mettre en ligne de compte les pepins de fruits sauvages et demi-sauvages qu'emploient les pépiniéristes, destinés pour la plupart à être greffés, dont on n'attend pas le fruit, parce qu'il faudrait trop long-temps l'attendre, et qu'il n'y aurait, suivant les apparences, que très peu de bon à en espérer. Il faut d'ailleurs, ainsi que je l'ai déjà dit, un certain temps pour juger ces fruits nouveaux; il est pourtant reconnu qu'avec le temps plusieurs sont susceptibles de se perfectionner : il eût donc été expédient d'attendre que l'âge eût modéré la fougue de ces jeunes arbres, que leur greffe sur des sujets appropriés eût affiné leur saveur, que la transplantation dans des terres convenables à leur essence eût développé leurs qualités : c'est ce qu'on n'a guère fait; et à dire vrai, est-ce bien le seul point sur lequel nous ayons manqué de patience et de constance? Je m'étendrai ailleurs sur tous ces sujets, et je ne négligerai pas de parler des fruits nouveaux que nous fournit aujourd'hui l'Amérique septentrionale.

Depuis trente-six ans ou environ, j'ai publié plusieurs Mémoires ou Notices ayant plus ou moins de rapport avec ce que je traite ici, leur date fait foi que mes expériences ne sont pas nouvelles; n'ayant jamais cessé de m'en occuper, j'ai pu acquérir quelque habitude. Ces Mémoires traitent du semis des pommes de terre, des variétés qu'on en obtient par ce moyen, de la production de plusieurs hybrides dans les arbres à fruit, dans les cucurbitacées, dans le melon, etc. Ils sont insérés soit dans l'ancienne *Feuille du Cultivateur*, soit dans les *Mémoires de la Société royale et centrale d'agriculture*, soit dans les *Annales d'agriculture*, dans les *Annales de la Société d'horticulture, etc.*, où l'on pourra les consulter. Je donnerai néanmoins, à la suite de cet ouvrage, soit par extrait, soit dans son entier, ce qui me paraîtra indispensable pour mon sujet.

D'après le titre assez étendu que je donne à ce Traité de Pomologie physiologique (1), il est

---

(1) J'ai long-temps hésité sur ce titre de *Pomologie physiologique*, ces deux mots paraissant ne pas devoir être accolés l'un à l'autre; cependant, comme ils sont consacrés par l'usage, et qu'ils expriment parfaitement mon idée;

évident qu'on ne doit pas s'attendre à y trouver un traité ordinaire de culture des arbres à fruit, mes vues sont d'un ordre plus élevé; on n'y trouvera ni préceptes de taille, ou de greffe, ou de plantation, je suppose que mes lecteurs connaissent à peu près tout cela : on trouve en effet tous ces détails dans tous les livres de jardinage, et si je suis obligé de passer en revue tous ces procédés, de m'étendre même sur quelques uns d'entre eux, tels que la greffe, l'incision annulaire, le marcottage, le bouturage, la coupe des racines, le semis, la taille, le cassement, le pincement, l'ébourgeonnement, l'éborgnement si avantageux et si peu connu, ce ne sera pas, généralement parlant, sous le rapport de leur exécution pratique et de leur application ordinaire, mais sous un aspect nouveau et relativement à l'amélioration des fruits, à la production des variétés; et la pratique des fécondations artificielles, à laquelle je me suis livré depuis longtemps, me sera, sur ce dernier point, d'un très grand secours; en un mot, le perfectionnement de la fructification, considéré dans toute son étendue, et dans toutes ses parties, sera le principal but de ce Traité.

---

guidé d'ailleurs par diverses autres considérations, j'ai cru devoir les adopter.

Je passerai aussi en revue tous nos arbres fruitiers et même quelques autres; chacun d'eux aura son article particulier, où je parlerai de leurs diverses espèces et variétés, des facilités que chacun d'eux offrira pour son perfectionnement; je ne négligerai pas non plus quelques autres fruits, tels que les fraises, les melons, etc., ainsi que quelques plantes économiques, telles que la pomme de terre, la patate, etc. L'acclimatation des espèces étrangères, et les moyens d'avancer la fructification auront aussi leur place.

Cet ouvrage est donc absolument neuf, il manquait à la science : sera-t-il complet et parfait? Non certainement, cela est bien loin de ma pensée; son titre est un peu trop ambitieux, je l'ai bien senti; les expériences, les documens, les faits sont trop peu nombreux, trop incertains même, car il faut bien le dire; et malgré tous ces défauts, sera-t-il donc utile? Je le crois. S'il ne remplit pas son titre, il mettra sur la voie, et comme je l'ai déjà dit, c'est un cadre à remplir, et mon intention est bien décidée, si je le puis, d'y travailler tout le premier; mais j'engage aussi tous les amis de l'horticulture à me seconder. Les *Annales d'agriculture, d'horticulture, de l'Institut de Fromont, Le Cultivateur* ou *Journal de l'industrie agricole*, et autres sont des dépôts ouverts aux communications agronomiques, où je me ferai un devoir de recueillir et de mettre en ordre tout ce qui sera publié de relatif à mon sujet; et je ne doute pas qu'avec ce concours d'efforts on ne puisse, d'ici à peu d'années, jeter quelques lumières sur ce sujet nouveau, et obtenir des résultats inespérés.

Je crois devoir ajouter que je possède actuellement dans mon jardin à Paris, plus de quinze cents arbres à fruits, à pepins et à noyau, d'espèces diverses et de variétés choisies, parmi lesquels sont plusieurs hybrides tant simples que composés que j'ai formés et semés moi-même; tous sont francs de pied, ne sont point destinés à la greffe, et doivent donner leur fruit naturel; nul autre que moi ne met la main à ces arbres, plusieurs sont abandonnés à eux-mêmes (autant du moins que possible), afin de permettre l'observation de leur marche naturelle de végétation et de fructification, chose dont on ne peut avoir une idée exacte lorsqu'on n'a vu que des arbres soumis à la greffe et à la taille. Quelques autres ont été consacrés à diverses expériences, dont j'aurai occasion de rendre compte, la plupart de ces expériences devant servir de base au présent Traité. Ces jeunes arbres ont déjà commencé à porter fruit, et une grande partie du reste pourra en offrir l'année prochaine.

P.-S. Dans ces derniers temps, MM. Bosc,

Féburier, Poiteau, Oscar Leclerc, etc., ont encore jeté quelque lumière sur cette partie. Mais il est à regretter que MM. Lelieur, Du Petit-Thouars, Van Mons, qui avaient commencé, entrepris ou promis des ouvrages importans, ne nous en aient donné qu'une très petite partie. Leurs ouvrages néanmoins m'ont été d'un grand secours : M. Sieulle, comme praticien habile, m'a aussi été fort utile; M. d'Albret, jardinier au Jardin du Roi, a aussi dirigé ses travaux sur ce sujet. Je regrette de n'avoir pas eu le loisir de consulter ce qu'ont publié MM. Noisette et Turpin, ainsi que le *Cours de culture* de M. Thoüin, et les ouvrages du docteur Gallesio.

CHAPITRE II.

DES MOYENS DE PERFECTIONNER LA FRUCTIFICATION.

DE LA GREFFE.

D'après l'exposé du plan de cet ouvrage, il est aisé de juger que je ne dois m'occuper que de la partie physiologique de la greffe, et seulement sous le rapport de l'amélioration des fruits, ce qui exige cependant que je passe en revue et que je discute les modifications de tout genre qu'elle fait éprouver aux végétaux qui y sont soumis, et que même je dise un mot sur quelques unes des espèces de greffe. A cet effet, je ne crois pas pouvoir mieux faire que de m'appuyer sur l'autorité de feu M. Thoüin, et je vais commencer par un extrait de son ouvrage intitulé, *Monographie des greffes*, où il est aussi question de la greffe herbacée de M. le baron Tschudy, je vais le laisser parler.

1°. *Extrait de la Monographie des greffes de M. Thoüin* (1).

Les avantages de la greffe sont entre autres, 1°. de conserver et de multiplier des variétés, des sous-variétés et des races d'arbres provenues de graines dues aux hasards de la fécondation, et qui ne se propagent point par la voie des semences. Elle est aussi la plus sûre et la plus prompte pour se procurer un grand nombre de végétaux très intéressans, qui se multiplient difficilement par tout autre moyen.

2°. De perpétuer des monstruosités remarquables, suites de maladies ou d'accidens : telles sont les panachures, les laciniures, les fleurs doubles

---

(1) Cet ouvrage a été refondu dans le *Cours de culture et de naturalisation des végétaux* du même auteur, que devront consulter les personnes qui veulent approfondir la science de l'horticulture. Paris, 1827; chez Mad. Huzard, libraire.

et pleines, et les fruits irréguliers. Le rosier à feuilles de céleri, l'érable lacinié, les arbres panachés et maculés, les cerisiers à fruits en bouquets, et les orangers dits hermaphrodites offrent des exemples de ces singularités.

3°. D'accélérer de plusieurs années la fructification.

4°. D'embellir les fleurs de beaucoup de variétés d'arbres et arbustes d'ornement.

5°. Enfin, de bonifier les fruits d'arbres économiques, et d'en hâter la maturité.

Changemens qu'opèrent les greffes. Les sujets ne changent pas le caractère essentiel des arbres dont ils reçoivent les greffes; mais ils le modifient souvent. Nous allons citer quelques exemples de ces modifications : elles se font plus particulièrement remarquer.

1°. Dans la grandeur. Ainsi les pommiers qui, greffés sur franc, s'élèvent à sept ou huit mètres, greffés sur paradis, atteignent à peine la hauteur de deux mètres.

Le sorbier des chasseurs, venu de graine dans nos jardins, s'élève à la hauteur d'un arbrisseau, lorsqu'il est enté sur l'aubépine il forme un petit arbre de huit mètres de hauteur.

L'érable à semences velues (*acer eriosperma*, Desf.), greffé sur sycomore, devient un arbre touffu de seize mètres de hauteur, tandis que provenu de ses semences, il ne s'élève qu'à dix mètres.

2°. Dans le port. Ainsi le ragouminier (*prunus pumila*, L.) produit par ses graines est un arbuste qui rampe sur la terre, et s'élève rarement au dessus de six décimètres; greffé sur prunier, ses tiges droites, réunies en faisceau, parviennent à la hauteur de plus d'un mètre.

Le cytise à feuilles sessiles (*cytisus sessilifolius*, L.), venu de semences, est un sous-arbrisseau d'un port étalé et grêle. Greffé sur le cytise des Alpes, il forme un buisson touffu, arrondi, et de quinze décimètres de haut.

Le robinia-pygmée, franc de pied, se couche sur terre, et ses rameaux se relèvent par leur extrémité. Lorsqu'il est greffé en tige sur le caragana, il forme une touffe arrondie et pendante vers le sol.

3°. Dans la robusticité. Ainsi le néflier du Japon, greffé sur l'épine blanche, a passé, au Muséum, plusieurs de nos hivers en pleine terre, parce qu'on a eu la précaution de le couvrir de paille; tandis que la gelée a fait périr, pendant les mêmes années, plusieurs individus francs de pied, quoiqu'ils eussent été couverts de la même manière.

Le vrai pistachier, greffé sur le térébinthe, est moins sensible au froid que les individus provenus de semences, apportés de l'Asie mineure. Les premiers résistent à nos gelées de dix degrés, tandis que les seconds périssent à six degrés, toutes choses égales d'ailleurs.

Un individu de chêne à feuille de saule (*quercus phellos*, L.), greffé sur l'yeuse, a supporté sans abri, pendant cinq jours consécutifs, seize à dix-sept degrés de froid, et des individus de la même espèce, venus de graines, sont morts à sept degrés et demi de gelée.

4°. Dans la fructification plus ou moins abondante. Les robinia roses, satinés et visqueux, greffés sur d'autres espèces du même genre, donnent rarement des graines, et n'en donnent jamais qu'en très petit nombre, tandis que, francs de pied, ils en produisent souvent une assez grande quantité.

Au contraire, les sorbiers des oiseleurs et de Laponie, les pommiers hybrides et à bouquets se chargent d'une quantité de fruits deux fois plus considérable, étant greffés, les premiers sur aubépine et les seconds sur pommier sauvageon, que lorsqu'ils sont provenus de leurs semences.

5°. Dans la grosseur des fruits. Beaucoup de fruits charnus, et particulièrement ceux à pepins, sont plus volumineux souvent d'un cinquième, d'un quart, quelquefois même d'un tiers sur les arbres qui ont été greffés, que sur les arbres de la même variété provenus de semences.

6°. Dans la qualité des graines. Le grossissement du péricarpe influe rarement sur la grosseur des semences ; au contraire, elles sont, en général, mieux nourries, plus nombreuses et plus fertiles sur les individus provenus de graines que sur ceux qui ont été greffés. Cette différence est d'autant plus sensible, que les arbres sont cultivés depuis plus long-temps et s'éloignent davantage de leur état sauvage. On en trouve des exemples dans diverses variétés de pommiers, de poiriers et autres arbres fruitiers.

7°. Dans la saveur des fruits. Si le sol, le climat, les saisons, l'humidité, la sécheresse, la lumière, et surtout la chaleur influent sur la qualité des légumes et des fruits, comme cela n'est pas douteux, à plus forte raison les sujets soumis à toutes ces influences, et dont la sève, élaborée par leurs organes, sert d'aliment aux greffes, doivent-ils modifier la saveur des productions de celles-ci. Ils ne pourront pas transformer une prune, une cerise, une pêche, un abricot, une pomme, etc., en fruit d'un autre genre, comme l'ont pensé quelques personnes ; mais ils influeront certainement d'une manière sensible sur leur goût. Ainsi, le prunier de reine-claude, greffé indistinctement sur différentes variétés de sauvageons de son espèce, produit des fruits insipides sur les uns et délicieux sur les autres : les cerisiers greffés sur le mahaleb, sur le laurier-cerise ou sur le merisier des bois, donnent des fruits dont les saveurs sont très différentes.

8°. Enfin, dans la durée de leur existence. La plupart des arbres fruitiers, et surtout ceux de la division des fruits à noyau, vivent moins long-temps lorsqu'ils ont été greffés que lorsqu'ils sont venus de semences. Parmi les arbres à fruits à pepins, dans le genre du pommier par exemple, le maximum de la longévité des individus greffés sur paradis est de quinze à vingt-cinq années; les individus entés sur franc vivent jusqu'à cent vingt ans; et ceux qui, provenus de semences, n'ont été ni greffés ni soumis à la taille, peuvent vivre deux cents ans et au delà. Cependant, l'effet contraire se présente quelquefois parmi les arbres d'autres séries, et particulièrement parmi les arbres étrangers : ceux-ci, greffés sur des espèces indigènes robustes, vivent plus long-temps que les individus de même espèce provenus de leurs graines : tels sont les pavia rouge et jaune greffés sur marronnier d'Inde, les sorbiers des chasseurs et de Laponie entés sur l'épine blanche, etc., etc.

Greffes des parties herbacées des végétaux, ou greffes Tschudy.

C'est à M. le baron Tschudy que l'agriculture est redevable de ces greffes. Elles se distinguent de toutes les autres, en ce qu'elles s'effectuent au moyen des tiges herbacées des arbres, des plantes vivaces, et même des plantes annuelles.

A mesure qu'un arbre avance en âge, ses couches ligneuses sont comprimées de plus en plus par la formation des couches nouvelles qui croissent annuellement entre l'aubier et l'écorce des années précédentes. Le bois devient plus dense, et les canaux séveux qu'il contient se resserrent de manière à ne plus permettre le libre cours de la sève; aussi n'est-ce que dans les parties vertes des végétaux que ce fluide circule en assez grande abondance pour opérer une cicatrisation : voilà pourquoi jusqu'à présent nous n'avons obtenu de réussite que par la soudure des écorces, et jamais par l'union du bois, ni de l'aubier. Ici nous allons observer un nouveau phénomène : en greffant de jeunes végétaux herbacés, la sève et les sucs propres seront également répartis dans tous les vaisseaux nourriciers, et la tige entière jouira de la propriété de s'unir à une autre tige dans le même état. D'après cela, on conçoit que ces greffes ne doivent laisser presque aucune trace sur les individus.

Physique et théorie. Pour que cette union s'opère avec facilité et promptitude, il faut avoir soin d'insérer la greffe sur le sujet dans l'aisselle ou dans le voisinage d'une feuille vivante, de manière que la sève qui devait se porter au bourgeon de cette feuille puisse animer le bourgeon inséré. Écoutons ici M. Tschudy lui-même.

« Les feuilles sont essentiellement pourvues d'organes propres à absorber dans l'atmosphère des principes nourriciers; elles y pompent principalement de l'eau; elles absorbent la substance lumineuse; elles saisissent dans l'atmosphère une partie de l'air élastique, qu'elles approprient à la nutrition de la plante. Elles sont aussi pourvues d'organes propres à la transpiration, par lesquels elles rejettent au dehors l'excédant de l'eau qui leur est nécessaire. C'est là que réside le principal laboratoire où se forme le cambium.

». C'est donc par l'action des feuilles qu'il faut greffer de l'herbe sur l'herbe pleine des tiges vertes.

» Mais les parties d'un végétal qui, par défaut d'organes propres à l'accroissement, ne peuvent se prolonger, meurent en cédant leur propre substance au bouton voisin.

» Si donc vous avez coupé une tige verte un pouce au dessus d'un bouton, ne greffez pas sur cet inutile tronçon de tige verte, qui, ne pouvant vivre pour lui-même, est dans l'impuissance d'animer une greffe.

» Greffez à la hauteur de ce bouton terminal, qui, en se prolongeant, occasionera la cicatrisation, et qu'on supprimera lorsque le bouton inséré aura puisé sur cette jeune tige le principe d'une vie nouvelle. »

Il faut aussi faire coïncider les parties incisées du sujet et de la greffe, de manière à établir entre leurs fibres le parallélisme le plus exact possible; et il est bon de les abriter des rayons du soleil.

Enfin, il est nécessaire de ligaturer assez fortement pour que les fibres ligneuses du sujet, en se durcissant, ne puissent pas, par leur écartement, se séparer de la greffe.

Lorsque ces opérations sont terminées, on abandonne la greffe à elle-même pendant quelques jours, puis on enlève les bourgeons inférieurs qui se trouvent sur la tige du sujet. Bientôt après, on supprime le bourgeon même de la feuille nourrice, et lorsque le gemma inséré se prolonge d'une manière sensible (vers le trentième jour), on desserre et l'on serre de nouveau avec une lanière de papier et un fil de laine, plutôt pour contenir que pour contraindre.

Ces greffes doivent s'effectuer pendant les mois de mai et de juin, puisqu'il faut que les tiges soient herbacées, et puisque les feuilles jouent un si grand rôle dans la cicatrisation de la plaie.

Les arbres verts, que l'on avait jusqu'à présent regardés comme très difficiles à greffer, se sont prêtés avec la plus grande facilité à ce nouveau genre de greffe. Les arbres à bois très dur, tels que les noyers, les chênes, etc., etc., ont donné des résultats aussi satisfaisans; enfin, les plantes annuelles, bisannuelles et vivaces sont peut-être, depuis les expériences de M. Tschudy, les végétaux les plus faciles à multiplier par la voie des greffes.

Ces greffes peuvent se diviser en quatre séries.

La première comprend les greffes des unitiges, tels que les pins, les sapins, les mélèzes, arbres dont la tige centrale seule s'élève verticalement, tandis que les branches latérales décrivent toutes, avec cette tige, un angle qui devient de plus en plus ouvert, à mesure qu'elles reçoivent par la croissance une augmentation de poids. Ces dernières n'ont, pour ainsi dire, qu'une existence tributaire, et ne peuvent tendre à la verticalité.

La seconde renferme les greffes des arbres omnitiges, tels que la vigne et les autres sarmenteux, dans lesquels la force vitale d'accroissement (1) est également répartie sur chacun des boutons.

La troisième contient les multitiges, ou les végétaux chez lesquels cette même force vitale d'accroissement est susceptible de se diviser et de se transporter, pour ainsi dire, sur telle tige que l'on veut. Dans ce cas sont la plus grande partie des arbres de nos climats.

Enfin, la quatrième réunit les greffes des végétaux herbacés, vivaces, bisannuels et annuels.

---

(1) Force vitale d'accroissement, c'est à dire cette force qui fait que la sève se porte ordinairement dans quelques branches plus que dans les autres pour déterminer leur développement. D'après l'opinion de M. Tschudy, cette force est également répartie dans toutes les tiges des sarmenteux; par conséquent, on peut les greffer toutes avec un égal succès. Elle n'agit que dans la tige principale de la plupart des résineux : cette tige seule est donc susceptible de recevoir les greffes. Mais dans les multitiges, il est facile, au moyen de la taille et de la position plus ou moins verticale que l'on fait tenir aux branches, de porter où l'on veut la force vitale d'accroissement dont il est question. C'est ainsi que l'on recèpe un vieux tronc pour obtenir de jeunes pousses vigoureuses; que l'on retranche quelques tiges pour forcer la sève à se porter vers les autres, etc., etc.

SÉRIE PREMIÈRE. *Greffes des unitiges.* — Il est important de remarquer que ceux des arbres verts dont M. Tschudy a formé la division des unitiges ne prennent pas leur accroissement de la même manière que les arbres qui perdent leurs feuilles annuellement. En effet, dit cet auteur, ces derniers se prolongent exclusivement par le faisceau d'herbes terminales : lui seul marche vers l'élévation, laissant derrière lui une feuille lorsqu'il en est temps, et portant ainsi successivement la dernière feuille près du sommet d'une tige qui a toujours marché exclusivement par son extrémité.

Le bourgeon d'un pin ou d'un sapin, au contraire, se prolonge par tous les points de sa surface cylindrique.

Il résulte de là que si l'on coupait trop tôt la tige centrale herbacée d'un pin et qu'on insérât une greffe sur le sommet de cette tige, cette dernière, en prenant son accroissement, détruirait le parallélisme, et par conséquent l'union qu'on a tâché d'établir entre les parties incisées de la greffe et du sujet.

Il faut donc attendre que la tige herbacée des unitiges soit parvenue aux deux tiers de son développement : alors les feuilles inférieures auront pris leur distance; on coupera la partie de la tige verte où les feuilles, pressées l'une sur l'autre, annoncent un retard dans l'action du prolongement, et on greffera sur ce sommet, où l'on peut se promettre l'immobilité nécessaire.

Greffe d'un rameau terminal herbacé d'un unitige sur le rameau terminal herbacé et tronqué d'un autre unitige.

Opération. Couper horizontalement la tige du sujet; dépouiller de feuilles la place où l'on veut greffer; former une incision triangulaire propre à recevoir le rameau terminal. Quand la greffe est de même diamètre que le sujet, on doit avoir recours au procédé indiqué pour la greffe-Huart.

Usages. Ces deux greffes sont applicables aux pins, sapins et mélèzes : elles peuvent également être employées pour beaucoup d'arbres estivaux.

SÉRIE II. *Greffe des omnitiges.* — Il a déjà été dit que dans ces arbres la force vitale d'accroissement était également répartie sur tous les bourgeons, c'est à dire, suivant les propres expressions de M. Tschudy, que si une tige s'élève verticalement, elle n'usurpe pas une prééminence, et que si elle tombe au dessous de la ligne horizontale, elle ne languit pas par défaut d'élévation : on peut donc greffer la vigne et les autres omnitiges sur chacun de leurs bourgeons.

Cette série ne contient qu'une greffe, qui s'effectue sur la vigne par le procédé de la deuxième greffe, que je vais décrire dans la troisième série.

SÉRIE III. *Greffes des multitiges*. — Dans tous les arbres de cette série abandonnés à eux-mêmes, quelques branches sont toujours beaucoup plus fortes et ont plus de tendance à dominer que les autres. On aurait tort de greffer sur des tiges faibles, qui ne seraient capables de donner que peu de nourriture à la greffe; on aurait même tort, toutes les fois que l'on peut faire autrement, de ne pas supprimer les branches qui pourraient attirer vers elles une partie de la sève destinée à se porter dans la tige greffée pour animer le bourgeon inséré : aussi, lorsque, après avoir recepé un arbre, on a obtenu un grand nombre de rejetons, faut-il ne conserver qu'un ou deux de ces rejetons, au plus, pour les greffer : par ce moyen, la sève, qui n'a point à se partager entre un grand nombre de branches, se porte tout entière au lieu de l'opération, et le succès est assuré.

Greffe par approche d'un bouton naissant avec deux feuilles nourrices.

Opération. Faire au dessus de deux feuilles deux incisions obliques aux tiges herbacées, en laissant le bourgeon que l'on se propose de faire végéter; recouvrir les deux plaies l'une par l'autre et ligaturer. La greffe doit être reprise au bout de quarante jours.

Usages. On peut faire reprendre, par ce moyen, le chincapin, plusieurs chênes et plusieurs noyers d'Amérique sur de jeunes plumules provenues de semences en pots.

Greffe par incision oblique, simple, soulevant une feuille.

Opération. Couper horizontalement le sujet à un pouce environ au dessus du pétiole de la feuille qui précède le faisceau terminal; former, à partir de l'aisselle de cette feuille, une incision oblique d'un pouce ou un pouce et demi de long, et qui se termine au centre de la tige; tailler la greffe en coin, de manière qu'elle remplisse exactement l'entaille du sujet, et que le bourgeon de la feuille se trouve à la hauteur du bourgeon du sujet.

Usages. Cette greffe est applicable à toutes les plantes annuelles et à tous les arbres, mais particulièrement à ceux dont les fibres ligneuses sont assez flexibles pour ne pas obliger à ligaturer trop fortement. Les arbres fruitiers, les rosacées, les peupliers, les saules, les tulipiers, etc., sont dans ce cas. La vigne reprend plus difficilement par ce procédé, parce que son système fibral est d'une grande raideur.

Greffe d'une tige d'un diamètre beaucoup plus petit que celui du sujet.

Opération. Fendre le sujet de manière que l'extrémité du greffoir arrive jusqu'au bourgeon du pétiole; à partir de ce point, former, en baissant la main, une incision oblique dont la profondeur diminue de plus en plus vers la partie inférieure; former une seconde incision qui coupe à angle droit la première et qui s'arrête à la hauteur du bourgeon; tailler le scion en lame de couteau et l'unir au sujet, de manière que les deux bourgeons soient à la même hauteur.

La seconde incision, dont il vient d'être question, a pour but d'empêcher l'écartement des fibres qui pourraient nuire à la reprise de la greffe.

Usages. Les mêmes que la précédente.

Greffe de végétaux à feuilles opposées.

Opération. Faire au sujet une incision triangulaire dont le sommet soit au centre de la tige; y insérer un scion taillé en coin prolongé, de manière que les deux bourgeons de ce scion forment un verticille avec ceux du sujet.

Usages. Propre aux arbres à feuilles opposées.

SÉRIE IV. *Greffes des plantes vivaces, bisannuelles et annuelles.* — Plus l'existence d'un végétal est courte et plus ordinairement sa croissance est rapide et vigoureuse, plus il a de force vitale active. Voyez avec quelle lenteur s'élèvent, pendant les premières années, les grands arbres dont la durée est de plusieurs siècles; remarquez, au contraire, avec quelle rapidité s'accroît une plante annuelle. On dirait que, dans ce dernier cas, la nature se hâte, parce qu'il faut qu'elle produise en une seule saison ce qu'elle ne produit pour les arbres qu'en un laps plus ou moins considérable d'années : aussi les végétaux annuels jouissent-ils beaucoup plus que les plantes vivaces, et à plus forte raison que les arbres, de la propriété de cicatriser promptement une plaie : voilà pourquoi les greffes des plantes annuelles reprennent avec une très grande facilité en très peu de temps. Les soins que l'on doit accorder aux greffes des plantes annuelles sont moins assujettissans encore que ceux que nécessitent les arbres. Ici, l'on peut sans crainte supprimer tous les bourgeons du sujet.

La seule précaution à prendre, précaution qui n'est pas indispensable, c'est d'abriter la greffe de l'aspect immédiat des rayons solaires, en enveloppant d'une feuille les parties opérées.

Greffe d'un artichaut sur chardon lancéolé.

Opération. Tailler en lame de couteau la tige de la greffe près de sa racine, et l'insérer dans une fente pratiquée sur le même sujet en face d'une feuille. Cette opération se fait la seconde année avant la floraison.

Greffe-tomate sur pomme de terre.

Opération. Elle est la même que pour la greffe précédente : elle s'opère au mois de mai.

Usages. « Si en greffant des tomates sur pom-
» mes de terre (c'est M. Tschudy qui parle) on
» parvient à obtenir une récolte égale à deux,
» à doubler un jour l'héritage du pauvre, il
» restera encore à examiner si le sol ne sera pas
» épuisé dans une mesure égale à deux.

» La nature nous permet de lui imposer de
» douces contraintes, j'avoue que celle-ci est un
» peu forte. Ne précipitons pas notre jugement,
» et continuons à marcher vers un but aussi dé-
» sirable, afin d'en mesurer avec précision les
» avantages et les inconvéniens. »

Greffe d'un melon sur tige de concombre.

Opération. Lorsque le melon est parvenu à la grosseur d'une noix, coupez la tige un pouce et demi au dessous de l'insertion du pédoncule ; taillez en coin cette section de tige, et introduisez ce coin dans une incision oblique antérieurement pratiquée, en posant la pointe de l'instrument dans l'aisselle d'une feuille que vous aurez soulevée.

Usages. En greffant sur concombres à différentes époques, depuis le mois de mai jusqu'au mois de juin, M. Tschudy a obtenu, en 1819, des fruits de melon depuis le 15 septembre jusqu'au mois de novembre, et ces fruits furent trouvés meilleurs que ceux qui étaient venus sur leurs propres pieds.

Plusieurs auteurs prétendaient autrefois que tous les arbres pouvaient être greffés les uns sur les autres, quelle que fût d'ailleurs la différence de leur nature. Columelle, entre autres, pour prouver à ses contemporains cette prétendue vérité, planta au pied d'un olivier un jeune figuier, auquel il coupa la tige au collet de sa racine; puis il forma sur l'aire de la coupe qu'il venait de pratiquer une entaille triangulaire et une fente; il courba ensuite une branche de l'olivier et l'unit à la racine du figuier par le procédé de la greffe Varron.

L'olivier végéta, et Columelle en conclut qu'il s'était greffé sur le figuier; mais il eut tort, puisque, pour peu qu'il se fût donné la peine d'examiner l'opération, il se serait aperçu que la tige de l'olivier avait poussé de sa partie opérée plusieurs racines suffisantes pour maintenir son existence ; il avait donc fait une bouture au lieu d'une greffe. C'est un fait qui doit désormais être regardé comme certain, puisque, depuis douze ans, cette expérience est répétée au Muséum, et nous a toujours donné les mêmes résultats.

Comment pourrait-il se faire, en effet, que des arbres dont la contexture est différente et dont la sève n'est pas de même nature pussent s'unir de manière à ne former qu'un seul individu ? On ne doit pas perdre de vue que, dans une greffe, quelle qu'elle soit, le bourgeon ou le rameau inséré végète en grande partie aux dépens de la sève qu'il reçoit du sujet : il faut donc qu'elle soit à peu près de même nature que celle qui l'alimentait sur son propre pied; il faut encore que les canaux qui charrient dans les deux individus les liquides nourriciers aient une organisation et une disposition conformes autant que possible.

En vain on s'efforcerait d'obtenir des résultats durables en greffant ensemble des arbres de deux familles différentes, parce que les mêmes lois qui président à l'organisation extérieure des végétaux président sans doute aussi à leur organisation interne, et que là seulement où il y a des rapports dans la disposition des parties extérieures il doit exister intérieurement une conformité assez grande pour faire réussir les greffes.

Quelques exemples prouvent qu'un végétal peut s'unir à un végétal d'une autre famille; mais ils prouvent aussi que l'union n'est pas durable. Greffez un frêne sur un lilas, en peu d'années les deux individus n'existeront plus, parce que le lilas entre en sève bien plus tôt que le frêne : d'où il résulte que ce dernier reçoit un excès de nourriture lorsqu'il commence à peine à végéter, et qu'il ne peut plus tirer du sujet aucun aliment à l'époque à laquelle il en a le plus besoin pour sa croissance. Le même effet se présente si l'on unit un laurier-cerise à un prunier, parce que l'un est un arbre toujours vert, qui a bientot épuisé l'autre.

On ne peut pas, avec plus de succès, greffer des végétaux de même famille lorsqu'il y a beaucoup de disproportion entre l'accroissement que peuvent prendre les deux individus. Que l'on ente, par exemple, un arbre sur un arbrisseau, il se formera au lieu de l'opération un bourrelet qui occasionera bientôt la mort de l'un et de l'autre, parce que la sève descendante du premier ne trouvera pas d'issue pour arriver jusqu'aux racines du second. Le contraire aura lieu si l'on greffe un arbrisseau sur un arbre; toutes les fois enfin que la nature des végétaux greffés sera différente, on n'obtiendra aucune réussite durable.

Dans ces derniers temps, M. Noisette voulut greffer sur le *cactus opuntia* un *crassula*, il pratiqua pour cela sur les larges feuilles du cactus des incisions longitudinales, dans lesquelles il inséra les greffes. Ces dernières ne périrent point; elles poussèrent des racines qui s'implantèrent dans les feuilles du sujet, et qui s'étendirent même dans l'atmosphère, où elles puisèrent sans doute aussi des fluides nourriciers. Il faut bien que les plantes grasses soient organisées de manière à absorber avec une grande facilité les gaz répandus dans l'air, puisque, quoique leurs feuilles et leurs tiges épaisses et charnues aient besoin d'une nourriture abondante, elles croissent, pour la plupart, en des sols peu profonds et souvent encore moins substantiels : il n'est pas rare en effet de voir ces plantes végéter sur des rochers et des toits de maisons à peine recouverts d'une légère couche de terre.

On peut citer encore parmi les exemples de greffes qui ne sont par le fait que de véritables boutures celle qu'Olivier de Serres a décrite dans son *Théâtre d'Agriculture*, en parlant des fleurs d'ornement des jardins. « Pour meslinger,
» dit-il, et changer les œillets, l'on les ente en
» escusson, en fente aussi; en ceste façon, très
» rarement, et en quelque manière que ce soit,
» est nécessaire d'y apporter de la curiosité,
» pour la foiblesse de la plante; moyennant lequel
» ordre, recouvre-t-on des œillets verts, insérant
» sur des lauriers des jettons d'œillets blancs;
» des bleus sur des buglosses, ou sur des troncs
» de cichorée, faisant l'enture un peu dans
» terre. »

Le même auteur ajoute plus loin (page 367, 1re. colonne, alinéa 1er.) : « Par escusson, aussi
» se sert on à enter plusieurs plantes à fleurs, à
» bouquets, à la médecine, estant un peu fortes :
» comme rosiers, œillets, violiers, passe-velours,

» passe-roses, buglosses, cichorées et semblables,
» pour les bigearrer et diversifier, etc., etc. »

Cette opinion, accréditée autrefois, a été démontrée fausse par beaucoup d'expériences faites de nos jours. Depuis plus de dix ans, on greffe, au Muséum, en écusson ou par scion sur des racines de plantes vivaces ou bulbeuses, des espèces congénères et disgénères. Ces plantes ont repris quelquefois de boutures, jamais elles n'ont donné aucun des résultats annoncés par Olivier de Serres.

Voilà pour les boutures auxquelles on avait donné le nom de greffes. Je vais dire quelques mots des semis sur arbres.

La plantation dont il vient d'être question, sur feuilles de plantes grasses, donna l'idée de semer, entre l'écorce et l'aubier de végétaux ligneux, d'arbustes ou d'arbres, des semences dépourvues ou enveloppées de leurs cotylédons. Ces semences se développeront-elles? Les plantes auxquelles elles donneront naissance se grefferont-elles avec le sujet? Vivront-elles à la manière des parasites ou des fausses parasites? Quelles seront enfin les modifications que leur feront éprouver les végétaux sur lesquels elles ont été semées? Voilà les questions qui se présentèrent tout naturellement.

On avait lieu d'espérer que les germes, développés d'abord par l'humidité répandue sous l'écorce du sujet, pourraient bientôt, en prenant de l'accroissement, se greffer avec lui par approche. Il en est arrivé autrement: si parfois les graines ont germé, les jeunes plumules n'ont eu que peu de jours d'existence. Nos espérances ont été également déçues lorsque nous avons essayé de semer dans la moelle d'arbres vivans auxquels on coupait la tête à cet effet. Quelquefois, à la vérité, les semences ont germé, parce que l'on a eu la précaution de remplacer la partie supérieure de la moelle par un peu de terre; mais bientôt après elles sont mortes, faute de nourriture sans doute.

Dans le cas où le jeune individu aurait continué de croître, il se serait greffé naturellement sur le sujet, et il eût été curieux de savoir ce que seraient alors devenues les racines. Auraient-elles continué à pénétrer dans la moelle? Seraient-elles mortes faute de pouvoir s'étendre, et la greffe aurait-elle vécu, comme toutes les autres, des sucs nourriciers puisés dans le sol par les racines du sujet?

La greffe dite des charlatans est encore une de ces opérations que l'on ne peut considérer comme une greffe. Voici en quoi elle consiste: après avoir coupé à une hauteur plus ou moins grande un tronc d'un diamètre assez fort, on le perfore intérieurement par son centre, de manière que l'arbre opéré présente, depuis ses racines jusqu'au point où l'on a tranché sa cime, une espèce de cylindre creux. On réunit dans ce cylindre plusieurs jeunes individus de familles différentes, dont on fixe les racines en terre, et dont les tiges s'élèvent au dessus de la section horizontale de l'arbre qui les contient.

Nous avons déjà eu occasion d'observer que la végétation active des végétaux résidait principalement dans l'écorce et l'aubier : il n'est donc pas étonnant que l'arbre perforé continue de vivre. Quant aux individus qui se trouvent intérieurement, ils prennent leur accroissement, forment des bourrelets à la partie supérieure de l'opération, et produisent, par la différence de leurs feuillages, de leurs fleurs ou de leurs fruits, un effet souvent très agréable, toujours fort singulier.

2°. *Observations physiologiques sur la greffe en général, et sur quelques espèces de greffes en particulier.*

Les passages que j'ai cités ne peuvent donner qu'une idée incomplète des diverses espèces de greffes et de leurs effets physiologiques, j'engage donc les arboriculteurs à consulter les ouvrages de M. Thoüin; je leur conseille de méditer particulièrement sur les greffes herbacées de M. le baron Tschudy, et sur les greffes dites le Nôtre, Pomone, le Berryais, Duroy, Adanson, Grew, Pepin, Lambert, Bosc, etc. A ces greffes j'en ajouterai quelques unes que j'ai observées ou faites moi-même, et j'établirai une discussion sur leurs effets relativement au perfectionnement de la fructification.

Dans un Numéro du *Bulletin* publié par M. *de Férussac*, j'ai lu qu'on venait de faire réussir une greffe de rosier sur le chêne, cette expérience devra être suivie.

J'ai observé, dans mon jeune temps, dans une des îles Borromées, en Italie, des greffes très bizarres; j'en avais pris note, je n'ai pu la retrouver.

Au nombre des greffes herbacées on a cité la greffe du melon sur concombre comme moyen d'amélioration, j'avouerai que sur ce point je ne suis pas très crédule; il me semble que, sous ce rapport, il eût été préférable de greffer le melon sur lui-même et de semer les graines du melon provenant de cette greffe. Quant aux tomates greffées sur pommes de terre, et aux pommes de terre greffées sur tomates, cette expérience me paraît plus curieuse qu'utile. La tomate greffée sur pomme de terre n'imprime à la saveur des tubercules rien de particulier.

Au surplus, il serait possible que cette greffe imprimât aux graines des fruits qui en seraient le produit une disposition à donner des variétés : c'est une expérience à suivre.

L'influence du greffement ne se fait pas sentir seulement sur la tige et les branches, elle agit aussi très probablement sur les racines, soit en bien, soit en mal (j'entends par là en diminuant ou en augmentant leur force d'accroissement), soit d'une manière quelconque : je ne connais pas d'observations faites à cet égard, elle agit encore sur la tige du sujet qui reçoit la greffe et même très sensiblement.

Lorsque les deux arbres, dont l'un a fourni la greffe (le greffant) et l'autre l'a reçue (le greffé), sont en harmonie de taille, de force et de vigueur, il y a aussi harmonie d'accroissement ou de grossissement entre la tige du sujet et la tige ou les branches développées par la greffe, bien qu'il se manifeste toujours à l'endroit opéré une espèce de bourrelet. Si le greffant est plus fort que le greffé, il prend plus de grossissement sur sa tige et ses branches que ce dernier, et cependant lui communique un peu de sa force, il lui fait prendre un peu plus d'accroissement qu'il n'en aurait pris sans cela. Si le greffant est plus faible que le greffé, le premier gagne un peu en force, mais le second en perd beaucoup plus en proportion, et il reste plus faible qu'il n'aurait été de lui-même. On peut regarder ces remarques comme assez générales, du moins je le crois ; mais elles m'ont été particulièrement fournies par des églantiers greffés par moi. Ceux qui avaient reçu la greffe du rosier-pompon étaient manifestement restés plus faibles qu'ils n'auraient dû l'être, ceux qui avaient reçu la greffe d'églantiers hybrides très vigoureux étaient devenus eux-mêmes d'une force extraordinaire.

J'ai lu quelque part, je crois dans un extrait des *Transactions philosophiques de la Société royale de Londres*, qu'un jasmin non panaché, ayant reçu la greffe d'un jasmin panaché, greffe qui réussit d'abord et qui périt par suite, avait, depuis et au dessous de l'ancienne opération, repoussé un rameau panaché. Si ce fait très singulier est exact, il prouverait d'une manière évidente l'influence du greffant sur le greffé. La panachure des feuilles serait-elle donc une affection contagieuse, capable de se gagner par communication ?

J'aurai par la suite occasion de revenir sur ces faits et de rappeler quelques réflexions déjà faites par moi à cet égard et relatives à cette espèce d'affection contagieuse, remarquée entre des individus à fleur simple et des individus à fleur double : quelques jardiniers prétendent avoir remarqué que pour obtenir des giroflées à fleur simple des graines propres à doubler il était essentiel de laisser auprès des porte-graines des individus à fleur double : cette observation, supposée juste, m'avait suggéré l'idée de greffer sur un rosier double le rosier-capucine, qui n'a point de variété à fleur double, afin d'obtenir des individus à fleur double par le semis des graines des fruits produits par cette greffe ; je n'ai pu suivre cette idée, j'engage quelque horticulteur à la tenter.

On a attribué à la greffe en écusson à œil renversé et à la greffe en fente à bois renversé la propriété d'accélérer l'époque de la fructification, j'ai pratiqué ces greffes, j'ai bien remarqué qu'elles paraissaient pousser très faiblement ; mes observations à cet égard n'ont pas été portées plus loin. Au surplus, comme ces greffes contrarient la végétation, elles pourraient, sous ce rapport, contribuer à avancer la domesticité des arbres sauvages, les graines des fruits en provenant devront en recevoir quelque influence.

J'ai lu dans l'*Essai sur les principes de la greffe* par Cabanis, que les pepins de poire greffée sur coignassier donnaient plus de variétés que les pepins de la même poire greffée sur franc. Ce fait est très important, et j'y reviendrai plus d'une fois.

On verra par la suite qu'il y a tout lieu de croire

que la greffe répétée sur les semis successifs des graines des arbres à fruit est un puissant moyen d'amélioration. J'y reviendrai aussi très au long quand l'occasion s'en représentera.

Je pourrais pousser plus loin ces citations; j'ai dû, pour le moment, me borner aux plus remarquables, cherchant à éviter des répétitions, qui deviendront nécessaires lorsque le sujet m'y forcera. Quoique je pense qu'il eût été avantageux d'établir sur chaque point une discussion particulière, comme cela serait fort long, et que d'ailleurs tous n'ont pas pour moi le même degré de certitude, en tant surtout qu'ils ne sont pas tous le fruit de mes propres observations, je ne puis cependant me dispenser d'en tirer quelques conclusions, du mérite desquelles chacun sera le maître de juger; on pourrait donc en conclure :

1°. Que la greffe influe plus ou moins sur le sujet greffé et sur le greffant.

2°. Que la greffe peut modifier la sève du sujet greffé (exemple tiré du jasmin panaché cité ci-dessus, point très important et qu'il serait nécessaire de constater comme preuve de la possibilité de contagion de diverses affections, panachures, doublement des fleurs, etc., etc.).

3°. Que les espèces étrangères, faibles, petites ou délicates, gagnent en robusticité, en force, en taille, en longévité et en acclimatation lorsqu'elles sont greffées sur des espèces indigènes, acclimatées, grandes, fortes, robustes, ou d'une longue durée, et qu'elles participent plus ou moins de ces qualités avantageuses (objet intéressant, et qui fait voir l'importance de la production des espèces hybrides, comme sujets robustes et propres à recevoir la greffe).

4°. Que cependant, en général, on a remarqué, surtout dans nos arbres fruitiers, que ceux qui sont greffés vivaient moins long-temps que les autres, et n'atteignaient pas la même grandeur; ce qui me porte à croire qu'indépendamment de la force et de la taille des sujets, il est encore d'autres considérations plus ou moins influentes, de sorte qu'il est probable que lorsque nous nous servons d'individus cultivés pour y implanter des greffes, tels robustes qu'ils nous paraissent, ils ne peuvent encore atteindre la robusticité des sauvageons, et que la greffe porte en elle-même un principe de débilitation qui agit indéfiniment lorsqu'il n'est pas plus que contrebalancé par d'autres causes.

5°. Que, par une suite de cette débilitation, effet dont nous ne pouvons nous rendre compte bien exactement, le bois des arbres greffés devient moins dur, les épines disparaissent peu à peu, les feuilles deviennent plus larges, le parenchyme en général plus abondant, et quelquefois la croissance plus prompte en apparence, quoique en définitif elle soit réellement moins considérable.

6º. Que, quant à la fructification, le produit des fruits est en général plus prompt, plus assuré par la greffe, pourvu toutefois que les espèces se conviennent jusqu'à un certain point, que la sève reçoive, par l'effet de la greffe, un principe de modération, d'équilibre entre le bois et le fruit, et qu'il n'en résulte pas un effet de faiblesse trop marqué. Il peut y avoir ici, d'ailleurs, quelques causes d'erreur; ce qui provient de ce que, ne faisant point attention au vieillissement que peut produire la greffe, soit en augmentant le degré de ramification, soit par le choix et la nature des yeux ou branches implantés, soit au lieu de leur placement, circonstances jusqu'ici très négligées dans la pratique, on a attribué à la greffe elle-même la plus prompte fructification qu'elle paraît opérer, fructification qui dans certains cas pourrait être attribuée à divers effets de culture, et pourrait avoir lieu encore plus abondamment et plus sûrement sur les arbres non greffés, mais qui aurait pu se faire attendre beaucoup plus long-temps, ou présenter des effets d'alternat plus sensibles, toutes choses capables d'induire en erreur les observateurs superficiels.

7°. Que le volume des fruits en général est

augmenté (j'entends le volume du péricarpe et non des graines, ce qui est fort différent); je dis en général, parce que je ne pense pas qu'il ne puisse y avoir d'exceptions relatives aux espèces et aux circonstances, ou dans le fait lui-même de grossissement, ou dans ses proportions.

8º. Que le volume des graines proprement dites diminue pour le plus souvent, ainsi que cela arrive aux pepins de poires et de pommes cultivées, qui sont ordinairement moins gros que ceux des pommes et des poires sauvages, pepins qui quelquefois même disparaissent entièrement (cet effet se remarque dans plusieurs fruits, qui les ont perdus pour toujours, et que nous nommons abortifs : tels sont quelques raisins, nèfles, etc., etc.).

On pourrait cependant objecter à cette opinion le grossissement opéré dans quelques belles variétés de noix, d'amandes, de châtaignes, sur lesquelles la greffe paraîtrait avoir opéré un effet contraire; il peut donc y avoir des modifications dans le principe général. Quoi qu'il en soit, il est bon d'observer que, dans tous ces cas, la greffe n'agit point seule; et en effet, suivant l'usage que nous faisons des graines, nous devons suivre une marche tout à fait différente. Ne faisant aucun cas des pepins de poires et de pommes, nous avons dû dès long-temps multiplier et semer, de préférence, les plus petites graines des plus gros fruits; tandis qu'au contraire dans les amandes, noix et châtaignes, nous avons dû, pour semer, préférer les plus grosses. Cette attention, suivie d'âge en âge et pendant une longue suite de siècles, a sans doute opéré son effet soit indépendamment de la greffe, soit malgré la greffe, et ces soins devront être continués.

9°. Que la saveur des fruits est changée, ou modifiée, soit en bien, soit en mal; deux points très importans, sur lesquels je reviendrai tout particulièrement.

10°. Et qu'enfin entre tous les effets que je viens d'indiquer, effets qu'on peut regarder comme actuels et immédiats, la greffe agit d'une manière indirecte, plus éloignée, mais plus efficace, et beaucoup plus importante sur les graines et sur leur postérité; fait déduit du semis des pepins de poires sur coignassier, suivant Cabanis que j'ai déjà cité, fait fondé sur une multitude d'observations, sur lequel je crois pouvoir me flatter d'appeler pour la première fois l'attention d'une manière expresse et solennelle, si l'on peut s'exprimer ainsi, auquel j'attribue les améliorations de poires obtenues en Belgique.

Ces différentes observations nombreuses en

masse, sont malheureusement rares pour chaque cas particulier, et plus malheureusement encore elles n'ont pas toutes le même degré de certitude; et cependant, faute d'autres, je suis obligé de m'en servir; tout en admettant la véracité de leurs auteurs, je n'en suis pas pour cela plus rassuré; car si l'on peut jusqu'à un certain point compter sur ce qui est soumis à la vue, il n'en est pas de même de ce qui tient à l'odorat et au goût : j'avoue que, sur ces derniers points, je suis extrêmement difficile, et que je suis presque toujours en discordance avec plusieurs autres. En voici un exemple.

Plusieurs personnes prétendent que le cerisier greffé sur Sainte-Lucie ou mahaleb, dont le fruit est très amer, produit, en raison de cela, des fruits amers. Je possède plusieurs cerisiers ainsi greffés, au fruit desquels je ne trouve ordinairement aucune amertume; j'en ai d'autres pareils sur lesquels cette saveur s'est manifestée; j'en ai d'autres non greffés qui ont le fruit amer. Jusque-là rien de singulier : on pourrait me dire que cette amertume dans ce cas tient à leur essence; mais ce n'est pas cela : la plupart d'entre eux perdent leur amertume lorsqu'ils sont parfaitement mûrs, et que la saison leur a été favorable, et au contraire il y a des années où, quoique très mûrs, ils conservent cette saveur, probablement parce que la saison ne les a pas favorisés, j'en ai vu des exemples par moi-même. Ces circonstances ont pu tromper les observateurs, ils peuvent avoir trouvé greffées sur mahaleb des cerises amères à une certaine époque, qui ne l'auraient pas été dans un état de maturité parfaite, ou à une autre époque, soit dans une autre année, soit dans un autre terrain.

Au fait, la greffe sur mahaleb peut-elle rendre les cerises amères? J'avoue que je n'en sais rien; cela me paraît douteux, et cependant j'avoue aussi que je n'en serais pas fâché; je tirerais sur-le-champ et avec grand plaisir cette conclusion: qu'en changeant les sujets, la greffe pourrait produire l'inverse, et rendre doux les fruits du mahaleb en les greffant sur cerisier à fruits doux, ou qu'elle pourrait opérer en général telle autre modification désirable; fait que je regarde plutôt comme probable que comme prouvé; j'entends rigoureusement prouvé, c'est à dire d'une manière positive, sensible, immédiate, et telle enfin qu'on ne puisse attribuer cette amélioration, lorsqu'elle a eu lieu, à quelques circonstances particulières, circonstances qui ne peuvent manquer d'accompagner la greffe, et qu'il est impossible d'éviter.

Suivant M. Thoüin, la greffe ne change point

les espèces : rien du moins jusqu'ici ne l'a constaté. Qui pourrait dire cependant ce qui résulterait de la greffe combinée sur des sujets d'espèce différente, et répétée pendant une longue suite de siècles? Nous n'en savons rien; mais nous n'en sommes pas là; raisonnons sur ce qui est à notre portée : si la greffe seule, ou son emploi seul, mais répété sur lui-même, améliore la saveur des fruits, il faut convenir que cela ne se fait que d'une manière lente et infiniment peu sensible. Ainsi, quand on se plaint qu'un arbre rapporte de mauvais fruit, tout le monde vous dit qu'il faut le greffer, et ces paroles si simples ne supposent pas toujours une idée fort exacte ni fort claire; bien des gens croient qu'il suffit pour l'améliorer de le greffer sur lui-même, et ne se doutent pas que ce n'est et que ce ne peut être autre chose que d'implanter sur eux un arbre d'une tout autre nature.

Il ne faut donc pas se faire illusion sur le mérite et sur la nécessité de la greffe, toute merveilleuse que paraisse et que soit réellement cette opération; nous possédons en France, aux portes de Paris même, et sans nous en douter, une immense quantité d'arbres de toute espèce non greffés, et qui donnent d'excellens fruits en abondance, et plus sûrement peut-être que leurs congénères greffés : aussi les gens de campagne disent-ils qu'ils sont plus francs. (Est-ce de là qu'est venue cette locution : *franc de pied ?*)

Serait-il donc juste, d'après ces considérations, et en prenant rigoureusement tout à la lettre, de conclure que la greffe est de peu d'importance pour l'amélioration de la saveur des fruits? Nullement : je n'ai point cette idée, et je suis fort éloigné de vouloir la propager, et j'entrerai à cet égard dans de plus grandes explications.

Comme il va être ici question de l'action débilitante attribuée par moi à la greffe, et du vieillissement qu'elle paraît opérer, je vais d'abord examiner une opinion de M. Knight, relativement à la durée des arbres à fruit et de plusieurs autres végétaux.

M. Knight, président de la Société d'horticulture de Londres, que j'ai souvent occasion de citer, des expériences et de l'autorité duquel je fais grande estime, quoique je ne me fasse point une loi d'être de son avis, a émis sur la durée des végétaux une opinion à lui particulière, et sur laquelle je dois ici m'expliquer. Suivant lui, les provenances par greffes, boutures ou marcottes d'un végétal quelconque, d'un arbre à fruit même, ne pourront subsister plus long-temps, au moins dans un état prospère, que l'individu primitif qui les aurait produites. On ne peut pas dire qu'il n'y ait à cette opinion aucune espèce de fondement, dans certains cas, et pour certains végétaux, comme dans les arbres à bois dur, etc., dont la reprise par greffe est difficile ainsi que celle par boutures et marcottes, et ne fournit ordinairement que des individus faibles et probablement de peu de durée. Mais comme il y a à cet égard de grandes différences entre un végétal et un autre végétal, ce principe en lui-même ne doit donc pas être généralisé. Si dans les animaux nous n'avions que peu ou point d'exemples de la faculté que pourraient avoir les organes de se suppléer les uns les autres, ou de cette même faculté d'en créer de nouveaux, il n'en est pas de même dans les végétaux, dans lesquels ces deux puissances se manifestent d'une manière absolue; nous en avons, entre plusieurs exemples, un très frappant dans la pomme de terre, dont les boutons à fleurs peuvent se changer en tubercules, par l'effet de leur position sur terre, ou sous un épais feuillage dans une saison chaude et pluvieuse, et avec la présence d'une atmosphère constamment humide. Il est difficile de croire à l'existence encore actuelle du premier poirier doyenné venu de semis, qui aurait fourni directement ou indirectement toutes les greffes et par conséquent les individus de doyenné actuellement existans. Depuis long-temps, les saules, les peupliers, la vigne, la capucine à fleur double, l'œillet de bois, les rosiers à cent feuilles, les bananiers, les ananas, les patates se conservent, se perpétuent, et se multiplient sans être renouvelés de semence, et à tel point que plusieurs d'entre eux paraissent avoir perdu non seulement l'habitude, mais encore la faculté de fleurir et de grener. Dans plusieurs cas, le recepage à fleur de terre, et exécuté avec certaines précautions, a prolongé de beaucoup une existence qui sans cela aurait cessé; et sans contredire l'opinion qui attribue une cause d'affaiblissement à la multiplication par greffe, bouture et marcottes, il est probable qu'on peut en espérer le renouvellement et le rajeunissement des vieux arbres et des végétaux rabougris; par un choix judicieux fait sur les parties les plus vigoureuses ou, si l'on veut, les moins faibles des végétaux et leur placement par la greffe sur des individus jeunes et robustes : c'est ce qui va ressortir de quelques explications.

Dans les jeunes végétaux, dans un jeune arbre (non greffé), il y a une force expansive, et ce mouvement d'expansion se porte avec énergie au sommet de la tige et à toutes les extrémités des branches, il y a une sève abondante et luxuriante qui développe de préférence les boutons à bois; ce n'est que sur des rameaux latéraux, courbés, inclinés, hors de la direction du grand courant de la sève, que s'aperçoivent de rares boutons fructifères; l'arbre croît, s'étend, atteint ses dimensions; à cette époque, les extrémités ne prennent plus qu'un accroissement insensible, qui peut même se borner à la longueur du bourgeon; les boutons à bois diminuent de force et de nombre, les boutons à fruit se multiplient (si c'est un poirier sauvage ou à demi sauvage, les épines disparaissent; il commence à donner des signes de domesticité, je dirais presque de civilisation); au lieu de se développer sur des boutons à bois, il ne le fait plus que sur ses boutons à fruit ou bourses, ou, pour mieux dire, tous ses boutons terminaux sont à fruit; l'arbre paraît cesser de croître, il s'y établit un mouvement rétrograde; il y a décurtation à l'extrémité de la tige principale, l'arbre se couronne; il y a concentration de sève, elle se rallie vers le centre, ou vers le pied ou collet, qui paraît être le point vital; il s'y manifeste de nouvelles pousses, il y a renouvellement et rajeunissement, les épines reparaissent, et à la faveur d'un rabattage ou recepage convenablement exécuté, le végétal reprend une nouvelle vie.

Chez les animaux, il y a analogie d'époques et d'effets; dans le jeune âge, le mouvement expansif a lieu, et dans la vieillesse il y a mouvement rétrograde; les extrémités faiblissent, il y a concentration de vitalité au cœur, mais il n'y a lieu ici ni à greffe ni à bouture; il n'y a lieu ni à rabattage ni à recepage, les parties mortes ou faibles ne peuvent ni se réparer ni se suppléer; il n'y a lieu ni à renouvellement ni à rajeunissement : et en effet, si dans le règne animal un renouvellement temporaire et partiel ne devait produire que des races affaiblies et dégradées, ce renouvellement n'a pas dû entrer dans les vues de la Providence, qui a bien jugé qu'il y avait dans l'ordre moral assez de causes de dégénération et de dégradation, sans que l'ordre physique pût y contribuer.

Mais revenons à notre sujet. Pendant la durée de ces époques successives de mouvement expansif et de mouvement rétrograde de dilatation et de concentration, de croissance et de décroissance, de force et de faiblesse, ont dû s'opérer dans l'état, dans la constitution de chacune des différentes parties de l'arbre des variations, des modifications, des changemens, suivant que les boutons à fruit ou bourses se trouvent être soit latéraux, soit terminaux, suivant qu'ils sont placés sur la tige principale, ou sur des rameaux d'un plus ou moins haut degré de ramification secondaire, tertiaire, etc., suivant qu'ils se trouvent dans une position plus ou moins verticale ou plus ou moins inclinée, qu'ils jouissent plus ou moins de l'exposition à l'air ou au soleil, qu'ils sont plus ou moins exposés au cours direct de la sève, qu'ils sont eux-mêmes d'ancienne ou de nouvelle formation, c'est à dire produits par les extrémités anciennes de l'arbre, ou nouvellement produits au centre ou au pied de l'arbre, à son collet, ou même sortant de ses racines, soit naturellement, soit par l'effet du rabattage ou du recepage, suivant qu'ils sont en définitif plus vigoureux, plus chargés d'épines, et que leur écorce est plus fraîche, plus lisse, on peut croire que leur tendance et leurs dispositions à vieillir ou à rajeunir sont augmentées ou diminuées, lorsque par l'œilletonnage, le bouturage ou la greffe, on les sépare de leur pied, pour planter les œilletons et les boutures dans un terrain et une exposition plus ou moins favorables, et les greffer sur un sujet plus ou moins convenable; selon que ces greffes ont été prises dans un lieu de vieillesse ou de rajeunissement, elles doivent offrir plus ou moins de tendance à se mettre à bois ou à fruit, et ces dispositions doivent être augmentées par l'état du sujet, soit jeune, soit vieux, soit fort, soit faible; il est aisé de sentir que pour leur redonner de la vigueur il faut les placer sur un jeune et fort sujet. Tient-on au contraire à avoir promptement du fruit, et non à laisser prendre de la force à l'arbre, on observera une conduite tout opposée.

Je ne doute pas que ces diverses considérations n'aient une grande influence sur la qualité des fruits et sur la qualité des graines relativement aux produits par semis qui devront s'ensuivre. J'y reviendrai ailleurs.

Malgré ces rajeunissemens opérés par le recepage, l'œilletonnage, le bouturage, je ne pense pas moins comme M. Knight, en modifiant cependant son opinion, que l'extrait de naissance de l'individu premier producteur de ces boutures et de ces greffes n'est point effacé, mais que, tout en louvoyant, il faudra pourtant arriver au terme fatal. Mais jusqu'où ce terme pourra-t-il être reculé? C'est ce que nous ne savons pas.

Le rajeunissement opéré par la greffe n'est donc que dilatoire, il n'empêche pas les végétaux qui en profitent momentanément de tendre toujours à leur fin; l'efficacité apparente ou réelle de ce moyen de conservation est uniquement due à la vigueur et à la jeunesse des sujets qui reçoivent la greffe, et j'en ai déjà cité sous un autre rapport des effets remarquables.

La greffe d'ailleurs n'en est pas moins par elle-même une opération débilitante, et cette action ne peut être contrariée que par de fortes causes d'opposition : c'est ce qui va résulter de la comparaison entre les arbres non greffés et les arbres greffés, et de la comparaison des arbres greffés avec les vieux arbres.

Les vieux arbres (non greffés) ayant subi par l'effet de la pousse annuelle, soit directe, soit latérale, plusieurs degrés successifs de ramification, et éprouvant ainsi à chaque bifurcation, à chaque nœud une contraction qui obstrue ou resserre le canal médullaire, et les canaux ou fibres de l'écorce placés à ce nœud, cette contraction gêne et ralentit le cours de la sève ; ces vieux arbres, dis-je, en raison de cette gêne, poussent moins de bois, sont moins chargés d'épines que les jeunes, ont les boutons à fruit plus gros, plus nombreux, se mettent en un mot à fruit plus aisément, et le fruit devient plus gros, plus savoureux : or, la greffe, rien que par elle-même et indépendamment de toutes les causes de jeunesse et de vieillesse, relatives à l'influence des sujets jeunes ou vieux dont j'ai parlé plus haut; la greffe, dis-je, produit des effets analogues à ce qu'on voit sur les vieux arbres. Les arbres greffés, en général, vivent moins long-temps, poussent moins de bois, se mettent plus aisément à fruit, etc., etc. : donc la greffe fait vieillir les arbres, à en juger par analogie.

Mais comment ces effets sont-ils produits par

l'âge? Comment la greffe y joue-t-elle son rôle? Nous ne le savons réellement pas; cependant, il nous est permis de le conjecturer, et peut-être donnerons-nous à nos conjectures quelques degrés de vraisemblance.

La greffe, en multipliant les degrés de ramification, en gênant la communication de la sève entre les deux sujets, en l'interceptant entre la moelle du greffé et celle du greffant, fait à peu près ce que ferait l'âge; elle doit donc affiner la sève, si l'on peut parler ainsi, et cet effet peut être augmenté par le bourrelet qu'elle forme, bourrelet qui gêne la sève dans sa descente, la force de séjourner dans la partie supérieure de l'arbre et conséquemment de subir dans les feuilles une élaboration plus longue, une combinaison plus parfaite avec l'air atmosphérique, d'où résultent un épaississement de la sève au profit des fruits, et une perte de luxuriance et d'aquosité au détriment de la pousse en longueur des branches, et par suite au détriment de la partie de la tige inférieure au bourrelet, et subséquemment au détriment des racines.

Il y a d'ailleurs souvent en faveur des arbres soumis à la greffe quelques circonstances qui peuvent concourir à augmenter ses avantages. Ordinairement, ces arbres sont placés dans nos vergers, nos jardins, etc., où une terre labourée et amendée, ainsi que plusieurs autres soins de culture, contribuent à leur procurer une nourriture plus recherchée, plus abondante : de sorte que leurs branches à fruit sont mieux nourries, mieux fournies de parenchyme, plus aérées, et que leurs feuilles sont plus grandes qu'elles ne l'auraient été dans les bois; ce qui facilite l'élaboration de la sève, et ajoute à l'amélioration des fruits.

Cependant, il faut l'avouer, cette amélioration, quoique réelle, est lente et très peu sensible : aussi, dans l'intention de l'accélérer, de la pousser plus loin, a-t-on imaginé de regreffer plusieurs fois les arbres sur eux-mêmes.

M. Thoüin, au Jardin du Roi, a suivi cette méthode sur quelques arbres à fruit; il y a eu augmentation de volume très sensible, amélioration de saveur moins marquée. En Belgique, je crois que ce procédé a été employé avec succès; cependant je ne puis l'assurer.

Je me rappelle avoir entendu dire à quelques Italiens que c'était à la greffe répétée plusieurs fois sur elle-même qu'on devait les variétés d'azéroliers à fruit mangeable, cultivées en Italie et dans nos départemens méridionaux.

Par une extension abusive de cette amélioration due à la regreffe, on avait été jusqu'à dire que le marronnier d'Inde, greffé, suivant les uns, sept fois sur lui-même, et jusqu'à quatorze fois suivant les autres, avait fini par donner des fruits doux. Ce fait n'a point été vérifié, et il me paraît plus que douteux. Ce n'est pas que je regarde l'adoucissement des fruits du marronnier d'Inde comme impossible; nous avons bien obtenu des amandes douces de l'amandier, qui probablement, dans son origine, n'avait que des fruits amers; mais est-ce la greffe qui a produit ces effets ? Il semble que s'il était absolument de l'essence du marronnier d'Inde et de l'amande d'être amers, la greffe au lieu de les adoucir devrait les rendre encore plus amers; car ce serait alors pour eux un perfectionnement. J'aime mieux croire que c'est en semant et ressemant les variétés les moins amères, qu'on s'en sera procuré par les cultures, y joignant, si l'on veut, le secours de la greffe, comme favorisant la production des variétés, et qu'ainsi par degrés on sera parvenu à obtenir des fruits doux. (Avis à suivre pour adoucir les fruits.)

Rosier, dit-on, avait greffé et regreffé sur eux-mêmes plusieurs arbres à fruit, ces arbres en souffrirent et périrent définitivement : autant que je puis me le rappeler, cette expérience fut sans résultats; ce fait prouve que la greffe répétée nuit aux arbres. Cependant cette expérience est si importante qu'elle mériterait d'être recommencée et suivie sur différentes espèces; il faudrait avoir attention de ne le faire que sur des sujets vigoureux et dans un terrain très favorable.

M. Vilmorin m'a fait part d'un fait assez curieux, que cependant nous ne pouvons garantir. On lui a dit qu'un pommier greffé plusieurs fois sur lui-même avait fini par donner des pommes si grosses, que la queue de ces fruits, n'étant plus en dimension proportionnée avec leur volume, elle n'était plus en état de les supporter; c'était probablement le pommier greffé sur paradis, ce qui augmente les chances favorables; il aurait fallu semer les pepins de ces fruits, c'eût été le moyen de fixer cette variante.

Si c'est réellement en augmentant les degrés de ramification et en obstruant le passage de la sève, que la greffe agit comme améliorante, il me semble qu'il serait utile de pratiquer dans la manière de l'exécuter quelques modifications dont l'idée m'est venue, et que je dois soumettre ici.

1°. La greffe en fente, qui produit matériellement un ou deux degrés de ramification de plus que la greffe en écusson, lui serait-elle préférable pour avancer la fructification? On sait qu'on l'emploie avec succès sous le nom de *greffe à la Pontoise* pour mettre à fruit un très jeune oranger.

2°. La greffe en écusson sur le vieux bois est, dit-on, d'une reprise plus difficile; et en effet par là doit être aussi plus difficile la communication de la sève par la moelle et la tige avec la moelle du bourgeon futur; cette difficulté doit tendre à affiner la sève : cette manière de greffer serait-elle donc quelquefois plus avantageuse?

N'était-ce pas à cause de cette obstruction et de la difficulté de la reprise que les anciens conseillaient de placer l'écusson à la place d'un œil supprimé, pensant que dans ce cas la sève devait s'y porter plus naturellement et plus aisément? Ne devrions-nous pas revenir à cette méthode dans certains cas?

A ces dispositions naturellement améliorantes de fructification de la greffe sur elle-même, ou sur des sujets de même nature, on a avec succès fait quelques additions heureusement imaginées, en variant la nature des sujets : c'est principalement de la greffe du pommier sur doucin et encore mieux sur paradis, et du poirier sur coignassier que je veux parler ici.

Le pommier greffé sur paradis vit moins long-temps, prend moins d'accroissement, et même reste nain; il se met à fruit d'autant plus aisément, qu'il a la faculté de former ses boutons à fruit sur le bois de l'année, et même sur ses boutons terminaux : il n'est en conséquence pas sujet à alterner, son fruit devient plus gros, plus délicat que celui greffé sur franc (propriétés qui lui sont communes avec les vieux arbres) : il est donc avancé, vieilli et amélioré; il ressent la double influence de la greffe en elle-même et de la geffe sur paradis.

Le poirier greffé sur coignassier présente à peu près les mêmes phénomènes; il paraît de plus perdre en partie ses épines; son fruit est sensiblement meilleur que celui greffé sur sauvageon et même sur franc : il ressent donc aussi l'influence combinée de la greffe en elle-même, et de la greffe sur coignassier.

Dans ces deux cas, c'est probablement comme nain et comme arbre déjà amélioré qu'agit le pommier-paradis, et quant au coignassier, c'est comme moins vigoureux, comme se mettant à fruit lui-même assez aisément, comme ayant subi plusieurs multiplications par marcottes, ainsi que le paradis, comme ayant une nature de sève différente, et peut-être comme déjà amélioré par la culture, qu'agit, dis-je, le coignassier.

Mais il y a dans la greffe du poirier sur coignassier quelque chose de très remarquable. On a observé que certaines variétés de poires ne réussissaient pas sur le sauvageon et même sur le franc, réussissaient bien mieux sur le coignassier, et que d'autres variétés ne réussissaient pas sur ce dernier ; on a imaginé, je dirai presque pour le dépayser, de greffer d'abord le coignassier sur poirier, et le poirier sur coignassier, et par une double greffe de remettre sur ces sujets ceux qui d'abord paraissaient ne pas devoir y réussir. Il nous est impossible de donner la raison de ces faits. Peut-on croire qu'il y ait plus de ressemblance entre certaines variétés de poirier et le coignassier, qu'entre le poirier cultivé et le poirier sauvage lui-même ; effet singulier de la culture ? Dans tous les cas, on se demande comment le coignassier, qui a un fruit si âpre, peut fournir une sève si douce au fruit du poirier ; car enfin la greffe a beau affiner et modifier la sève d'un arbre, elle ne peut, en définitif, modifier que ce qu'elle trouve ; on ne voit pas comment elle n'affine et ne modifie pas également celle du poirier sauvage, aussi bien que celle du coignassier. Ces derniers faits confirment encore l'observation de l'influence réciproque des sujets greffans et greffés les uns sur les autres.

Sous le rapport de l'augmentation du volume des fruits et de la diminution de celui des graines, nous devons croire que nous marchons vers le perfectionnement, et c'est un avantage qu'on ne peut contester à la greffe.

L'influence de la greffe sur l'avancement

ou le retard de la maturation des fruits est un point très important, et sur lequel les opinions sont partagées; je n'ai pas trouvé de raisons suffisantes pour fixer mon opinion personnelle : en théorie et comme opération débilitante, il me semble que la greffe devrait avancer le maturité; mais comme on ne peut envisager les effets de la greffe d'une manière abstraite, et qu'il faut nécessairement tenir compte et de la nature du greffant et de celle du greffé, ainsi que de mille autres circonstances relatives au sol, au climat, à l'âge, etc., circonstances qu'il est impossible d'écarter, je m'abstiendrai de prononcer. La théorie dit bien que la greffe, soit simple, soit redoublée, doit modérer et affiner la sève et conséquemment avancer la maturité; mais jusqu'à quel point cette faculté peut-elle être portée sans inconvénient? Ne doit-elle pas avoir un terme? Et de plus cette modification apportée par la greffe peut être contrariée par la nature des sucs du greffant et du greffé, dont il est impossible de balancer et d'apprécier les convenances ou disconvenances, d'autant, comme je l'ai dû faire observer, que la greffe ne peut affiner que ce qu'elle trouve, et ne peut avoir la faculté de changer les sucs. Je ne puis qu'engager les observateurs à fixer leur attention sur cet objet, qui est très essentiel.

La plupart des faits cités jusqu'ici, les opinions

émises et la discussion qui s'en est suivie ont principalement roulé sur l'action directe et immédiate de la greffe, sur les sujets greffés et greffans; mais, comme je l'ai déjà fait entrevoir, il est un point beaucoup plus important, c'est l'examen de ce qui peut résulter du semis des fruits des arbres greffés et regreffés soit sur eux-mêmes, soit sur des sujets d'espèces différentes, soit par les moyens ordinaires de la greffe, soit par une complication de procédés particuliers.

Je ne vois pas que jusqu'à présent, sauf peut-être en Belgique, cet objet ait été pris en considération, non pas précisément parce qu'il aurait échappé à l'attention, mais il paraît n'avoir donné lieu à aucune observation positive, et les conséquences n'en ont pas été suivies; il faut convenir que ces observations exigent un laps de temps considérable, et jusqu'ici des moyens prompts de fructification ont pu manquer aux observateurs; mais j'espère y mettre ordre, et par suite je me flatte que cette difficulté sera levée. Pour en revenir à notre objet, je dirai donc qu'il est hors de doute que quelque légères et peu sensibles qu'aient pu être, dans le principe et dans leur apparence immédiate, les améliorations produites par la greffe, leur répétition, et le regreffage sur les semis regreffés eux-mêmes, puis de nouveau ressemés et regreffés pendant une longue suite de générations, ainsi que cela paraît avoir été fait en Belgique, doivent produire, et y ont effectivement produit des résultats importans. Malheureusement, M. Van Mons n'a point encore publié le grand ouvrage qu'il a promis (car on ne peut donner ce nom à son Catalogue) sur la culture des arbres à fruit, et qui m'aurait pu fournir à cet égard des documens précieux. Ce que j'ai cité sur le produit des pepins de poire greffée sur coignassier a trait principalement à la production des variétés, et j'y reviendrai ailleurs.

Les faits cités par M. Thoüin sur le changement de saveur des fruits suivant la nature des sujets sont aussi très remarquables; mais il faudrait qu'ils fussent bien examinés, bien constatés, et on pourrait alors les discuter judicieusement et peut-être en tirer des conséquences probables. Ces changemens de saveur produits immédiatement sur les fruits greffés doivent, suivant toute apparence, influer puissamment sur la qualité des graines; mais leur semis produisant ou pouvant produire concurremment ou amélioration ou changement de saveur par l'effet de la variation propre aux espèces cultivées, il est difficile d'assigner les limites respectives de ces deux causes agissant concurremment. Il est tout naturel et assurément très raisonnable de semer de préférence les graines d'un beau et bon fruit, je le conseillerai toujours; et cependant, je crois qu'à cet égard on manque d'observations positives, au moins sous tous les rapports qu'il faudrait envisager. Il m'est arrivé plusieurs fois de semer des graines d'un melon très mauvais individuellement parlant, mais provenant originairement d'une bonne espèce, et d'en avoir de très bons produits, et deux melons cueillis sur le même pied peuvent être l'un bon, et l'autre mauvais, sans qu'on puisse affirmer pour cela que leurs graines doivent être inférieures ou supérieures, l'une à l'autre, d'autant qu'il faut encore faire attention à la nature de la fécondation que l'une et l'autre ont pu recevoir. Sur le même arbre, on peut trouver une pêche excellente, et à côté d'elle une très mauvaise: est-il dit pour cela qu'il doit y avoir dans le produit de leurs noyaux respectifs une qualité préférable? Individuellement parlant, je ne le crois pas, et je crois que cela serait assez indifférent; néanmoins, si un pêcher tout entier ne donnait que de mauvaises pêches, quoique originairement greffé d'une bonne espèce, je ne me soucierais pas d'en semer les noyaux. Dans tout cela, il y a probablement lieu à quelques considérations particulières, et je crois qu'il y a une distinction essentielle à faire entre les plantes qui, comme le melon, sont exotiques d'une part, et d'autre part fleurissent et fructifient successivement, et à des époques diverses de saisons, et entre nos arbres à fruit, qui, les uns indigènes, les autres exotiques, mais en quelque sorte acclimatés, fleurissent pour la plupart et fructifient du même jet, dont les fruits mûrissent tous à la fois et dans la saison qui leur est assignée. Il me semble qu'en raison de cette diversité, ces fruits du même pied de melon peuvent offrir entre eux une bien plus grande différence de qualités relatives à l'époque plus ou moins favorable de leur formation, de leur croissance, de leur maturation, et même de leur cueille, ainsi qu'aux procédés plus ou moins compliqués d'une culture artificielle et forcée, toutes circonstances qui peuvent exercer sur la qualité de leurs fruits, et en outre sur la qualité de leurs graines des influences que nous ne savons pas apprécier, et qui mériteraient d'être examinées : je m'en occuperai dans un autre article.

L'amélioration de saveur présumée devoir résulter de semis des fruits greffés ne peut donc être séparée de la production des variétés, qui en est aussi une conséquence; cet objet est cependant tout à fait différent, et j'aurais voulu l'examiner séparément; mais j'ai déjà fait voir que cela était presque impossible, vu la difficulté d'assigner la valeur respective des causes d'amélioration et de variation. Nous n'avons, à l'égard de la production des variétés, qu'un seul fait bien positif, celui cité par Cabanis, de la variation produite par le semis des pepins de poires greffées sur coignassier, fait unique et précieux, et qu'il faut que j'admette, faute d'autre et faute de mieux, et qui aurait cependant besoin d'être répété, pour pouvoir en tirer des conséquences générales. Il résulterait de ce fait qu'on devrait espérer des variétés, et qu'on devrait les obtenir d'autant plus caractérisées, que les greffes à fruit seraient placées sur des sujets de variétés, et, encore mieux, d'espèces le plus caractérisées, le plus distinctes possible les unes des autres. Ainsi, le poirier qui peut être greffé soit sur lui-même, soit sur ses variétés, soit sur ses espèces botaniques distinctes, soit sur le coignassier, l'azérolier, l'aubépine, etc., soit même, quoique avec difficulté, sur le pommier, nous promet, par les semis qui seraient la suite de ces greffes, des résultats aussi variés qu'intéressans. Je ne sais pas quelles sont à cet égard les observations faites en Belgique, et j'engage les amateurs de ce pays à les faire connaître au public.

M. Vilmorin, que je consulte souvent dans ces recherches et qui y met beaucoup d'intérêt, paraît partager quelques unes de mes idées. Il m'a remis dernièrement, pour être semés séparément (et il compte en semer lui-même), des pepins de deux reinettes de Canada, l'une greffée sur franc, l'autre sur paradis, dans l'espérance d'avoir des produits différens, et de pouvoir ainsi juger de l'influence exercée par la greffe sur des sujets de différente nature.

Le volume des fruits greffés, augmenté quant à la chair, et par opposition la diminution du volume des graines de ces mêmes fruits paraissant être un acheminement à la perfection, doivent être suivis dans leurs conséquences sur le semis. En général, les fruits améliorés présentant ces caractères de diminution dans les graines, on en a pu conclure que cette diminution était un signe d'amélioration; et j'en ai tiré parti en faveur de l'incision annulaire.

Je regrette de ne pouvoir en dire davantage sur ce sujet important, et j'engage les horticulteurs à porter sur ce point leurs observations et leurs expériences.

CHAPITRE III.

DE L'INCISION ANNULAIRE OU CIRCONCISION, ET DE LA LIGATURE.

Vers la fin du siècle dernier, M. Lancry me paraît être le premier qui ait renouvelé, avec constance et avec discernement, des expériences sur l'incision annulaire; depuis lui, M. Lambry, vigneron (et la ressemblance de nom a pu les faire confondre l'un avec l'autre), s'en est servi avec succès pour empêcher la vigne de couler; la Société royale et centrale d'Agriculture se fit même à cet égard faire un rapport, dont M. Vilmorin fut chargé. A cette époque, on s'occupa beaucoup de cet objet; cette opération fut recommandée par plusieurs personnes, tant pour empêcher la coulure du raisin que pour avancer sa maturité, et plusieurs instrumens furent imaginés pour l'exécuter avec précision et célérité: depuis lors, bien que ses résultats avantageux aient été authentiquement constatés et reconnus, l'enthousiasme paraît avoir beaucoup diminué, soit qu'on ait aperçu dans son emploi plusieurs inconvéniens, et il y en a réellement surtout lorsqu'on ne la conduit point avec discernement, soit que plusieurs années d'abondance l'aient rendue inutile ; il sera d'ailleurs toujours temps d'y revenir si les circonstances l'exigent.

Je m'étais, dès mon jeune âge, amusé à faire, sur l'incision annulaire, beaucoup d'expériences sans but bien déterminé ; j'ai continué depuis, mais de loin en loin, et j'ai souvent négligé d'en suivre les effets. A travers tout cela, néanmoins, cherchant à me rappeler ce que j'avais observé en différentes fois, y joignant de nouvelles observations faites par moi et par d'autres, je vais essayer de jeter quelque lumière sur cette opération trop négligée, dont les effets et la théorie sont mal connus, et qui, suivant moi, doit jouer par suite un grand rôle en horticulture, sinon dans ses effets directs et immédiats, au moins dans ses conséquences, ainsi que j'essaierai de le faire voir.

Dans cette dissertation, je ne séparerai point la ligature de l'incision annulaire, leurs effets me paraissant être du même genre, avec cette différence néanmoins du degré d'efficacité, bien moins marqué dans la ligature, vu la faculté qu'a cette dernière de suspendre et de modérer ses effets par le relâchement des nœuds et par la possibilité de lui donner une suite et un complément par de nouvelles ligatures superposées les unes au dessus des autres, superposition qui, en fait d'incision, aurait difficilement lieu sans de grands inconvéniens.

Il peut d'ailleurs y avoir, dans la pratique de l'incision, bien des modifications possibles relativement à l'époque, au lieu et à la largeur des anneaux; j'ai pratiqué, dans quelques cas, une simple entaille, ou plutôt une incision circulaire simple ou double, mais sans enlever l'anneau, quelquefois en le faisant rouler sur lui-même sans l'enlever; ce sont les circonstances qui devront décider sur le choix des moyens, et c'est l'ignorance du choix à faire qui a le plus nui à cette pratique; l'essentiel est de connaître les effets généraux, et cependant d'avoir quelque égard aux effets *particuliers*, et d'en déduire, s'il est possible, la théorie.

On pourra consulter dans le *Cours complet d'Agriculture* ce que dit M. Bosc de l'incision annulaire. Je pense que son opinion est assez généralement adoptée, la mienne en diffère à quelques égards; cette différence se fonde sur plusieurs observations qui me sont propres: c'est ce qui va être exposé avec quelques détails.

Il paraît que, suivant cette opinion, on attribue à l'incision l'action de modifier et d'intercepter la sève, sous quelques rapports, mais principalement en s'opposant à sa descente. On ne peut cependant douter qu'elle ne s'oppose à son ascension, ou du moins qu'elle ne la gêne beaucoup. Si elle ne s'oppose en aucune manière à cette ascension par le canal médullaire, elle suspend du moins entièrement celle qui aurait pu avoir lieu par les fibres de l'écorce ou entre l'écorce et l'aubier, et gêne celle qui aurait pu avoir lieu par l'aubier.

Lorsqu'on a fait à un arbre ou à une branche une incision annulaire, les yeux ou boutons qui sont immédiatement au dessous de l'incision et qui dormaient se réveillent, grossissent, et, si le temps de la sève n'est pas passé, peuvent se développer: ils prennent alors un certain degré d'accroissement, suivant la saison, l'espèce d'arbre, la position plus ou moins aérée, plus ou moins favorisée par le cours de la sève, et la branche qui porte ces yeux continue à grossir jusqu'au lieu où sont placés ces yeux, mais non au dessus. Lorsque ces yeux ne se réveillent point, ce grossissement est très faible; mais dans tous ces cas, comme je l'ai dit plus haut, la partie de la branche située entre ces yeux et l'incision ne grossit plus; il se forme cependant un très léger bourrelet à la partie d'écorce inférieure à l'incision.

Au dessus de l'incision annulaire les effets sont tout différens; les bourgeons latéraux cessent de prendre de l'accroissement; le terminal seul continue, mais son alongement est faible, et finit par cesser entièrement et plus tôt qu'il n'aurait fait sans l'incision. Les yeux ou boutons qui sont placés sur le bois grossissent, mais sans se développer; ils paraissent se préparer à fructifier pour l'année suivante, si du moins l'arbre est en âge ou en état de fructifier; on peut même quelquefois espérer, à cet égard, une anticipation sur l'époque de la mise à fruit.

Si la branche annelée porte des fruits, le grossissement du *péricarpe* est favorisé, d'où résulte le grossissement du fruit seulement mais non pas de la graine: celle-ci au contraire prend moins d'accroissement; il est des cas même où elle peut s'oblitérer, comme lorsque l'incision est trop grande, lorsque la sécheresse et la chaleur sont trop fortes, ou que l'arbre languit par un cas quelconque.

La maturité des fruits est avancée, la saveur devient plus douce, moins âpre, soit qu'on veuille attribuer cet adoucissement à la modification de la sève par le fait de l'incision, soit qu'on l'attribue à cet avancement même de maturité, quelle qu'en soit la cause.

Il est cependant à remarquer que ce grossissement et cette maturité, ordinairement provoqués par l'incision, n'ont pas toujours lieu, et c'est ce qui a pu induire les observateurs en erreur et en dissentiment à ce sujet, une incision trop grande et le peu de sève de l'arbre, ou la saison défavorable, faisant quelquefois même avorter les fruits (1).

Si l'on pratique les unes au dessus des autres plusieurs annelations, en laissant un œil à chacune, la branche périt lorsque cette opération n'est pas ménagée; mais si elle y résiste, il se forme à chacune un léger bourrelet en dessous et même en dessus, ce qui est une preuve que l'œil qui y a été laissé continue d'attirer la sève.

Lorsqu'on pratique sur une branche, au fur et à mesure de son développement, plusieurs ligatures les unes au dessus des autres, le grossissement de la partie supérieure à chaque ligature a lieu progressivement, et va toujours en augmentant, de sorte qu'il peut arriver, si la sève d'ailleurs continue toujours dans son cours, que la partie supérieure de cette branche, la dernière venue et la dernière ligaturée, devienne plus grosse que toutes les parties inférieures : cela produit un effet assez singulier et assez curieux. L'effet de ce grossissement anticipé paraît avancer d'autant plus sur cette partie l'époque de la

---

(1) Voir la Discussion sur les deux sèves, à la fin de l'ouvrage.

mise à fruit, et je m'imagine qu'il serait très avantageux, ou de prendre des yeux sur cette branche grossie par anticipation, ou de la placer elle-même par la greffe sur un autre sujet, pour obtenir promptement du fruit.

Le bourrelet qui se forme au dessous de l'incision pousse assez aisément des racines lorsqu'on lui donne à cet effet quelques secours, et il fait reprendre sa branche assez aisément en la bouturant; il annonce donc comme par avance une séparation prochaine et quelquefois nécessaire entre les parties qui lui sont inférieures et celles qui lui sont supérieures. Ces deux parties forment déjà, pour ainsi dire, deux végétaux indépendans l'un de l'autre, et dans le fait il y a déjà dans leur manière d'être d'assez grandes différences; une expérience assez curieuse, faite sur le lilas, m'en a donné la preuve.

Le lilas fleurit ordinairement sur ses boutons terminaux ou termini-*latéraux*; cependant il y a ici une attention à faire, ces deux boutons ne sont terminaux que par la décurtation du véritable bouton terminal, décurtation qui n'a pas lieu dans le lilas varin, qui, comme hybride du lilas commun et du lilas de Perse, est plus vigoureux que le lilas ordinaire, dans lequel il paraît que cette décurtation a lieu, parce que les deux boutons à fleur qui l'accompagnent l'affament en attirant à eux toute la sève. Le lilas donc, comme je l'ai dit, fleurit ordinairement sur deux boutons terminaux, j'imaginai de pratiquer sur lui l'incision annulaire, pour voir quelle modification il en pourrait résulter dans son mode de fructification, et je variai sur lui mes expériences. Le lilas, comme arbuste, n'est pas destiné à prendre une grande hauteur ni un grand accroissement, il en résulte qu'il peut, en peu d'années, acquérir l'âge auquel il doit parvenir, c'est à dire à la vieillesse : aussi fleurit-il sur ses bourgeons terminaux, comme le font les vieux poiriers et les vieux pommiers, c'est au moins un raisonnement qu'il nous est permis de faire.

Ayant fait sur un lilas jeune, mais en état de fleurir l'année suivante, une incision annulaire, vers le mois de juin, sur le bois de l'année, à peu près au dessous des quatre boutons supérieurs, voici ce qui en résulta l'année suivante :

1°. Les deux bourgeons termini-latéraux, sur lesquels la fleur était attendue, fleurirent;

2°. Les deux bourgeons placés immédiatement au dessous de l'incision, sur lesquels on ne devait pas attendre de fleur, fleurirent aussi;

3°. Et enfin, les deux bourgeons suivans immédiatement, mais placés au dessous de l'incision, fleurirent aussi.

Les causes de cette double floraison inattendue ne nous paraissent pas difficiles à expliquer.

1°. Les bourgeons supérieurs à l'incision ont fleuri par l'effet de cette opération, qui met ordinairement à fruit les bourgeons ou boutons qui lui sont supérieurs.

2°. Les boutons ou bourgeons qui étaient immédiatement placés au dessous de l'incision ont fleuri, parce que cette opération les a rendus terminaux, et que dans le lilas les boutons terminaux sont ceux qui fleurissent.

Cette expérience a été variée en faisant l'incision, à diverses hauteurs, sur les branches ou les tiges du lilas; bien qu'il y ait eu tendance aux mêmes résultats, on concevra aisément qu'il a dû s'y manifester quelques différences. En effet, lorsque l'incision a été faite trop bas, il n'y a point eu floraison au dessus d'elle, parce que les boutons inférieurs, n'y étant nullement préparés, étaient trop faibles, et au dessus d'elle il n'y a non plus que quelques boutons qui aient fleuri, la sève fructifiante n'étant pas assez abondante pour fournir aliment à tous. Lorsque l'incision a été faite dans une partie moyenne, à peu près vers le milieu de la hauteur des tiges ou branches, il y a eu quelquefois floraison dans les boutons supérieurs et inférieurs. J'avoue, au reste, que cette expérience a besoin d'être renouvelée, variée et confirmée par de nouvelles observations.

J'ai obtenu, par la ligature faite sur une branche de rosier-cannelle double, un fruit contenant une graine : je n'en avais jamais vu auparavant. Ce fait est d'autant plus remarquable, que la fleur du rosier-cannelle très double m'a paru avoir ordinairement ses parties sexuelles oblitérées. Cette graine avait-elle été fécondée ? Elle n'a point levé ; mais on ne peut tirer de là aucune conclusion : j'ai semé des graines de rosier en très grande quantité et à plusieurs reprises, j'ai toujours vu que beaucoup manquaient à la levée, et j'en ai quelquefois attendu qui n'ont levé qu'à la cinquième année. Il serait bien possible qu'un si long espace de temps leur fît, soit naturellement, soit par accident, perdre leurs facultés germinatives.

Le rosier-capucine, *rosa eglanteria*, fructifie, comme l'on sait, très rarement ; j'ai obtenu de lui, par l'incision annulaire, une assez grande quantité de fruits : quelques uns avaient des graines, quelques autres n'en avaient pas ; mais je suis à peu près sûr, par une longue observation, que, sans l'opération, j'aurais eu beaucoup moins de fruits et aussi beaucoup moins de graines. Une de ces graines m'a procuré une variété fort singulière, un rosier nain à fleurs sans pétales : je prie de faire attention à ce fait, dont je tirerai quelques conséquences.

Les effets de l'incision annulaire sur la vigne pour l'empêcher de couler sont connus : je ne l'ai pas employée en grand ; mais j'en ai fait assez pour constater ces effets : elle m'a paru, dans mes expériences, influer particulièrement sur le grossissement et la maturité plus précoce du fruit ; effet, au surplus, sur lequel, ainsi que sur la non-coulure, il ne faut pas se tromper ; car, lorsque, par suite de l'opération, il y a trop grande abondance de fruit et affaiblissement de la plante par une trop grande sécheresse ou trop grande maigreur du terrain, le produit en quantité et en qualité peut en être singulièrement contrarié. Mais de ces nombreuses expériences faites sur la vigne il en est résulté une observation très importante, c'est que la quantité de pepins obtenus sur les branches annelées n'est nullement en rapport avec la quantité des grains de raisin : on a paru en conclure assez naturellement que l'incision annulaire s'opposait au produit des graines.

Je dois examiner cette opinion avec la plus grande attention ; elle me paraît en partie et jusqu'à un certain point fondée plutôt sur l'apparence que sur la réalité : dans tous les cas, elle mérite d'être discutée, les observations nombreuses que j'ai faites sur plusieurs arbres m'autorisent à cette discussion, que je crois extrêmement importante, et la solution du problème et ses conséquences peuvent jeter un grand jour sur cette matière.

La formation et la maturation des fruits et des graines, en considérant, d'une part, celles du parenchyme et du péricarpe et, de l'autre, celles de la graine ou de la semence proprement dite, ne suivent point dans tous les différens végétaux la même marche et la même progression : on peut en dire autant de celles des épis de blés et des tubercules de pommes de terre.

L'épi du blé croît et se développe en s'allongeant sur sa partie supérieure, il résulte de cette disposition que les grains inférieurs sont les premiers formés, les premiers mûrs et les plus beaux (sauf cependant les extrêmes inférieurs, qui n'obéissent pas toujours à cette loi, parce que, lors de leur formation, la plante n'a pas encore toute sa vigueur). Au contraire, l'extrême sommité de l'épi peut n'offrir que des grains petits, mal mûrs, et quelquefois retraits, parce qu'elle est le dernier produit, et qu'elle n'a pas toujours le temps d'acquérir sa perfection, la sécheresse et le manque de sève opérant pour lors une espèce de décurtation : les tubercules de pommes de terre (ce qui est surtout remarquable dans les longues, comme la vitelotte) croissent aussi en s'allongeant par l'extrémité opposée à la queue, ce dont il est aisé de s'apercevoir par le rapprochement des yeux situés dans cette partie ; tandis que dans la partie qui tient au filet ils se trouvent plus éloignés, leurs intervalles ayant pris plus d'accroissement et de perfection ; perfection ou maturité dont il est aisé de juger par l'épreuve, cette partie étant préférable à manger et fournissant plus de fécule que l'autre extrémité.

Dans le fruit du melon, c'est toute autre chose ; le concombre et les melons longs manifestent un développement plus parfait dans la partie opposée à la queue ; la chair en mûrit plus tôt, a plus de parfum et est plus savoureuse : c'est à cette partie qu'on les tâte et qu'on les flaire, les graines de cette partie sont infiniment plus belles et mûrissent plus tôt, dans les espèces très longues, du côté de la queue, ainsi que je l'ai dit ; la chair est imparfaite, quelquefois amère (dans les concombres surtout), et les graines mal mûres, mal formées.

Mais ce n'est pas tout : on peut encore observer dans ces fruits, et en général dans toutes les cucurbitacées, que l'époque de la maturité du fruit n'est pas toujours l'époque de la maturité des graines : celles-ci peuvent encore se perfectionner après la cueille du fruit, tel mûr qu'il soit. Il y a mieux encore : quelques uns de ces fruits peuvent être cueillis très peu mûrs ; et si, à cette époque, on en séparait les graines, elles pourraient n'offrir que du mucilage et n'être pas bonnes à semer. En conservant ces fruits intacts pendant quelque temps, soit qu'ils mûrissent ou non, petit à petit l'embryon de la graine se forme et s'accroît aux dépens du mucilage qui l'environne, et acquiert sinon une maturité complète, au moins la faculté de germer et de se reproduire; les plantes qui en sont le produit sont d'abord très faibles, mais reprennent ensuite quelque force, si la saison est favorable, et, à cet égard, certaines cucurbitacées m'ont paru jouir de quelques priviléges. Il y a encore à observer que, dans cette famille, la succession de fructification et de maturation peut avoir lieu pendant long-temps et à diverses époques de saison, ce qui produit encore quelques diversités.

Dans les poires et pommes, au contraire, on ne peut observer ces différences, tous leurs pepins paraissent mûrir à peu près en même temps, ou du moins, s'il y a quelque nuance dans cette maturation, s'ils se perfectionnent dans les fruits d'hiver après la cueille, ces phénomènes sont bien moins sensibles. Ce n'est pas sans intention que j'ai fait toutes ces remarques; j'engage les lecteurs à s'en ressouvenir, et j'y reviendrai bientôt.

On peut juger qu'il est difficile de résoudre d'un seul mot toutes les difficultés que peut faire naître l'exposé ci-dessus; il n'est pas aisé non plus d'y répondre méthodiquement : je vais cependant l'essayer, en me proposant plusieurs questions, dont je chercherai la solution. Je prendrai la vigne pour exemple.

1°. Comment l'incision agit-elle sur la sève soit ascendante, soit descendante? Est-elle une opération fructifiante ou débilitante?

2°. Comment opère-t-elle sur le développement des branches et du bois, leur nuit-elle, les augmente-t-elle?

3°. Quel effet fait-elle sur les fruits, péricarpe et parenchyme?

4°. Quel effet fait-elle sur les graines?

5°. Empêche-t-elle ou favorise-t-elle la fécondation?

6°. Peut-elle, indépendamment de la fécondation, jouer un rôle dans la production des fruits et des graines?

7°. Attaque-t-elle la fécondation dans sa source, comme par une espèce de castration, mutilation des organes procréateurs, ou simplement comme opération débilitante?

Réponse à la 1re. et à la 2e. question.

Il me paraît que l'on attribue assez généralement à l'incision annulaire l'action de modifier et d'intercepter la sève sous quelques rapports, principalement en s'opposant à sa descente; on supposait donc, dans ce cas, qu'elle montait par la moelle, par le jeune bois ou aubier, et qu'elle redescendait par l'écorce; mais sur quoi est fondée cette opinion? Mes observations et mes expériences citées plus haut ne s'accordent point avec cette opinion, il est manifeste que la sève monte aussi bien par l'écorce que par toute autre partie. Cela est prouvé, d'une part, par la cessation du développement des branches et même de la tige, qui a lieu au dessus et par suite de l'opération, ainsi que par le développement des bourgeons, qui a lieu au dessous. Il y a, à la vérité, au dessus de l'incision grossissement des tiges et du bois; mais il est aisé de vérifier que ce grossissement n'équivaut nullement, par le poids ni le volume, au développement des branches et du feuillage, qui cesse alors : là cause de ce grossissement est due à l'évaporation et à l'épaississement de la sève, qui ont lieu 1°. par la plaie;

2°. par la diminution du fluide séveux, qui montait par l'écorce et qui se jette sur les bourgeons inférieurs à l'incision; 3°. parce que l'incision, faisant vieillir et avançant la maturité du bois et des feuilles, augmente la transpiration de celles-ci, et facilite l'évaporation et l'épaississement de la sève par sa combinaison avec l'air atmosphérique, ainsi que je l'ai fait voir.

Réponse à la 3e. question.

L'incision, empêchant la sève de se porter à l'accroissement et au développement des branches, la force de se porter à la nourriture des fruits, et par une suite de son action sur l'aoûtement du bois et des feuilles, elle avance et augmente le volume, le grossissement et la maturation des fruits et adoucit leur âpreté : cette action a principalement lieu sur le péricarpe et le parenchyme, parce que ce sont les parties du fruit qui se forment les premières; et il est manifeste que lorsque quelques uns de ces fruits sont en retard, et que la saison, ou des pluies chaudes, ne favorisent plus la venue de ces fruits, ils sont plutôt contrariés qu'aidés par le fait de l'incision annulaire, et alors elle leur devient plus nuisible qu'utile. Ce sont ces anomalies qui ont jeté de l'incertitude sur ses bons ou mauvais effets.

Réponse à la 4e. question.

Si la formation de la graine suivait immédiatement et dans une progression égale la formation et l'accroissement du péricarpe, on serait fondé, lorsque la graine manque, à croire que ce ne sont pas les mêmes organes, ou au moins que ce ne sont pas les mêmes élémens qui nourrissent les uns et les autres; mais comme il peut y avoir, et comme il y a réellement quelquefois et d'une manière évidente différence d'époque pour la formation des uns et pour la formation des autres, il résulte de là qu'il y a deux conclusions différentes à tirer suivant les cas : car, si cette formation est successive, si la graine est formée la dernière, on peut dire qu'en raison de l'affaiblissement causé par l'incision, la sève ascendante n'a plus le moyen de faire produire la graine, parce qu'elle s'est épuisée, d'une part, à former les couches ligneuses, et de l'autre à former le péricarpe. Entre cet affaiblissement de sève ou cette privation d'organes procréateurs, provenant l'un et l'autre de l'effet de l'incision, la question reste à résoudre.

Réponse aux 5e., 6e. et 7e. questions.

Quant à décider si la fécondation a été provoquée ou diminuée, et même anéantie par l'incision, il y a encore incertitude. Le froid, les pluies, dit-on, font couler la fleur; mais l'incision annulaire ne diminue pas le froid et n'empêche pas la pluie d'entraîner le pollen; elle ne peut qu'engager la sève à se porter sur le fruit en empêchant ou sa descente ou son emploi au développement des branches; et d'ailleurs, dans bien des cas, puisque la production des pepins n'a pas lieu, elle n'est pour rien dans l'affaire. Est-il bien sûr d'ailleurs que dans tous les végétaux la fécondation soit toujours nécessaire? Les naturalistes ont bien voulu admettre que le puceron pouvait se perpétuer sans accouplement jusqu'à la septième génération, il ne peut y avoir à cet égard deux poids et deux mesures; il me semble que l'union des deux sexes doit être d'autant plus nécessaire que l'organisation des individus est plus parfaite, c'est du moins la marche ordinaire; d'ailleurs je ne me soumettrai pas à regarder comme une bonne raison ce qu'on appelle l'opinion prétendue ou non prétendue générale, et de plus je citerai toujours en opposition les expériences de Spallanzani, que j'ai vérifiées avec impartialité, n'ayant aucune raison de voter ni pour ni contre. Spallanzani a prouvé que plusieurs courges donnaient sans fécondation des graines fécondes, lesquelles produisaient des fruits qui, sans fécondation, donnaient eux-mêmes des graines fécondes. Dire que les ascendans de ces graines auront été fécondés d'avance, c'est ne rien dire; car si une plante ou un puceron peut produire sept fois sans fécondation, pourquoi ne produirait-il pas sept mille fois? Autant vaudrait remonter à la création, et dire qu'alors tous les individus ont été fécondés d'avance pour l'éternité.

Des exemples que j'ai cités sur le rosier-capucine et le rosier-cannelle double, il me paraît qu'on peut conclure que l'annelation ou la ligature provoque la formation des fruits, et subsidiairement, mais d'une manière bien moins efficace, la production des graines, graines qui, à la vérité, sont plus faibles et souvent moins fécondes que les graines naturelles; mais dans tous les cas, il paraît qu'il y a, par le fait de l'annelation, un peu plus de graines qu'il n'y en aurait eu sans elle dans une mauvaise année, quoique la quantité de ces graines ne soit nullement en proportion avec la quantité des grains de raisin qu'on obtient en plus.

Je pense donc que, soit que la fécondation ait été favorisée par l'annelation, soit qu'elle ne l'ait pas été, soit même qu'elle en ait été contrariée, la production du fruit et des graines a pu être provoquée, mais, comme je l'ai dit, en différentes proportions tant pour la quantité que pour la qualité, eu égard à la perfection de ces graines : au surplus, il y a dans une partie de ces conclusions un certain degré d'incertitude que j'avoue bien sincèrement.

Ce qu'on ne peut nier cependant, c'est l'amoindrissement des graines, la perte d'une partie de leurs facultés génératrices, et c'est à cela que je voulais en venir. Cet amoindrissement est dû à ce que les graines se forment plus tardivement que le péricarpe, et à des époques plus ou moins éloignées les unes des autres (ainsi que cela peut avoir lieu dans les melons dont les graines et les fruits ne sont ni produits ni mûrs tous à la fois); on peut supposer que les dernières produites n'ont plus l'abondance de sève nécessaire à leur complément, à cause de l'affaiblissement dû à l'annelation. D'un autre côté, ne peut-on pas admettre aussi que l'opération de l'annelation attaque dans leur source, par la coupe et la solution de continuité des fibres de l'écorce, les organes de la génération ou les élémens de la sève prolifique? Cette dernière opinion est appuyée d'abord sur le fait que j'ai cité du rosier-capucine nain, obtenu par le semis d'une graine de fruit annelé et ensuite par les analogies suivantes; la castration dans les animaux produit le grossissement de plusieurs parties aux dépens de quelques autres, et elle produit cet effet sur les branches annelées. On sent bien qu'on ne peut faire entre ces deux règnes une comparaison rigoureuse, parce que dans l'un les parties sexuelles existent avant la fécondation, et qu'il est possible de les retrancher par avance, chose qui ne peut se faire sur les plantes, puisque ces parties n'apparaissent qu'au moment où elles doivent opérer leurs effets.

Il me reste encore quelque chose à dire sur la nécessité regardée comme absolue de la fécondation pour obtenir des graines fécondes. Nous connaissons actuellement beaucoup de plantes qui ne se reproduisent plus par la voie du semis; elles ont, dit-on, perdu, par le fait de la culture, cette faculté. Mais si cela est ainsi, pourquoi ne pas admettre entre cette perte absolue et réelle un intervalle, un moyen terme, dans lequel on pourrait supposer la non-nécessité de la fécondation pour les graines, et leur production sans le secours de la partie mâle? Qu'y aurait-il donc de singulier que, dans cette altération, cet anéantissement de sexes ce fût la puissance prolifique du mâle qui eût perdu la première ses élémens procréateurs ; perte qui pourrait, par le laps de temps, être suivie de celle des organes femelles et de la disparition des graines ? Sommes-nous assez avancés pour pouvoir prévoir et juger ces nuances intermédiaires entre le passage de la fécondité à la stérilité ?

M. W. Herbert a vu des bulbes se former au lieu de graines dans la capsule d'un *pancratium amboinense,* et nous voyons souvent des rocamboles présenter un phénomène à peu près pareil, ainsi que des pommes de terre porter des tubercules sur leurs boutons à fleur en remplacement de pistil, d'étamines et de graines. Il y a donc dans les plantes bulbifères bien peu de différence entre la graine et les bulbes, et la pomme de terre peut donc changer ses fruits et graines en tubercules ; on sait d'ailleurs que les tubercules de la pomme de terre ne sont point des racines, mais des embryons de tiges ou des bourgeons, et les bulbes peuvent bien aussi être considérées comme des bourgeons.

A la suite de cet ouvrage, j'ai joint une discussion sur les deux sèves, que je conseille de lire. J'ai déjà traité ce sujet ; je ne répéterai pas ici ce qu'on peut y trouver, je me contenterai d'exposer ce qui suit.

La sève, excitée et mise en mouvement au printemps par la chaleur du soleil et de l'air ambiant, monte par toutes les parties de l'arbre, ou au moins par la moelle, par l'aubier, et entre l'aubier et l'écorce, et peut-être par l'écorce elle-même. La preuve qu'elle monte par l'écorce est dans le développement des yeux qui sont implantés sur l'écorce elle-même, et dont le grossissement est interrompu lorsqu'au dessous d'un œil on fait avec la serpette une simple entaille, fait qui prouve la nécessité de la continuité des fibres de l'écorce correspondante à l'œil : cela est encore mieux prouvé par le fait de la simple incision de l'écorce pratiquée au dessus d'un œil quelconque, et qui en facilite le développement au préjudice des autres, parce qu'elle y accumule la sève en l'empêchant de monter plus haut.

L'incision annulaire empêche donc la sève de monter par l'écorce, et la partie de branche inférieure à l'incision, ne servant plus de passage à la sève, discontinue de grossir; au moins cet effet serait-il dû à ce qu'il n'y a plus de courant de sève entre l'écorce et l'aubier.

Dans la tige ou partie de branche supérieure à l'incision, l'accroissement en longueur des bourgeons latéraux en premier lieu, et en second lieu celui du bourgeon terminal, diminuent et finissent par s'arrêter avant le temps ordinaire ; mais le bois grossit toujours et plus qu'il ne l'aurait fait sans l'opération, et il se forme un bourrelet assez fort à la partie supérieure de la plaie. (On peut croire que la scission des fibres corticales gêne la production et le prolongement de celles qui serviraient à recouvrir les nouvelles pousses, et arrête leur développement en longueur.)

Pendant que ces effets ont lieu, la sève ascendante continue son cours, mais peut-être plus faiblement : cette sève, aqueuse dans le principe, ne pouvant plus servir au développement des nouvelles feuilles, s'élabore et s'épaissit dans les anciennes, et ainsi épaissie ou en totalité, ou plutôt en partie seulement, elle cherche à redescendre par les canaux qui lui ont servi de passage pour monter ; mais elle se trouve arrêtée par la scission de l'écorce, elle fait effort pour vaincre cet obstacle ; sa partie la plus épaisse s'y fixe par son propre poids, et forme le bourrelet : ce bourrelet et les couches ligneuses qui sont au dessus grossissent d'autant plus qu'ils profitent de la partie de sève qui aurait servi à l'accroissement en longueur des bourgeons qui n'a plus lieu, et, à leur tour, les fruits en profitent aussi; mais il n'y a pas de doute que les parties inférieures de la plante et les racines ne doivent en souffrir : aussi on peut dire qu'en général les végétaux sur lesquels on ne ménage point l'incision annulaire en sont visiblement affaiblis.

Quant à ce qui regarde l'amoindrissement des

graines en opposition au grossissement du péricarpe, j'ai exposé là dessus mes conjectures ; mes connaissances en physiologie ne me permettent pas de décider si l'incision produit cet amoindrissement par débilitation ou par privation des organes ou de la matière prolifique ; privation que je supposerais pouvoir résulter de la solution de continuité des fibres de l'écorce avec leurs correspondans dans les racines. Quant à la transpiration des feuilles sur les branches annelées, que j'ai supposée plus grande, ce n'est encore qu'une conjecture fondée, il est vrai, sur les apparences : il est à désirer que les physiologistes et les chimistes s'occupent de ces deux objets.

Je ne reviendrai point ici sur ce qui a été dit relativement à l'incision annulaire, comme préservatif de la coulure de la vigne ; elle peut être employée comme telle sur d'autres arbres et même sur des plantes herbacées : il a suffi quelquefois de gratter légèrement et circulairement la tige de la plante dite glaciale pour la faire grener abondamment : des meurtrissures occasionées par la grêle sur les branches de concombres paraissent les avoir fait fructifier aussi en grande quantité. Son emploi donc, dirigé judicieusement, pourrait avoir son mérite.

On a vu aussi qu'elle était très utile pour le

grossissement et la maturation du raisin; elle peut procurer à quelques fruits âpres et sauvages, ou à demi domestiques, une douceur remarquable : on peut donc l'employer pour adoucir le fruit des jeunes arbres venus de pepin (une Société agricole de Bavière l'a recommandée à cet effet), et sur quelques poires à cuire, comme le catillac et autres. Je l'ai employée avec succès sur le coignassier, et je me suis, par ce moyen, procuré sur une branche annelée des fruits très mangeables.

Si, dans ces opérations, le succès n'a pas toujours répondu aux espérances, je pense qu'il ne faut pas s'en prendre à l'annelation elle-même, mais bien à la manière dont elle a été exécutée et à la saison qui l'a accompagnée. Cette opération étant très débilitante, toutes les fois qu'elle n'a pas été faite à propos, qu'elle a été suivie ou du froid, ou plutôt de chaleur et de sécheresse trop grandes, ou qu'on a voulu laisser trop de fruits aux branches annelées, on a fait plus de mal que de bien : aussi n'est-il pas étonnant que son emploi ait été négligé ou abandonné; mais, je le répète, on en peut tirer grand parti en s'en servant à propos.

Dans la pratique, il est donc essentiel de décharger un peu et de bois et de fruit les parties annelées, de les aérer et de les dégager, en supprimant les branches environnantes, qui leur enlèveraient leur nourriture.

Mais tous ces avantages ne sont que locaux, partiels et temporaires; ils sont faibles, et de mon travail ressortiront, je l'espère, des moyens plus efficaces d'arriver au même but : portons donc nos vues plus loin, et, au lieu d'améliorer des individus ou des parties d'individus, améliorons des races, formons des espèces et des variétés nouvelles, étendons le domaine de l'horticulture, et ouvrons-lui une nouvelle source de richesses.

Toutefois, en me livrant ici à de grandes espérances, tout en cherchant à les faire partager, je suis forcé d'avouer que je ne puis offrir que bien peu de faits et beaucoup de conjectures; mais ces conjectures sont fondées sur l'analogie, elle ne m'a guère trompé : j'en suis grand partisan; mais pour s'en servir avec succès, il faut bien l'observer : tâchons d'y parvenir.

J'ai essayé de comparer l'incision annulaire à la castration dans les animaux : cette comparaison ne peut être rigoureuse, et cela est aisé à sentir; mais on ne peut nier que, par le fait de ces opérations, il ne se présente des phénomènes qui ont entre eux quelque ressemblance.

S'il n'y a point précisément analogie en fait de privation d'organes, il y a au moins analogie en ce qu'il y a affaiblissement de facultés génératrices ; il y a, d'un autre côté, analogie dans l'augmentation de certaines productions : la castration, chez les animaux, produit la pléthore, la graisse, etc.; l'annelation, dans les végétaux, favorise l'augmentation du parenchyme, du péricarpe : la castration empêche les productions de la barbe, et autres productions nouvelles tardives ; l'annelation empêche le produit des nouvelles pousses : l'une empêche les animaux d'engendrer ; l'autre nuit au grossissement des graines, quelquefois même à leur production : elle les amoindrit, etc. J'ai obtenu, par le fait de l'incision, un rosier nain du semis du rosier-capucine annelé (c'est peut-être là le moyen employé par les Chinois pour se procurer les végétaux nains dont ils sont si riches) : peut-être devons-nous à cette opération, ou à quelque accident ayant, avec cette opération, quelque analogie d'effets, les végétaux nains que nous possédons ; peut-être leur devons-nous plusieurs fruits sans noyau et sans pepin. Pourquoi cela ne s'étendrait-il pas à d'autres écarts de la nature, comme fleurs doubles, parties charnues dans quelques végétaux, et à plusieurs autres bizarreries et monstruosités? Pourquoi cela n'influerait-il pas sur l'odeur et la couleur des fleurs, le parfum des fruits?

Si quelques uns de ces effets ont lieu immédiatement sur les produits annelés, ainsi que j'ai quelque raison de le croire, il y a toute apparence que, sur les semis de ces productions, les effets, minimes dans l'origine et se transmettant par plusieurs générations successives et successivement soumises à l'annelation, n'iraient point en augmentant sur leurs descendans dans une proportion et une progression dont nous ne pouvons assigner ni prévoir l'étendue et les limites.

Comme c'est dans la considération de l'augmentation du volume du péricarpe et du parenchyme des fruits qu'ont été vantés les avantages de l'incision, il faut noter que, quant au volume des graines, j'y ai observé une diminution sensible. Ces avantages doivent alors subir quelques modifications : ainsi, par exemple, les fruits du châtaignier, de l'amandier, du noyer, etc., devront suivre une autre loi; la diminution de grosseur ne devra pas toujours être regardée comme obstacle à l'amélioration de saveur. J'avoue qu'à cet égard je n'ai aucune donnée; je m'abstiendrai donc d'en dire davantage, jusqu'à ce que l'expérience m'ait rendu plus instruit.

Dans le cours de cet article, on a pu observer qu'entre l'incision annulaire et la greffe, toutes deux opérations débilitantes, il y avait sinon parité absolue d'effets, au moins beaucoup de similitude, quoique non égale sur tous les points. Je crois inutile de renouveler ici tous ces rapprochemens; il suffira de se reporter à une partie de ce que j'ai dit de la greffe: par cette comparaison, on pourra juger de ce qu'elles ont de commun, de ce qu'elles ont de différent, et de ce qu'on gagnerait, pour aller plus vite en amélioration, en combinant et faisant marcher de front ces deux opérations sur les mêmes sujets; j'en exposerai plus tard quelques exemples.

Je finis ici mes observations sur l'incision annulaire, un peu étendues, j'en conviens, mais justifiées, je l'espère, par l'importance du sujet; je souhaite que mes prévisions ne soient pas trompées.

CHAPITRE IV.

DES MOYENS DE FAIRE NAITRE DES ESPÈCES ET DES VARIÉTÉS NOUVELLES, ET D'EN DIRIGER LA CRÉATION.

Ce n'est pas sans quelque inquiétude que je me trouve arrivé au point le plus important de tous, au plus difficile à traiter : plus que jamais, j'aurais besoin de l'expérience et du secours de quelques devanciers; presque tout cela me manque, je ne perdrai cependant point courage.

Dire que pour obtenir des variétés il faut changer les plantes de climat, d'exposition, de terrain, greffer, bouturer, semer et ressemer, transplanter, etc., c'est à dire ce qui a été dit mille fois, c'est à peu près ne rien dire ; mais c'est un récitatif obligé, conformons-nous donc à l'usage.

L'objet de cette recherche est complexe. En effet, il présente en même temps et l'idée d'améliorer et l'idée de créer : car à quoi bon créer du nouveau, si ce nouveau n'est pas meilleur que l'ancien? La variété est une fort belle chose, mais elle est de mode et de caprice, et l'on en revient toujours à ce qui est bon : tâchons donc de faire du nouveau et du bon tout à la fois.

Les nombreuses et excellentes variétés de fruits que nous possédons sont, pour la plupart, assez anciennes. Aussi, ai-je cru devoir en conclure, non pas qu'il ne nous était plus possible de rien faire de bon, mais que ce bon que nous pouvions faire avait besoin de la suite des temps pour se perfectionner. D'où il s'ensuivrait que, pour atteindre dès à présent la perfection de nos anciens fruits, il faudrait que ceux que nous obtenons aujourd'hui fussent réellement meilleurs dès le principe. Cela est-il possible? pourquoi non?

Nos fruits sauvages, principalement la pomme et la poire des bois, sont regardés comme le type de nos fruits domestiques : c'est la culture, ce sont ses divers procédés qui les ont amenés peu à peu à leur état actuel de perfection. Il est probable que cela a été fort long; mais ce qui peut nous consoler et nous donner l'espoir d'aller plus vite en besogne, ce sont trois puissantes considérations : la première, c'est que plus les plantes sont éloignées de leur type originel, plus elles tendent à s'en éloigner, d'où l'on peut inférer qu'il ne faut peut-être aujourd'hui que vingt ans pour opérer ce qui en a exigé mille autrefois ; la seconde, c'est que nous avons des moyens beaucoup plus nombreux et plus variés de faire naître, de mettre à fruit plus promptement, et de juger plus tôt nos produits, moyens que j'espère rendre encore beaucoup plus expéditifs ; la troisième enfin, c'est que, suivant toute apparence, ce qui a été obtenu jusqu'ici est plutôt dû au hasard, c'est à dire aux procédés de culture très nombreux et très diversifiés, si l'on veut, mais appliqués sans discernement, ou au moins sans intention suivie, sans direction de constance et d'efforts réunis, au lieu qu'aujourd'hui, à l'aide des Sociétés et des journaux d'horticulture, on peut se flatter qu'un procédé quelconque reconnu avantageux ne se perdra pas, et sera pratiqué par un plus grand nombre d'amateurs. C'est de la recherche de ces procédés divers que je vais m'occuper : je parlerai de ceux connus et pratiqués jusqu'à présent, de ceux que j'ai employés moi-même et de ceux qui me seront suggérés par la suite.

Semer, ressemer dans un sol ou un autre, planter et replanter aussi dans des climats et des sols différens, greffer sur des sujets le plus éloignés possible d'espèce, pincer et repincer, tailler, etc., tels sont à peu près les moyens que la culture a jusqu'ici employés ; mais il y a eu rarement intention et direction reconnues et plus rarement encore combinaisons, et cependant l'on a ainsi obtenu des résultats importans. Que ne fera-t-on donc pas désormais avec l'intention et la direction bien constantes et avec de plus grands moyens d'exécution ?

Les quatre parties du monde sont à notre disposition, nous avons la faculté d'y promener nos végétaux, de les y porter, de les y laisser séjourner et de les en ramener soit en greffes, soit en plants, soit en graines, source de variétés nombreuses et caractérisées. Nous avons, pour multiplier et varier nos greffes, une multitude de sujets nouveaux, et des espèces nouvelles nous permettent des fécondations artificielles, source encore plus abondante et création réelle de variétés, de races et même d'espèces. Nous avons, pour marier à nos cerisiers et à nos pruniers, ceux d'Amérique et autres; pour marier à notre pommier, ceux dits *malus hybrida, baccata, coronaria, sempervirens, spectabilis*; pour marier à notre poirier, les *pyrus Michauxii, polveria, sinaïca, salicifolia*; pour notre coignassier, ceux de Portugal, de la Chine et du Japon, etc. Je possède déjà plusieurs hybrides dans quelques unes de ces familles.

On a attribué aux Chinois la faculté de donner aux fleurs de l'odeur et des couleurs, et aux fruits du parfum, etc.; mais, ce qui est plus fort, de les leur donner à volonté et suivant leur goût.... Il est présumable que cela est un peu exagéré; il y a cependant à cela quelque chose de vrai, et l'on ne peut leur contester la faculté d'avoir rendu nains et d'avoir ainsi mis à fruit la plupart de leurs grands arbres fruitiers et forestiers, puisque leurs jardins, leurs maisons et leurs desserts en sont ornés. Ils possèdent donc quelques secrets; nous seront-ils un jour révélés ? Mais à défaut de cela, nous sera-t-il donc impossible de les pénétrer? Il n'est pas étonnant qu'un peuple naturellement patient, industrieux et aussi anciennement civilisé, qui n'a subi que quelques révolutions passagères, lesquelles, à raison du petit nombre de conquérans, eu égard à la grande population du peuple conquis, n'ont pas produit les bouleversemens et le retour à la barbarie, qu'elles occasionent ordinairement, ait conservé d'âge en âge ses traditions et ses pratiques agronomiques, et qu'il les ait de plus en plus étendues et perfectionnées. Mais nous avons sur lui l'avantage d'une industrie plus active, d'une connaissance plus avancée et plus positive dans les sciences physiques et des relations commerciales à peu près universelles. Cherchons donc à en tirer parti pour les progrès de la science horticole.

Il a été publié dans notre pays quelque chose de relatif aux végétaux nains. On a cru qu'en faisant des boutures à œil renversé, ou qu'en retranchant aux jeunes semis leurs cotylédons ou feuilles séminales, on pouvait produire cet effet; mais cela ne s'est pas trouvé fondé : on affaiblit bien les plantes par ces retranchemens et renversemens; mais elles peuvent plus tard reprendre leur vigueur. J'avais pensé aussi qu'en retranchant aux plantes leurs bourgeons principaux, et ne leur permettant de s'établir que sur leurs bourgeons cotylédonaires et supplémentaires, on parviendrait au même but, et je m'étais fondé sur ce que ces parties indiquent par leur prompte fructification un développement plus précoce, et probablement une vie moins longue. Précocité et *naineté* sont souvent compagnes, l'expérience ne m'a point encore donné de notions suffisantes.

La maturité incomplète des graines qu'on sème (ce fait est connu et je l'ai éprouvé) produit des effets analogues. Il en est de même de la vieillesse et de la mauvaise conformation des graines. Dans tous ces cas, j'ai pu obtenir des individus à feuilles panachées. On a même attribué à ces circonstances la production des fleurs doubles, mais cela n'a pas été prouvé. Dans la vue d'en obtenir de telles du rosier ponceau, *rosa eglanteria*, duquel on n'en a pu encore obtenir, je m'étais proposé de le greffer sur quelques rosiers à fleurs très doubles, et de semer les graines qui en proviendraient; je ne l'ai pas fait, et j'engage quelque amateur à l'essayer.

Une opinion assez générale, et fondée sur quelques faits, a paru établir que, dans les fruits et autres productions, il était impossible de réunir l'abondance à la qualité et à la précocité : ainsi, par exemple, les vignobles renommés par leur bonne qualité ne le sont pas ordinairement par leur abondance, et en effet la réunion de tous les avantages est rare, non pas assurément qu'il y ait impossibilité absolue; mais si la bonne qualité d'une part, et le grand produit de l'autre, sont déjà par eux-mêmes des choses assez rares, à plus forte raison doit être rare leur réunion. Je dois cependant citer des exemples du contraire. La poire d'Angleterre est très bonne, et en même temps produit fréquemment et abondamment; la pomme de châtaignier, qui a bien aussi son mérite, est dans le même cas. Les deux pommes de terre, dites *truffe d'août* et *shaw*, sont en même temps hâtives, bonnes et productives : il n'y a donc point incompatibilité absolue entre ces bonnes qualités; il y a seulement rareté, et nous pouvons y obvier par les procédés constans et bien dirigés d'une bonne culture : avec la patience et le temps, nous devons y parvenir.

Dans l'intention d'obtenir des variétés hâtives, il ne serait peut-être pas hors de propos de prendre en considération la coloration plus ou moins grande des plantes et des fruits; on sait, en effet, fort bien que les objets colorés acquièrent au soleil un bien plus grand degré de chaleur que les autres; conséquemment les fruits fortement colorés devraient avoir plus de propension à mûrir promptement. Je n'ai jamais porté mon attention sur ce fait, et j'ignore si à cet égard quelques observations ont déjà été faites.

Dans le même but de se procurer du hâtif, on peut fonder quelque espoir sur l'attention constante de semer, de ressemer la graine des variétés les plus hâtives, les plus nouvellement obtenues, et sur les graines les moins mûres et les dernières venues; il semble aussi que ce serait de préférence dans les terrains secs et légers, par conséquent chauds et hâtifs, qu'il faudrait suivre ces expériences, en y ajoutant même, suivant les cas, le secours d'une chaleur artificielle.

On ne peut douter qu'une des causes très influentes de variation ne réside dans l'époque du semis : plus cette époque est différente de celle que la nature avait assignée soit à un végétal étranger semé dans son climat natal, soit à un végétal indigène aussi dans le sien, plus on peut espérer de chances de variabilité, et ces chances recevront encore un accroissement de force en y combinant les différences de sol et d'exposition.

Quand bien même, dans l'état actuel de nos connaissances, nous serions en état de nous rendre compte de la formation des variétés, nous serions encore à nous demander pourquoi, dans certaines plantes, cette formation s'obtient plus aisément que dans d'autres, car il en est même qui paraissent s'y refuser, et à nous demander pourquoi, dans quelques unes d'entre elles, la variation augmente à l'infini, tandis que dans d'autres elle paraît s'arrêter, station qui donne aux variétés la faculté de se fixer, faculté d'où résulte alors la formation des races.

On peut bien dire que lorsqu'une variété est une fois obtenue, s'il n'y a pas avénement de nouvelles circonstances, les provenances par graine de cette variété doivent la rendre franche; mais cela est souvent démenti par l'expérience : on peut, dans le même terrain et à la même époque, semer la graine du même œillet, et souvent pas un individu produit ne ressemble à l'autre : comment expliquer leurs différences ? comment, d'autre part, expliquer la formation des races ?

Il y a des contrées lointaines, l'Australasie par exemple, où les plantes, les animaux, les hommes même paraissent tellement différens de nous et des nôtres, qu'on les croirait habitans d'un autre monde. Que la graine d'une de nos plantes plus ou moins acculturées y soit transportée, par cela seul elle doit subir les effets d'une influence locale toute-puissante : il est permis de supposer que sur-le-champ la variation s'y établit d'une manière tranchée, et peut-être plus générale sur tous les individus de la même provenance; tous se trouvent dépaysés, et soit qu'ils se ressemblent ou ne se ressemblent pas entre eux, leur métamorphose est telle et en même temps si subite, et cependant si bien établie, que l'on peut penser que chacun de ces individus a reçu en naissant une empreinte particulière si forte, qu'il est disposé à fonder une race; revenant ensuite de là dans son pays natal, retournera-t-il à son type originel, ou y conservera-t-il une tenacité de caractère contractée en pays étranger? Ces questions sont à résoudre.

Nous avons même en France des localités très caractéristiques de terrain, de climat, d'exposition, et telles que certaines plantes et certains animaux paraissent s'y cantonner. Les botanistes nous disent tous les jours qu'on ne trouve telle plante que là, et telle autre qu'ici : ces localités seront, pour l'étude et la formation des variétés, un champ précieux d'épreuves. J'ai déjà cité les terrains ocreux comme exerçant une influence particulière et reconnaissable sur les plantes qui y sont cultivées; mais ce ne sont pas probablement les seuls, et à cet égard la chimie pourrait nous donner quelques lumières; mais sans être chimiste et sans aller en Australasie, nous pouvons nous-mêmes rechercher et étudier ces localités à physionomie étrangère, et y diriger nos expériences, et, de plus, nous pouvons les faire nous-mêmes. Qui nous empêcherait dans un local resserré, dans un jardin, de semer dans des carrés de terre de bruyère, de terre gypseuse, ocreuse, de terreau de boue de Paris, de terreau pur, etc. ; de faire comparativement des semis de la même plante, dont les variations ordinaires seraient à peu près connues, pour observer sur elles l'influence de ces diverses natures de terre?

On m'a cité quelques exemples de métamorphoses qu'on pourrait attribuer à quelques unes de ces causes. Des fleurs doubles sont quelquefois devenues simples, et des fleurs simples devenues doubles; des jacinthes blanches sont, dit-on, devenues bleues; d'autres fleurs bleues et jaunes ont tellement pâli, qu'elles sont presque devenues blanches; le rosier-capucine est sujet à prendre une teinte pâle. J'ai vu la capucine et le souci sujets à cette même dégénérescence, qu'on peut comparer à celle des Albinos dans le règne animal. Les graines de ces plantes dégénérées participeraient-elles de ces mutations? Cela est assez probable. Au surplus, ces faits ont besoin d'être mieux observés et constatés. J'ai, en mon particulier, peu de chose à dire à cet égard. Quoi qu'il en soit, notre climat et notre sol, anciennement acculturés, ont tout changé : hommes, animaux, plantes, nous y avons perdu, nous y avons gagné ; tâchons de perfectionner ce qui ne vaut rien, et propageons ce qui est bon et utile.

L'Amérique nous a fourni quelques végétaux paraissant non soumis à la culture, qui en très peu de temps nous ont donné des variétés remarquables. Cette variabilité si prompte n'est pas ordinaire. Les grandes différences de sol et de climat sont-elles bien des causes suffisantes pour expliquer ces changemens subits? Mais, dans ce monde nouveau ou prétendu tel, on rencontre des monumens qui attestent une très ancienne civilisation. N'y aurait-il pas quelque raison de présumer que les végétaux dont j'ai parlé ont pu être autrefois cultivés, et que tout en paraissant retombés dans l'état de nature par un abandon plus ou moins long, une apparence de culture nouvelle n'ait réveillé en eux ces traces de civilisation perdue, et ne les ait rapprochés de la manière d'être de nos plantes anciennement cultivées?

De la multiplication des arbres à fruit par boutures, marcottes, etc.

Ayant déjà discuté sur les effets de la greffe comme moyen de multiplier les degrés de ramification des arbres à fruit, comme paraissant avancer leur âge en les affaiblissant, en diminuant leur luxuriance, en limitant leur grande force végétative, quant à l'accroissement du bois et des branches, et par une suite nécessaire les disposant à se mettre plus tôt à fruit, effets qui doivent se manifester à un plus haut degré sur les marcottes et encore plus sur les boutures, il ne me reste donc pas grand'chose à dire à l'égard de ces dernières.

On a prétendu que ce mode de multiplication tendait à affaiblir les forces génératrices, et que les plantes ainsi multipliées depuis long-temps, telles que la patate, le bananier, l'ananas, etc., finissaient par ne plus avoir la faculté de donner des graines. S'il en était ainsi, ce serait un moyen de rendre abortifs, c'est à dire sans noyau et sans pepin, les fruits dans lesquels ces parties ne nous intéressent pas. De là on pourrait conclure que cette influence s'exerçait sur les graines seulement, et non sur le parenchyme ou la chair des fruits, celle-ci paraissant, au contraire, acquérir ainsi plus de volume, et même plus de finesse et de saveur.

Peut-être y a-t-il des végétaux plus sensibles les uns que les autres à cette influence; peut-être s'est-on trompé à cet égard. La vigne, qui depuis long-temps ne se multiplie guère par le moyen de ses graines, ainsi que plusieurs arbres ; le peuplier, le saule, qui se multiplient de boutures, ne paraissent nullement avoir subi cette influence, et feu M. Duchesne était bien éloigné de partager une telle opinion : il prétendait, au contraire, qu'on avait de préférence multiplié exclusivement de boutures les variétés naturellement privées de graine (naturellement s'entend ici des variétés nées de semences, et cependant privées de la faculté de grener), et qu'on avait à dessein abandonné la culture des plantes fécondes : je ne prononcerai pas là dessus.

En opposition avec ce système de perte de force génératrice causée par le bouturage, un assez grand nombre d'observations prouvent que les plantes provenant de marcottes et de boutures se mettent plus tôt à fruit que les individus francs de pied ou venus de semis, sur lesquels on avait pris ces boutures. Cela ne me paraît point étonnant; c'est un végétal nouveau formé avec de vieux membres; c'est un enfant né de parens âgés, et l'on sait ce qui en résulte : il est ordinairement plus précoce que les autres. Cet effet devait donc avoir lieu, soit qu'on en attribue la cause à la moindre vigueur de ces plantes (j'entends par moindre vigueur faculté moins grande de pousser en bois), soit qu'on l'attribue à un plus haut degré de ramification (il est remarquable aussi que les boutures n'ont point de pivot comme les plantes venues de graine; pendant la formation de ce pivot l'extérieur de la plante profite peu, la sève est employée ailleurs). Tout cela est une conséquence nécessaire du système que j'ai déjà développé, et dont je reparlerai plus loin, qui est que la facilité de la mise à fruit dépend et de la ramification plus élevée des plantes venues de bouture, de la moindre durée probable de leur vie; ce qui a décidé la nature à hâter l'époque de leur mise à fruit pour leur faciliter les moyens de perpétuer plus promptement leur existence dans leur postérité, et il est assez vraisemblable que plus les boutures sont d'une essence difficile à reprendre, plus les effets en résultant sont marqués, chose à noter pour les bois durs, et que d'autre part plus les boutures sont prises en un lieu de ramification de degré plus élevé, plus leur mise à fruit sera prompte.

Je crois donc, et par les mêmes raisons que j'ai exposées pour la greffe et même pour l'incision annulaire, qu'il y a intérêt pour la maturation des fruits, pour obtenir des variétés précoces, peut-être même naines, à préférer pour le semis les graines des plantes provenues de marcottes, et, encore plus, de boutures : c'est un point important, et sur lequel j'engage encore les horticulteurs à diriger leurs recherches.

Il y a eu, relativement aux boutures, quelques discussions eu égard à l'acclimatation : à cet article, on verra quelle est là dessus mon opinion comme moyen producteur de variétés : j'y reviendrai aussi en temps et lieu.

Dans le dessein de rendre les végétaux nains, ou par quelque autre raison, on a imaginé de faire des boutures à contre-sens ou la tête en bas, j'ai essayé ce moyen sur des potirons et des giraumons; la reprise en est peut-être un peu plus difficile, et pousse plus lentement dans le principe; mais peu à peu la végétation s'y rétablit comme à l'ordinaire, et on n'y remarque rien de particulier; comme plus opposé à la marche de la végétation que la bouture ordinaire, ce moyen peut être essayé pour procurer plus promptement des variétés en le suivant par le semis.

Par une conséquence nécessaire de ce qui vient d'être exposé, il doit s'ensuivre qu'il sera expédient, pour la prompte fructification, de prendre des greffes sur les individus de boutures préférablement à ceux venus de semis, comme aussi, dans la même intention, les sujets de boutures devront aussi être préférés pour recevoir des greffes de jeunes arbres trop vigoureux ou venus de semis. Il est encore bon de savoir que pour donner de la vigueur aux individus de bouture il est avantageux de les recéper : cette opération produit quelquefois des effets étonnans.

Les arbres à fruit se multiplient assez facilement par marcottes, mais très difficilement de boutures; on y parvient, dit-on, beaucoup plus aisément au moyen d'une incision annulaire ou d'une ligature pratiquée d'avance, je n'ai jamais pu y réussir. J'avais imaginé d'en faire des boutures en herbe; mais le temps m'a manqué pour suivre cette expérience, que je me propose de répéter.

Il y a quelques années, désirant multiplier des peupliers étrangers dont la reprise par boutures me parut difficile, j'imaginai de les greffer en fente au printemps sur boutures de peuplier commun, greffant et bouturant en même temps; cela me réussit passablement : ce moyen est bon à connaître.

M. Turpin vient de communiquer à l'Académie royale des sciences et à la Société d'horticulture un mémoire très curieux sur la possibilité de reproduire les végétaux par l'un des innombrables grains vésiculaires de globulines contenus, etc. Je ne connais point ses expériences; comme moyen de reproduction très opposé aux moyens ordinaires, il peut en résulter des variantes et par suite des variétés, et ce mémoire sera bon à consulter.

De diverses opérations de culture, telles que l'arqûre, la transplantation, la perforation, la coupe des racines, la taille, etc., etc., etc., comme moyens d'amélioration et de perfectionnement de la fructification.

Dans le cours de cet ouvrage ou il s'est trouvé, ou il se trouvera des occasions d'établir sur ces procédés quelque discussion, je crois donc assez inutile de m'en occuper particulièrement, d'autant que je ne crois pas que la plupart d'entre eux offrent sous ce rapport beaucoup d'importance : je n'en dirai donc que deux mots.

L'amputation des racines comme moyen de mise à fruit a été quelquefois pratiquée avec succès sur des arbres que l'on jugeait trop vigoureux; il y a des moyens préférables, qui se trouvent indiqués à leur place. J'en dirai autant de la transplantation et de l'arqûre, ainsi que de la taille et autres.

La perforation, la mutilation, l'excoriation, la cassure et la meurtrissure des branches produisent quelquefois des effets assez singuliers; les insectes nous fournissent quelquefois des accidens heureux pour la mise à fruit et l'amélioration de la saveur, on pourrait étudier ces effets et les imiter; mais cela n'est, suivant moi, que d'une faible importance; fort souvent une piqûre de ver fait mûrir et grossir un fruit plus tôt et plus qu'il n'aurait dû le faire; sa saveur peut en être adoucie et améliorée : les graines de ces fruits piqués participeraient-elles de ces qualités? Cela se peut; mais je ne crois pas qu'aucune expérience le prouve. Les nodosités qui se forment sur les branches, soit par piqûre d'insecte, accident, incision annulaire, etc., peuvent produire des effets analogues. Ces remarques peuvent donner lieu à quelques expériences.

Des fécondations étrangères artificielles ou spontanées, ou de l'hybridation.

L'art des fécondations artificielles, créé par Koelreuther, n'a fait depuis lui que peu de progrès; ce n'est pas qu'on ne se soit livré, tant en France qu'en Angleterre, à des expériences assez multipliées. MM. Duchesne, Knight, W. Herbert et plusieurs autres s'y sont fait remarquer. J'ai moi-même donné naissance à une très grande quantité d'hybrides (voir les *Considérations sur la production des hybrides* à la fin de l'ouvrage); mais, malgré tout cela, on ne peut dire que, sur l'art des fécondations artificielles, il y ait un corps de doctrine; je l'aurais déjà entrepris, si la faiblesse de mes yeux ne m'en eût empêché.

Il paraît que la plus grande partie des hybrides obtenus l'ont été sur des fleurs ou des arbres à fleur. Je ne vois, sur les arbres à fruit, que quelques expériences de M. Knight; mais, en mon particulier, je m'y suis beaucoup adonné. Je possède plusieurs arbres hybrides, et j'attends la vérification de plusieurs jeunes sujets prêts à fructifier. J'ai déjà quelques résultats, j'en espère un bien plus grand nombre, et je m'étendrai là dessus quand l'occasion s'en présentera; je ferai voir de quelle importance est cet art pour le perfectionnement de la fructification en général, et particulièrement pour celle des arbres à fruit.

L'hybridation sur les arbres est fort difficile dans la pratique, on sent bien qu'il est rarement possible d'isoler ceux sur lesquels on travaille, et conséquemment de les garantir de l'influence des fécondations étrangères spontanées auxquelles leur situation les expose. De plus, l'intempérie des saisons, qui règne ordinairement au moment de la floraison de la plupart d'entre eux, et le grand nombre de fleurs sur lesquelles il faut opérer, souvent pour n'avoir que peu ou point de fruits, et, lorsqu'on veut avoir des résultats positifs et certains, la soustraction à faire des nombreuses étamines de leurs fleurs, soustraction qui, par la perte de sève et les blessures multipliées qu'elle occasione, est la cause presque inévitable de l'avortement des fleurs opérées, sont des obstacles qui, joints à la longueur du temps nécessaire pour attendre des résultats incertains, exigent de l'adresse, de la patience, et de plus des dépenses assez considérables.

J'avais acquis, par une longue pratique, une grande adresse dans ces sortes d'opérations; je les avais exécutées par milliers, malheureusement ma vue a baissé, et je ne puis plus m'y livrer qu'avec beaucoup de difficulté; cependant je n'ai pas pour cela tout à fait perdu mon temps. J'étais dans l'intention de porter mes recherches sur les cucurbitacées. Dans cette famille, les fleurs mâles, ordinairement séparées des fleurs femelles, m'ont permis de m'y livrer, et j'ai recueilli plusieurs observations importantes que j'ai déjà publiées. La végétation et la fructification rapides de ces plantes m'ont donné la facilité de faire en quelques mois ce que je n'aurais pu faire sur les arbres à fruit qu'en plusieurs années, et, ce à quoi je ne m'attendais pas, des rapports d'analogie entre la végétation et la fructification de ces plantes et celles de presque tous les végétaux dicotylédons, et conséquemment de nos arbres à fruit, m'ont procuré des documens essentiels.

Dans ces recherches les plus récentes, plusieurs

faits m'ont donné l'idée de la possibilité d'une double ou même triple paternité exercée sur la même graine par le mélange des poussières séminales de plusieurs fleurs de différentes espèces de la même famille. Un autre fait encore plus singulier, observé sur le melon de la Chine, et dont j'ai rendu compte dans les *Annales de la Société d'horticulture* de Paris, tome 2, page 153, m'a donné l'idée d'une fécondation double sur la graine d'un de ces melons, mais double et cependant séparée, de telle sorte que chacun de ses cotylédons paraissait avoir reçu sa fécondation particulière, d'où il s'en est suivi que chacun des bourgeons cotylédonaires ou rameaux correspondans aux dicotylédons présentait son fruit particulier notablement différent de l'autre.

Ces deux observations sont très remarquables et peuvent fournir à l'horticulture des sujets d'expériences curieuses et intéressantes. Il deviendrait possible de se procurer des variétés de fruit composées des meilleures espèces, et d'avoir ainsi sur le même pied, tout naturellement et sans contrainte, des fruits d'espèces différentes.

Koelreuther me paraît être le premier qui se soit occupé d'une manière remarquable de l'art dont il est ici question. Ses mémoires sont composés en latin et disséminés dans les Mémoires de l'Académie des Sciences de Pétersbourg. Ils sont dans la Bibliothèque de l'Institut; ils sont peu connus. J'espère que par suite quelque société d'horticulture voudra bien les faire traduire, ils en valent la peine; ses observations sont intéressantes et très nombreuses. J'en ai vérifié quelques unes; elles m'ont paru très exactes. Lui et moi avons obtenu des hybrides simples et des hybrides composés à plusieurs degrés. Dans les hybrides simples, il y en a de stériles et il y en a encore plus de féconds, et cette fécondité, quand elle existe, ne nous a pas paru diminuer par le recroisement. En général, les hybrides que nous avons obtenus étaient doués d'une grande énergie vitale. Je ne me rappelle pas si d'après ses observations cette énergie continue d'aller en augmentant par les recroisemens: c'est ce que je n'ai pas encore vérifié non plus, et c'est un point important.

M. Adolphe Brongniart a publié récemment un mémoire couronné par l'Institut, dans lequel il émet l'idée que les plantes d'espèce différente rencontrent un obstacle à leur fécondation mutuelle par la différence de forme de leur poussière séminale, qui ne s'adapte point à la forme des organes destinés à l'admettre. Devons-nous croire que la nature n'a mis qu'un obstacle purement mécanique à la confusion des espèces, obstacle qui ne serait pas insurmontable? A cela je ne dis ni oui, ni non. Au surplus, son idée n'en est pas moins ingénieuse, et elle mérite d'être confirmée ou infirmée par des expériences; et je m'étais proposé de m'y livrer; mais je n'en ai pas encore eu le temps.

Dans plusieurs occasions, les graines provenant du fait de l'hybridation m'ont paru un peu plus lentes à lever que les autres. Cela ne doit point étonner; il doit se faire en elles un travail intérieur avant leur levée, puisqu'elles doivent produire des individus d'une autre espèce.

Dans quelques unes de mes expériences, il s'est présenté à moi des raisons de croire que le moment de la fécondation, ou avancé, ou retardé, ou modifié par une cause quelconque, pourrait influer sur la qualité des produits. J'ai là dessus quelques idées assez singulières, mais sur lesquelles je ne dois point m'expliquer avant d'en avoir obtenu la confirmation. Je puis cependant dire qu'il serait possible que la force ou la faiblesse des plantes hybrides dépendît en partie de quelqu'une de ces causes.

Les fécondations étrangères spontanées ont, suivant moi, très rarement lieu dans la nature, peut-être même jamais; il s'en est quelquefois opéré dans nos jardins, mais non pas cependant aussi facilement qu'on a bien voulu le dire. On pourrait assigner les causes de ces hybridations imprévues; nous y avons réuni des espèces assez voisines que peut-être la Providence avait séparées à dessein, ou par le climat, ou par le sol, afin qu'elles ne se confondissent pas. D'autre part, nous avons, par la culture, tellement éloigné les plantes de leur type primitif, qu'il ne serait pas étonnant que nous eussions rendu alliables celles qui ne l'étaient pas, et de plus, comme je l'ai déjà fait observer dans plusieurs de mes mémoires, les hybrides auxquels nous avons donné naissance peuvent bien ne pas conserver entre eux les mêmes degrés d'affinité ou de non-affinité propres à leurs ascendans, et, au fait, ils m'ont paru bien plus susceptibles de s'allier entre eux que leurs ascendans eux-mêmes.

Quoi qu'il en soit, à moins de perpétuer par la greffe ou la bouture les individus hybrides, il paraît qu'ils finissent par se perdre; du moins il n'en reste aucun de ceux créés par Koelreuther, tels vivaces qu'ils fussent, et j'ai perdu plusieurs des miens; cependant mes arbres hybrides me restent, et j'ai encore une collection nombreuse de melons fécondés par les melons *flexuosus*, *chaté* et *dudaïm*, qui tous grènent abondamment.

Les fécondations artificielles peuvent être employées avec succès pour amener promptement à l'état de domesticité plusieurs fruits sauvages, en les mariant à des fruits cultivés congénères, pour acclimater des espèces étrangères, en les mariant à des espèces indigènes congénères, à créer même en certains cas des espèces tout à fait nouvelles, à augmenter le nombre de nos variétés par des alliances dirigées avec discernement, à fortifier nos espèces et même nos variétés par des croisemens qui, d'après l'expérience, paraissent augmenter considérablement leur vigueur, et quelquefois même leur produit; très souvent les fleurs, les fruits en reçoivent un accroissement notable, même hors de proportion avec la moyenne indiquée par la beauté et la grosseur de leurs ascendans.

Tel intéressant que soit ce sujet, je ne m'étendrai pas davantage, pour éviter des répétitions fastidieuses. Dans l'énumération qui va suivre de nos arbres à fruit, j'assignerai à chacun ce qui me paraîtra devoir lui être applicable.

Du semis et du choix des graines.

En thèse générale, on recommande de choisir les graines bien nourries, aoûtées, mûres, et bien conservées, et de les semer dans la saison, et même dans les terrains qui leur sont les plus convenables, autant du moins que ces conditions peuvent se remplir. Elles sont regardées comme nécessaires pour l'abondance et la bonté des produits. En agriculture, cette manière de se conduire est de rigueur, et s'il peut y avoir des exceptions, elles sont fort rares : il faut à l'agriculteur, 1°. quantité, 2°. qualité.

En horticulture, j'entends en horticulture perfectionnée, c'est autre chose : la qualité en premier lieu, la quantité n'est qu'au second rang, et je puis me permettre, en plaisantant, de dire que l'agriculture est une science de quantité, et l'horticulture une science de qualité. Au surplus, l'une et l'autre sont fort bonnes à obtenir, je le conseillerai toujours ; et cependant, pour le moment, c'est de la qualité que je dois m'occuper ici.

L'agriculture est sans contredit le fondement de la science; elle est la source des produits ; on peut la comparer aux racines qui fournissent la première sève et la plus abondante : on peut comparer l'horticulture aux feuilles qui élaborent cette sève, et qui lui donnent son complément et sa perfection. Si l'agriculture a quelques produits éminemment distingués ; si des acquisitions, des conquêtes nouvelles et importantes enrichissent son domaine, on peut dire qu'elle en est, en quelque sorte, redevable à l'horticulture; et en effet, cette dernière, quoique encore bien nouvelle considérée comme science, a cependant, dès long-temps et sans qu'on y pensât pour ainsi dire, été exercée par les agronomes, et même par les bons agriculteurs, par les jardiniers lorsque leur pratique était éclairée, et nous en recueillons aujourd'hui les fruits.

Au nombre des procédés employés par l'horticulture pour le perfectionnement de ses produits, on doit mettre en tête le choix des graines, les semis, et subsidiairement la manière de les conduire.

Les plus belles graines, comme je l'ai déjà dit, sont sans doute, en général, préférables. Sans les dédaigner, les horticulteurs ont cependant quelquefois des raisons pour préférer les graines petites, maigres, mal conformées, bizarres même, peu mûres, venues sur des fruits de regain, c'est à dire de formation secondaire ou tardive, sur des rejets faibles, etc. Cette manière de procéder est employée à dessein, et avec une intention bien prononcée, par quelques personnes; mais beaucoup d'autres la pratiquent peut-être sans aucune direction et sans se rendre un compte bien exact du but qu'elles se proposent.

On sait cependant, ou du moins l'on croit avoir remarqué 1°. que les graines des plantes à fleurs doubles sont ordinairement plus petites que les autres, que quelquefois même elles sont mal conformées : d'où l'on a conclu, avec quelque vraisemblance, qu'il fallait choisir de telles graines pour avoir des fleurs doubles;

2°. Que les graines mal conformées tendaient à produire des plantes bizarres ou monstrueuses;

3°. Que les graines peu mûres et venues de regain donnaient assez souvent des plantes faibles, naines, hâtives, et quelquefois des individus panachés;

4°. Que les vieilles graines, d'ailleurs plus lentes à lever, plus faibles dans le principe, donnaient à peu près les mêmes résultats que je viens d'indiquer en dernier lieu, et qu'en outre on leur attribuait plus particulièrement la tendance à donner des fleurs doubles.

Il y a du vrai dans tout cela; et cependant ces données sont fort incertaines, il peut s'y rencontrer une foule d'anomalies; sans contester l'influence, on peut admettre en elle divers degrés d'efficacité : je dois donc tâcher d'approfondir ce sujet. Admettant donc la réalité, ou au moins la vraisemblance du principe, je vais rechercher quand et comment les graines peuvent être influencées dans leurs qualités; et pour procéder avec méthode, j'examinerai l'influence que divers agens peuvent exercer sur elles à diverses époques, savoir : avant, pendant et après leur formation.

1°. *Avant leur formation*. Les graines ou les individus qui les portent sont influencés par le climat, le sol, les fumiers et les amendemens. Les divers procédés de culture agissent avec d'autant plus de force, que cette culture est plus ancienne, plus constante, plus artificielle, tels que la transplantation, la coupe des racines, l'arqûre, la taille, et encore plus la greffe plus ou moins variée, plus ou moins répétée et compliquée sur un plus grand nombre de sujets d'espèces différentes, l'incision annulaire, la ligature répétée, le bouturage, le marcottage, et plus directement et plus efficacement encore les fécondations naturelles et étrangères, ou l'hybridation et la nature de la fécondation elle-même plus ou moins parfaite, etc.

2°. *Pendant leur formation :* par le fait de tous ces mêmes agens, continués et renouvelés, chacun suivant le mode qui leur est applicable, notamment par le renouvellement de l'incision annulaire, ou plutôt par celui de la ligature, qui n'expose pas les plantes à périr, comme celui de l'incision. Au nombre de ces agens, il faut noter comme plus directes et plus efficaces encore la torsion des branches ou des pédoncules porte-graines, ainsi que la cueille des fruits ou des graines avant leur maturité complète, leur exposition à l'air libre avec ou sans soleil, leur dessiccation plus ou moins parfaite, etc., etc. Presque tous ces points ont été traités chacun à leur article, et je vais néanmoins y ajouter encore quelque chose.

La gêne ou la contraction qu'on pourrait faire éprouver par des ligatures ou par des retranchemens faits avec précaution, soit aux fruits dans leur péricarpe, soit aux graines elles-mêmes; l'altération de la forme des cotylédons (et cela serait praticable sur le fruit de l'amandier), n'influeraient-elles pas d'une manière quelconque sur la qualité de ces graines? Les piqûres ou morsures d'insectes paraissent avoir opéré quelquefois des effets analogues : on a attribué une maturité plus précoce et une saveur plus délicate aux fruits piqués.

On a prétendu que dans certaines espèces de giroflées, pour en obtenir des graines propres à donner des fleurs doubles, il fallait, auprès des porte-graines à fleurs simples, laisser quelques pieds à fleurs doubles. Chercher à expliquer ce fait sans l'avoir bien constaté, ce serait peut-être une indiscrétion : peut-on cependant, à ceux qui plusieurs fois ont fait cette observation, dire affirmativement qu'ils n'ont rien vu et qu'ils ne savent ce qu'ils disent? Le doublement des fleurs serait-il donc une affection contagieuse capable de se communiquer par la présence de l'air ambiant, ou par le contact des racines des plantes placées les unes auprès des autres? Nous ne sommes pas assez instruits pour prononcer sur ces faits: il est plus prudent de suspendre son jugement.

Indépendamment des variétés bien réelles, bien constantes individuellement parlant, que je crois ne pouvoir se former que par le semis, il peut exister entre les individus de la même variété des différences qu'on ne peut méconnaître, et que jusqu'ici on n'a trop su comment caractériser. Dans certains cas, probablement lorsque les circonstances qui les ont occasionées subsistent toujours (quoique pouvant cesser par l'effet opposé), ces différences peuvent se maintenir assez constantes pour que les cultivateurs aient pu les désigner particulièrement et chercher à en profiter. J'ai cru devoir donner à cette manière d'être le nom de variante. Ainsi le navet de Freneuse a pris dans ce terrain ocreux une teinte roussâtre, une saveur prononcée qui le font reconnaître; si l'on continue de le cultiver à Freneuse, il conserve ces caractères et les perd peu à peu lorsqu'il est cultivé ailleurs; c'est à dire que sa graine, semée dans un autre terrain, en retient quelque chose, et que, ressemée successivement, tout ce qui s'y trouvait de particulier finit par disparaître. Une pomme de terre jaune, cultivée par moi dans un sable ocreux, avait aussi pris une teinte pareille; elle était très bonne et très savoureuse. La pomme de terre hâtive, dite *truffe d'août*, bien connue à Paris, offre une variante plus petite et plus hâtive qu'elle, mais d'ailleurs en tout semblable à elle, ainsi que M. Vilmorin et moi nous nous en sommes assurés en les cultivant comparativement dans le même terrain. Il y a eu, la première année, quelques légères différences dans le port extérieur des deux plantes, eu égard à la force du feuillage et aux époques respectives de maturité, et, par la suite, ces différences parurent s'effacer. On n'eût pu d'ailleurs, en aucune manière, trouver entre ces deux plantes, non plus qu'entre leurs tubercules, quoique originairement plus petits dans l'espèce hâtive, des caractères distinctifs pour établir ce qui constitue la variété. Il nous a donc paru démontré que cette variante plus petite, plus hâtive devait son origine non pas à un semis de truffe d'août, mais à la truffe d'août elle-même, cultivée par tubercules pendant un certain espace de temps, dans un terrain chaud, sec et maigre. Je m'étais d'ailleurs, en mon particulier, assuré, par un grand nombre d'expériences, que la truffe d'août, quoique donnant ordinairement par le semis naissance à des variétés hâtives qui lui ressemblaient jusqu'à un certain point, ne rendait cependant jamais franchement son espèce, et j'ai toujours, jusqu'à présent du moins, pu distinguer de manière ou d'autre ses variétés de l'espèce originelle. N'est-il donc pas très probable que le semis des graines de cette variante hâtive de la truffe d'août et de cette pomme de terre jaune ocreuse dont j'ai parlé plus haut offrirait quelque différence entre ses produits et ceux de la truffe d'août originelle d'une part, et, de l'autre, ceux de la jaune ordinaire? Dans la graine du navet de Freneuse, ces traces paraissent s'effacer dès la deuxième génération; mais, quant aux pommes de terre, il est à considérer que leur multiplication par tubercules peut donner un peu plus de fixité aux variétés, et elles doivent se perpétuer ainsi plus long-temps sans dégénération sensible.

Si ces réflexions sont fondées, lorsqu'un végétal quelconque ne paraît pas disposé à donner des variétés par le semis, il est donc de l'intérêt de l'horticulteur de chercher à en obtenir des variantes, et le semis des variantes peut laisser espérer plus de chances de succès.

Ces exemples sont applicables aux modifications imprimées par la greffe sur des sujets étrangers qui sont indiqués par M. Thoüin dans sa *Monographie des greffes* ; on ne peut regarder ces sujets ainsi modifiés que comme des variantes ; il serait possible que le semis de ces variantes produisît de véritables variétés.

Un grand nombre de cultivateurs et de jardiniers ont assez l'habitude de récolter leurs graines avant leur maturité parfaite : ils peuvent être déterminés par la crainte de perdre leurs graines, soit par l'effet de l'égrènement spontané, soit par la crainte des oiseaux ou par la nécessité de débarrasser leur terrain, ou enfin par toute autre cause : c'est ainsi qu'on arrache la graine de navets, de pois, de haricots, et qu'on les suspend pour compléter leur dessiccation. On a prétendu aussi qu'il était avantageux de couper les blés avant leur parfaite maturité : j'avoue que cette idée n'est pas de mon goût, bien qu'on ait avancé que dans ce cas le pain en était plus délicat. J'ai déjà fait observer que les graines peu mûres donnaient des individus plus faibles et plus hâtifs : cette règle est-elle générale ? Les graines qui n'ont point acquis leur maturité rigoureusement complète sont plus promptes et plus aisées à lever que les autres. Cette pratique peut donc avoir ses avantages et encore plus ses inconvéniens : il serait bon d'en constater positivement les effets, non seulement sur les premiers produits directs, mais encore sur leur postérité plus reculée.

Je suis obligé, dans ces recherches, de prendre

mes exemples sur tous autres sujets que les arbres à fruit; les expériences sur ces derniers sont si longues à faire, qu'elles ont été par cela même rarement faites. Il me faut donc procéder du connu à l'inconnu; et je vais continuer sur ce pied en traitant du troisième point que je me suis proposé, l'influence des agens étrangers sur les graines après leur formation et leur récolte.

3°. *Influence exercée sur les graines après leur formation.* Ce point est, pour l'horticulture et la physiologie végétale, d'une extrême importance : il s'agit, en effet, d'examiner si les graines, lorsqu'elles sont une fois formées et récoltées, ont décidément reçu, et pour toujours, l'empreinte, le caractère que la nature leur avait imprimés à leur naissance ou même à leur création, ou, si les circonstances dans lesquelles elles pourraient par suite, plus tôt ou plus tard se trouver, influeraient sur ces caractères, pourraient les modifier ou les changer, et quelles seraient les limites de ces changemens. Pour me faire comprendre, je multiplierai les exemples, et je les prendrai à discrétion et suivant qu'ils me paraîtront convenables.

Les pepins des mêmes poires et des mêmes pommes (devrais-je donc en parler, car cela est difficile à vérifier?), ou plutôt les graines du même œillet, de la même tulipe, de la même pomme de terre récoltées à Paris, et semées les unes à Paris, les autres en Flandre, en Hollande, en Angleterre, en Espagne, et même en Amérique ou partout ailleurs, soit dans des terrains semblables, soit dans des terrains différens, donneront-elles ou à peu près les mêmes variétés, ou bien le climat, le sol, l'exposition, l'époque du semis, la manière de l'exécuter, enfin la combinaison de ces agens n'imprimeraient-ils pas à chaque lot de ces semis un caractère particulier assez prononcé pour qu'on ne pût y méconnaître les effets d'une influence plus qu'ordinaire ? Je ne pense pas que, pour décider cette question, jamais expérience positive ait été tentée à dessein ; mais nous pouvons retirer quelques lumières de celles qui ont été faites sans but bien déterminé, attendu qu'elles paraissent être assez nombreuses, bien que nous n'ayons à ce sujet aucune notion exacte et complète. Quant à moi, sauf erreur, sur ce point mon opinion est bien formée. J'admets la possibilité des différences les plus sensibles, les plus caractérisées, sans cependant pouvoir en assigner les limites et l'étendue, soit directe, c'est à dire par l'effet du premier semis, soit indirecte, par l'effet des semis successifs et répétés, soit même augmentés, par les effets de la greffe et de tous les autres procédés de culture; mais, quant à ce dernier point, ce n'est pas ici la question principale. (Voir à l'article de la *production des variétés*, où je m'étends encore sur ce sujet.)

Comme preuve de l'influence du sol, on peut citer le navet de Freneuse et la pomme de terre ocreuse dont j'ai déjà parlé, et on pourrait en ce genre multiplier les citations s'il pouvait y avoir du doute; et quant aux preuves de l'influence du climat, elles sont encore plus fortes. Nous savons que dans l'Amérique septentrionale nos fruits ont acquis plus de volume et une très grande variété de saveurs, sinon toujours agréables, au moins très différentes de celles que notre climat pouvait nous procurer. Au Chili, nos fruits, nos légumes ont acquis une grosseur remarquable et tellement considérable, qu'il est permis d'espérer que, transplantés ici et revenus dans leur pays natal, ils conserveraient une partie des avantages acquis en terre étrangère.

Par opposition, nos plantes et nos racines potagères, portées dans d'autres climats, offrent des signes de dégénération, dans le sens du moins que nous attachons à ce mot, et relativement à nos besoins. A Saint-Domingue, j'entendais dire que les choux, les salades, les navets, les carottes, au lieu de pommer et de grossir, montaient en graine sur-le-champ, que les oignons tournaient en ciboule, c'est l'expression. Ces effets peuvent être attribués à la température habituellement chaude et humide de ce climat, peut-être à l'électricité, car les orages y sont fréquens. La même chose arrive ailleurs par des causes analogues. Il est, même en France, beaucoup de localités où les choux-fleurs, dit-on, dégénèrent : on ne finirait pas si l'on voulait citer tout ce qui est connu à cet égard. On ne croira certainement pas qu'il soit avantageux de prendre pour semence les graines de ces plantes dégénérées : l'influence peut s'étendre un peu loin.

Des personnes dignes de foi m'ont assuré que le même lot de graines de giroflée, divisé en plusieurs parties et semé à différentes époques, soit en pleine terre, soit particulièrement sur couches et sous châssis, et plus ou moins chauffé, avait, en raison de l'époque ou des procédés de culture, donné abondamment tantôt des fleurs doubles, tantôt des fleurs simples. Ce fait se renouvelait souvent, tellement qu'il était impossible de méconnaître l'influence du mode de semis. Nos maraîchers de Paris, nos jardiniers paraissent avoir à cet égard plusieurs procédés de culture particuliers, au moyen desquels ils sont parvenus à modifier et à changer à leur gré, pour ainsi dire, le naturel de leurs plantes. Nous ne connaissons que très imparfaitement ces procédés, si même nous les connaissons ; il serait dans l'intérêt de la science qu'ils nous en fissent part. Ce n'est pas que je pense qu'ils pussent être tous applicables à nos arbres à fruit, ceux-ci ne pouvant être absolument soumis aux mêmes épreuves ; on peut croire néanmoins qu'il y aurait quelque chose à gagner à cette communication.

L'âge ou l'ancienneté des graines a donné lieu à quelques observations, et encore plus à beaucoup de conjectures, qui toutes ne se sont pas trouvées également fondées. Il est des graines qui conservent très long-temps leur faculté germinative, il y en a d'autres qui la perdent presque sur-le-champ, et d'autres qui sont intermédiaires; mais, dans toutes, il est probable qu'il y a une époque où il y a incertitude, équilibre entre la vie et la mort; un instant, quel qu'il soit, où la graine ayant perdu une partie de son énergie vitale, a cependant encore assez de force pour germer et lever, sauf à périr ou vivre ensuite, suivant les circonstances. C'est ce qui m'est arrivé sur des graines de melon qui avaient quinze ans d'ancienneté ; elles levèrent en très petit nombre, et périrent ensuite. En ce moment-là, à la vérité, la saison n'était pas favorable, et je pense qu'avec un temps propice il en aurait pu lever une plus grande quantité, et que j'en aurais conservé quelques unes; mais il est à présumer que les plantes en provenant n'auraient jamais joui d'une grande vigueur. Cette opinion est fondée sur plusieurs expériences avérées, et il est bien reconnu que les vieilles graines produisent des individus peu vigoureux, et cependant il y a à cette loi des exceptions, suivant la nature des végétaux et l'époque de climat ou de saison plus ou moins favorables. Il y a des individus qui ne recouvrent que très difficilement ou même jamais leur énergie perdue ; il y en a d'autres qui la recouvrent peu à peu et même dans sa plénitude, avec l'espace de temps nécessaire. L'horticulture devra profiter de ces remarques. Dans les cucurbitacées, que j'ai beaucoup cultivées, plusieurs cas différens se sont présentés. J'ai vu des graines de *potiraumon*, *pepo moschatus*, mal mûres et mal conformées, lever et donner des individus qui n'ont fait que languir (cette plante ne réussit à Paris que dans les années très chaudes). J'ai vu de vieilles graines de giraumont, peu mûres et mal conformées, lever et languir d'abord, présenter quelques panachures dans leur feuillage, et reprendre ensuite la vigueur ordinaire à leur espèce. Des graines d'un melon assez médiocre, petites et peu mûres, me donnèrent l'année suivante des fruits beaucoup plus beaux que leur générateur; le petit cantaloup noir des Carmes, hâtif, mûri sous châssis en avril, et ressemé en mai de la même année en pleine terre, ne produisit, sur la fin de la saison, que des fruits petits et insipides, dont la graine, ressemée sur couche l'année suivante, donna de très beaux et bons fruits. Ce même melon, qui sous châssis ne devient pas très gros, m'a fourni des graines qui, semées l'année suivante en pleine terre, mais dans une belle année, produisirent des fruits très bons et très gros. Tout cela prouve qu'il faut se garder de tirer des conséquences générales de faits particuliers, quels que soient le nombre et l'exactitude des observations; il est cependant bon de les noter et d'en faire son profit, suivant les cas.

Puisque nous en sommes aux melons, je ne puis, d'autant plus que mon sujet l'exige, m'empêcher de renouveler une discussion déjà établie ailleurs, la voici. C'est une opinion assez répandue que, dans les melons, les graines nouvelles donnent naissance à des plantes qui poussent trop vigoureusement, se mettent difficilement à fruit, et ne le donnent pas toujours de la meilleure qualité possible; au contraire, dit-on, les vieilles graines, soit de deux, soit de plusieurs années, poussent moins de bois, se mettent plus aisément à fruit, et les donnent beaucoup plus délicats et plus savoureux. Je ne veux pas absolument révoquer en doute toutes ces assertions; mais voici ce que j'ai vu par moi-même. Depuis quelques années, j'ai cultivé beaucoup d'espèces de melons, soit avec des graines nouvelles, soit avec des graines de deux ans jusqu'à quatre ou cinq; j'ai trouvé très peu de différence dans la vigueur et la mise à fruit des plantes. Ces différences, lorsqu'il y en avait, m'ont paru tenir moins à l'âge des graines qu'à l'espèce des plantes et au pays dont elles étaient originaires (les graines de melons venant des pays chauds et humides poussaient beaucoup de bois avant de fructifier), et quant à la qualité des fruits, je puis certifier que l'âge des graines m'a paru n'y être pour rien (ce point est cependant si important, que je ne veux pas le regarder comme jugé, et il sera encore l'objet de mes recherches futures). Il faut être bien en garde contre les préventions et l'erreur, compagnes inséparables de cette espèce d'observations. On peut, en effet, remarquer sur le même pied de melon, sur plusieurs autres plantes, sur les fruits du même arbre, et, à plus forte raison, sur leurs congénères, mais placés sur un autre sol et dans une autre saison, des différences très grandes, et il est impossible de croire à la validité d'un jugement porté sur la simple dégustation d'un seul fruit, tant de circonstances pouvant influer sur sa saveur présente, ne fussent-ce même que le moment de la cueille et la disposition du dégustateur, choses que ne veulent point apprécier les consommateurs, qui prononcent hardiment sur la qualité habituelle d'un fruit, parce qu'ils ne le trouvent pas bon au moment où ils le mangent. Ce que je dis ici est applicable non seulement aux gens du commun, mais à ceux-là même, et je le dis hautement, à ceux-là qui, par leur position, devraient se garantir de cette erreur.

Les semences de nos arbres à fruit, dans leur état ordinaire, ne paraissent pas susceptibles de se conserver très long-temps. Je pense qu'avec quelques précautions on en viendrait à bout, et il serait curieux de savoir quelle serait l'influence de leur âge sur la qualité des fruits en provenans. Ne serait-ce pas un moyen d'adoucir promptement l'âpreté des fruits sauvages, de dompter leur luxuriance, leur rusticité, leur spinescence, de les mettre aisément à fruit, en un mot de les amener à l'état de domesticité, de nous les asservir?

Puis-je me dispenser ici de parler de l'influence de la lune sur la floraison et la fructification, influence autrefois si vantée pour faire doubler les fleurs, faire nouer ou couler les fleurs, rendre les cosses de pois pleines, etc.? Ce mot de pleine lune, cette locution de fleurs pleines (*flos plenus*), paraissent avoir fait naître l'idée à bien des gens que la pleine lune était nécessaire pour avoir des fleurs doubles ou pleines, pour avoir des cosses de pois pleines, et qu'il fallait en conséquence semer à l'époque de la pleine lune leurs fleurs, leurs pois, leurs haricots, etc. C'est une idée assurément bien ridicule et encore assez répandue; on ne doit cependant pas tant s'en étonner : nous ne devons pas toujours juger de ce qui a été par ce qui est aujourd'hui, ou plutôt, en considérant l'influence non contestée de la lune sur les marées, et, dans certains cas, sur l'ascension de la sève, sur la température, sur diverses affections remarquées dans le règne animal, il faudra bien convenir, ou de la réalité de cette influence, ou convenir au moins que la présence de la lune est liée à d'autres phénomènes qui jouent un rôle dans l'acte de la végétation.

Plusieurs personnes ont imaginé, et à diverses reprises on a essayé, de faire macérer les graines dans des compositions chimiques de diverses natures, de les enduire de diverses pâtes, de les faire tremper dans du lait, de l'eau sucrée, de l'eau parfumée, de l'eau de fumier, dans la vue de les rendre plus productives ou de changer la couleur ou le parfum de leurs fleurs, la saveur de leurs fruits, et tout cela sans succès. Je n'ai jamais attaché grande importance à ces expériences, et je n'en ai fait aucune par moi-même. Il est fort douteux que les graines puissent de là recevoir aucune influence avantageuse : tout au plus pourrait-on croire qu'elles germent plus promptement, si toutefois leur vitalité n'en est point attaquée. L'exposition à l'eau chaude et à divers degrés de chaleur a aussi été tentée; dans ces derniers cas, le principe vital pourrait recevoir quelque attaque sans cependant être détruit. On peut supposer que l'effet que les graines en ressentent serait comparable à celui que l'âge produit sur elles. Je ne sais pas si l'on peut espérer grand'chose de ces tentatives; il est néanmoins permis de s'y livrer.

Dans ces derniers temps, on a reconnu que le gaz oxigène et quelques autres agens chimiques avaient la propriété de rétablir dans les graines la faculté germinative, devraient-ils, par une conséquence de cette même propriété, l'augmenter dans celles qui ne l'ont pas perdue? Ce sont encore choses à essayer.

Tout nouvellement M. Geoffroy Saint-Hilaire a exécuté sur l'incubation des œufs de poules quelques expériences curieuses, dans la vue (autant que je puis croire) de s'assurer si la manière de les échauffer pouvait conduire à quelques résultats particuliers sur la conformation des poulets. Je ne connais pas ces expériences, et je n'en puis rien dire : seraient-elles applicables à la formation ou plutôt à la germination des graines? C'est une question que j'adresse à ceux qui sont capables de la résoudre.

Ce chapitre était à l'impression lorsque, dans les *Annales de l'Institut horticole de Fromont, juillet* 1829, j'ai vu une discussion établie sur l'influence de l'âge sur les graines. Les opinions émises à ce sujet ne m'ont pas paru devoir rien changer à la mienne; il sera bon néanmoins de les y consulter. Il y est aussi question de mettre les amandes à nu pour les faire germer, hâter la germination, ou dans quelque autre but; reste à savoir ce qui en résultera définitivement : toutes ces observations ont besoin d'être faites avec soin.

CHAPITRE V.

DE L'ACCLIMATATION ET DE LA NATURALISATION DES ESPÈCES ÉTRANGÈRES.

Quelques plantes étrangères se sont naturalisées en France, il en est, telles que l'*erigeron canadense*, et le *datura stramonium* ou pomme épineuse, qui se sont multipliées dans nos campagnes, et s'y perpétuent d'elles-mêmes; on ne peut pas grandement se féliciter de cette naturalisation, dans laquelle nous ne sommes entrés pour rien, au moins avec intention; car l'une de ces plantes est complétement inutile, et l'autre est dangereuse. Il n'est pas jusqu'à des insectes étrangers, nuisibles, qui ne se soient aussi introduits chez nous, tels que le *puceron lanigère*. Ces exemples, heureusement fort rares, devraient nous mettre en garde contre des importations indiscrètes; mais grâce à la pomme de terre, au maïs, etc., le bien l'emporte sur le mal. Mais ces végétaux utiles ne sont point naturalisés, ils ne sont qu'acclimatés; car ils ont besoin de nos soins, et ils ne se reproduisent pas sans le secours de la culture. On peut donc dire qu'ils ont trouvé tout juste ce qui leur fallait pour réussir, et au fait nous n'avons rien changé à leur essence.

Le nombre des plantes étrangères acclimatées est bien plus grand que celui des plantes naturalisées, et il y a eu dans cette acclimatation bien des degrés pour l'opérer; il nous a fallu bien des efforts, et leur continuation est nécessaire; et, au fait, cette acclimatation est-elle bien réelle? Cela est encore fort douteux. Les plantes importées, quelle que soit l'ancienneté de leur importation, ne me paraissent pas avoir changé de nature, ni individuellement, ni dans leurs produits par marcottes, boutures, etc. : tout au plus, elles peuvent, du moins on le croit, avoir pris un peu plus de rusticité par leur greffe sur des espèces plus rustiques; mais c'est véritablement dans leurs produits par graines qu'on peut, pour le plus souvent, remarquer d'assez grandes différences.

Dans le cas de multiplication par bouture et marcotte, l'essence des plantes n'a donc pas changé; mais a-t-elle bien réellement changé dans le cas de renouvellement par semis? Je ne le crois pas non plus, et cependant les apparences tendraient à le faire croire; mais il faut ici faire quelque distinction. Acclimater une plante, pour nous, c'est l'accommoder à notre climat, tellement qu'elle puisse faire l'objet de cette culture que nous avons, quoique improprement, qualifiée de naturelle, telle, par exemple, que celle des haricots et de la pomme de terre, parce qu'une fois la saison de les confier à la terre étant arrivée, elles n'ont plus besoin de chaleur artificielle, et se contentent des soins d'usage pour toute autre culture dite *naturelle*, par opposition avec celle plus compliquée dite *artificielle*. Mais pour obtenir cette acclimatation, avons-nous changé l'essence de la plante? Nullement : les plantes les plus anciennement importées, paraissent tout aussi sensibles au froid aujourd'hui, ou à peu près, qu'au moment de leur importation ; et pourquoi en serait-il autrement ? Le chêne, qui est indigène, n'a-t-il pas toujours gelé, et ne gèle-t-il pas toujours de même lorsque des gelées intempestives, ou de printemps ou d'automne, le surprennent dans sa végétation ? Dira-t-on pour cela que le chêne n'est pas acclimaté ? Si nous n'avons rien changé à l'essence des plantes dites *acclimatées*, qu'avons-nous donc fait ? Individuellement parlant, les plantes importées, ainsi que leurs provenances par marcottes et boutures, n'ont rien changé à leur manière d'être (bien que par erreur, ainsi que je le dirai ailleurs, les uns les avaient regardées comme plus sensibles, et les autres plus rustiques). Mais il n'en est pas de même des individus venus de graine : la plupart d'entre eux présentent des différences très marquées ; ils paraissent bien moins susceptibles d'être affectés par les agens extérieurs, souvent même ils ne le sont pas du tout : leur essence est-elle donc changée ? Non : tout notre pouvoir s'est réduit, non pas à les rendre inaffectables, mais seulement à les mettre dans une situation et à les placer dans des circonstances telles qu'ils ne dussent point être affectés. Les individus venus de graine offrent, soit entre eux, soit en les comparant avec leurs ascendans, des variétés qui les distinguent d'une manière remarquable : les uns sont plus robustes, les autres plus faibles, les uns nains, les autres gigantesques, les uns presque stériles, les autres très féconds, les uns plus tardifs, les autres plus hâtifs, les époques de leur végétation et de leur fructification ne sont plus les mêmes, et l'on sait qu'à ces époques les plantes sont plus ou moins sensibles. Le chêne, qui, quand son bois est aoûté, ne gèle point, gèle très aisément lorsqu'il ne l'est pas, ou qu'il est encore en sève. Ce dernier effet surtout se remarque dans les taillis recepés, dont la pousse tardive et encore tendre est détruite par les premières gelées d'automne; la vigne, originaire très probablement d'un climat plus chaud que le nôtre, très sensible aux moindres gelées qui arrivent pendant le cours de sa végétation, résiste à nos plus rigoureux hivers lorsque d'ailleurs cette froide température n'est pas accompagnée de causes de destruction particulières. Le platane d'Occident voit souvent ses pousses attaquées par l'hiver; mais ses produits par semis y résistent mieux, et seulement peut-être parce que leur sève est plus tôt arrêtée : dans cette intention d'acclimatation, c'est donc à nous à choisir les variétés les plus appropriées à notre sol et à notre climat. Si ces principes sont fondés, ils doivent nous donner la mesure de ce qui est possible : toutes les fois qu'une plante ne pourra compléter sa végétation et sa fructification, avec notre chaleur ordinaire et dans l'espace de temps que lui accorde notre belle saison, elle ne pourra convenir à notre culture naturelle; toutes les fois qu'un arbre manifestera sa sève du printemps beaucoup trop tard, ou qu'elle s'arrêtera beaucoup trop tard, il exigera des soins, des abris, et peut-être plus encore. Il y a même des plantes de pays plus froids que le nôtre, que nos hivers font périr, soit à cause des faux dégels auxquels nous sommes exposés, soit à cause de l'absence de la neige, qui les protège dans leur pays natal. Dans tous ces cas, il faudra donc chercher à en obtenir des variétés qui remplissent ces conditions : en ce cas, il faudrait donc désespérer de pouvoir jamais acclimater les plantes dont nous ne pouvons obtenir de semences, telles que l'ananas, la banane, etc. Je le crains, mais je n'ose prononcer. Y renoncer pour jamais, c'est beaucoup dire; le temps est un grand maître.

Tels sont mes principes sur la naturalisation et l'acclimatation des plantes étrangères, principes que j'ai déjà exposés dans une Notice sur la culture de la patate, insérée dans les *Annales d'agriculture*. Je ne prétends cependant pas exclure pour cela quelques autres moyens indiqués ou employés, quoique, dans mon opinion, je ne puisse les regarder que comme simplement *subsidiaires.*

Mes principes, en effet, sont fondés, surtout sur cette idée que les végétaux étrangers ne peuvent être que très difficilement acclimatés, et que lorsqu'ils en paraissent susceptibles, ils ne peuvent pas l'être individuellement, ils ne peuvent pas même le devenir par le changement intime de leur essence, mais tout simplement parce que le semis de leurs graines, aidé par la culture, leur a fait produire des individus ou plutôt des variétés nouvelles, qui ne sont pas précisément ni plus rustiques, ni moins sensibles au froid, mais dont le mode de végétation et de fructification s'est approprié à notre sol et à notre climat, en s'accommodant à nos phases de végétation; effet qui, suivant moi, ne peut avoir lieu que par le semis, et, qui plus est, par le semis aidé de la culture, moyen qui seul peut être regardé comme producteur de variétés. Au surplus, il y a lieu d'espérer que ces nouveaux sujets, appropriés à notre climat, perpétués par la semence, augmenteront encore, et par eux-mêmes et pour leurs descendans, les chances d'appropriation.

Je sais bien qu'à mes principes sur l'acclimatation on pourrait faire plusieurs objections. Dans le chapitre de la *Greffe*, j'ai cité des exemples de robusticité et même d'apparence d'acclimatation exposés par M. Thoüin, résultant de la greffe d'individus exotiques ou faibles sur des sujets indigènes et robustes, lesquels ont ou paraissent avoir communiqué leur force aux plus faibles. Je ne révoque nullement ces faits en doute ; mais, ne les ayant pas observés par moi-même, je ne puis prononcer en connaissance de cause ; au surplus, ces moyens d'acclimatation et autres dont il pourra être question me paraissent au fond rentrer dans mon système, n'y ayant aucune difficulté à les regarder plutôt comme moyen d'appropriation à notre sol et à notre climat que comme acclimatation, puisqu'on sait qu'ils peuvent recevoir, des sujets sur lesquels ils sont greffés, une sève, je ne dirai pas acclimatée, mais déjà disposée par avance à suivre les impulsions de la température qui lui est naturelle. De plus, jusqu'à quel point ces greffes de plantes étrangères n'ont-elles pas déjà par elles-mêmes pu être modifiées, si elles ont déjà chez nous été multipliées par la voie des semis, cause réelle, mais quelquefois insensible, de disposition à la variation ?

Quoi qu'il en soit, ce système d'acclimatation immédiat par le secours de la greffe est une ressource de plus pour l'acclimatation indirecte et plus complète ; car on ne peut douter qu'il ne soit expédient, pour aller plus loin, de suivre par le semis les provenances de ces sujets fortifiés par la greffe, et ils devront par là même être plus disposés à acquérir dans leur postérité de nouvelles forces.

Dans l'énumération des moyens que j'ai donnés comme productifs de variétés, ceux qui, comme la greffe, l'incision, la bouturation, tendent à en procurer de naines et de hâtives sont préparatoires à l'acclimatation, parce qu'ils donnent à espérer l'obtention de la maturité des fruits, et de l'aoûtement du bois avant la fin de la belle saison, chose nécessaire pour ne plus craindre le froid de l'hiver. D'un autre côté cependant, pour éviter les gelées de printemps, il ne faut pas rejeter les variétés tardives à pousser, pourvu que cette pousse tardive ne nuise point à la maturité des fruits et à l'aoûtement du bois.

Ceci me conduit à examiner si, dans les espèces, ou aussi dans les variétés d'une même espèce, ce sont ordinairement les individus qui fleurissent les premiers qui amènent aussi les premiers leurs fruits à maturité. Je doute qu'il y ait eu à cet égard de bonnes observations, et je ne pense pas qu'il y ait de loi générale; ce sujet est cependant important, la floraison trop précoce au printemps exposant à bien des accidens.

Les semences tirées du Midi paraissent fournir des individus plus précoces que les autres, par une conséquence qui paraît nécessaire, les semences tirées du Nord doivent fournir des individus plus tardifs : c'est une indication à suivre. Il faut se guider d'après les circonstances : par exemple, la cerise mûrit d'assez bonne heure, il est bon, pour en prolonger la jouissance, de s'en procurer de tardives, probablement les noyaux tirés du Nord nous en fourniraient. L'abricotier fleurit de trop bonne heure ; il se met en sève trop tôt ; ses fleurs et même son bois sont souvent attaqués par les gelées du printemps : s'il fleurissait un mois plus tard, nous ne serions pas si souvent privés de ce bon fruit. Je pense que les noyaux d'abricot tirés de la partie la plus septentrionale où l'on puisse le cultiver nous procureraient cette variété tardive : c'est une chose aisée à faire.

Plusieurs opinions très contradictoires se sont élevées sur la différence d'acclimatabilité des plantes provenant ou de semis ou de bouture. Chacun a donné exclusivement la préférence à l'un ou à l'autre, et on en a conclu qu'il y avait exception au principe : c'est une erreur. Lorsqu'un principe est vrai, doit-il souffrir des exceptions ? Cela me paraît douteux ; mais, en horticulture surtout, il faut faire attention aux circonstances environnantes. On ne peut donc nier en principe la supériorité en général des plantes venues de semis sur celles venues de bouture, quant à la robusticité et à la vigueur; mais si, dans les individus venus de semis, il y en a d'affectés de maladie, c'est un accident, et non une déviation de principes. Il faut faire la part des accidens, apprécier les événemens, consulter les dispositions individuelles et temporaires. Ainsi, par exemple, un melon élevé sur couche et sous châssis est plus fatigué par sa transplantation en pleine terre que celui qui a été élevé à l'air libre, et cependant c'est la même plante. Un végétal quelconque élevé à l'ombre, et transplanté à l'exposition du soleil, en souffrira plus que celui qui aura été élevé à l'air libre. Les vignes des environs de Paris souffrent évidemment d'une sécheresse et d'une chaleur long-temps prolongées, tandis que celles du midi n'ont pas l'air de s'en apercevoir. Les végétaux étrangers, qui redoutent les froids de nos contrées, en sont souvent plus affectés à l'exposition du midi qu'à celle du nord, parce que ces derniers sont plus endurcis, et qu'au contraire les premiers éprouvent les alternatives de froid pendant la nuit, et de douce température pendant le jour; leurs pores s'ouvrent à l'influence du soleil; la sève y subit un mouvement, suivi, pendant une longue nuit, d'une condensation dangereuse; plusieurs plantes tirées du Nord souffrent de nos hivers rigoureux, parce qu'elles n'y sont point recouvertes de l'immense quantité de neige qui les garantit dans leur pays natal : je ne finirais pas si je voulais citer tous les exemples.

Mais ce n'est encore rien que tout cela relativement à la prééminence des plants de semis sur ceux de bouture relativement à l'acclimatation.

D'abord le semis ayant la faculté de produire des variétés plus fortes que l'espèce primitive, on conçoit que la sève y monte plus abondamment et y est plus long-temps en activité que dans les plants de bouture. Il en résulte, ainsi que cela a déjà été dit, que l'aoûtement des pousses s'y fait plus lentement, plus tardivement, et qu'elles sont plus sensibles au froid, qui y a plus de prise pour le moment qu'il ne peut en avoir sur les pousses des boutures déjà aoûtées (en cela semblables au chêne, dont les pousses tardives gèlent). Cet effet n'a point de rapport avec la force réelle des plantes, mais bien avec leur disposition actuelle et temporaire, occasionée par la pléthore séveuse. Serait-ce donc un moyen de préparer un homme au combat que de lui donner une indigestion au lieu d'une nourriture modérée?

Ces considérations devront diriger les horticulteurs dans la solution de la question qui nous occupe; elle est, je le répète, complexe, ou, si l'on veut, individuelle, locale et temporaire, et ne peut se décider que sur le vu des pièces. Il faut, je le veux bien, respecter les lois de l'analogie, mais de l'analogie bien observée.

On a remarqué, dans nos colonies d'Amérique, comme à Saint-Domingue et ailleurs, que les races d'hommes croisées avaient plusieurs avantages : ainsi le blanc et le nègre donnent la race mulâtre, qui, du côté du physique, l'emporte sur ses ascendans, et du côté du moral approche beaucoup de l'un et l'emporte sur l'autre. La race créole, tant blanche que noire, l'emporte aussi sur ses ascendans d'Europe et d'Afrique. Profitons, en agronomie, de ces indications. Sous un autre point de vue, on a observé que les animaux importés du Midi relevaient les races du nord; que les végétaux importés du Midi étaient plus hâtifs et peut-être aussi plus beaux et plus forts que ceux du Nord, et que ceux importés du Nord étaient plus tardifs. Profitons encore de ce surcroît d'indications, et servons-nous de ces moyens pour relever et acclimater nos espèces. Ainsi, pour acclimater et fortifier le mûrier et l'olivier, pour en avoir qui fleurissent, fructifient et s'aoûtent plus tôt, croisons les nôtres avec ceux du Midi, et pour en avoir de plus tardifs qui soient moins exposés aux gelées du printemps, croisons-les avec ceux du Nord: dans les deux hypothèses, le croisement des races étrangères entre espèces s'il est possible, entre variétés si l'on ne peut aller plus loin, devra toujours nous donner des races croisées plus vigoureuses, plus robustes que leurs ascendans. En suivant par le semis les races ainsi croisées et recroisées, pouvons-nous dire où s'arrêtera le perfectionnement?

C'est donc aux fécondations artificielles que je voulais en venir. Ce sujet a été traité à part et l'on peut s'y reporter; mais je ne crains pas de répéter ici que l'hybridation est sans contredit le moyen d'acclimatation le plus efficace, soit directement par lui-même, soit à cause des combinaisons aussi nombreuses que variées que son emploi met à notre disposition. La vigueur et la rusticité, communes à presque tous les hybrides, doivent nous faire concevoir les plus grandes espérances d'acclimatation. Il est à désirer que la science et la pratique de l'hybridation se répandent de plus en plus.

CHAPITRE VI.

DES MOYENS D'ACCÉLÉRER L'ÉPOQUE DE LA MISE A FRUIT (DANS LES VÉGÉTAUX EN GÉNÉRAL), MAIS PRINCIPALEMENT DANS LES JEUNES ARBRES A FRUIT, A PEPINS ET A NOYAUX, ET AUTRES VENUS DE SEMIS.

Ce n'est pas tout que d'avoir en espérance des jeunes sujets dont les semences ont été choisies avec soin, dont la création et la naissance même ont été d'avance entrevues et préparées par des opérations faites sur leurs ascendans, et sur lesquels on attend avec une impatiente curiosité des résultats, soit désirés, mais incertains, soit probables et prévus; on veut se satisfaire; on veut aller en avant en profitant des connaissances acquises et de celles qu'on se flatte d'acquérir, donner suite à ses expériences et atteindre, s'il y a lieu, la limite de ce qui est possible. La nature, qui a assigné aux végétaux et aux arbres la durée de leur vie et le terme de leur croissance, leur a aussi, dans une proportion sagement circonscrite, assigné l'époque et l'étendue de leur fructification; prématurée ou trop abondante dans leur jeune âge, elle eût nui à leur accroissement et abrégé la durée de leur existence. Mais nous, qui sous ces rapports sommes bornés, nous voulons jouir, et nous cherchons à hâter le moment de notre jouissance. Cela est très permis; nous ne pouvons guère nous faire de scrupule de sacrifier à notre impatience et à notre utilité un arbre à fruit, en avançant son produit et sa durée, sauf à l'abandonner ensuite s'il n'a pas répondu à nos espérances, ou lorsque nous aurons obtenu de lui ce que nous désirions. Mais ce n'est pas ma maxime : usons sans abuser, cela est plus généreux, et j'espère pouvoir en offrir les moyens sans imposer de trop grands sacrifices.

Une idée erronée a jusqu'ici, ce me semble, égaré les esprits; on a cru ou paru croire, sur la foi d'autrui, que la vigueur et la croissance luxuriante des jeunes arbres, des arbres même en général, étaient un obstacle à leur mise à fruit. Il est vrai que, comme je l'ai déjà fait observer, la nature ne calculant pas comme nous avec impatience le moment de la jouissance, sûre qu'elle est d'arriver tôt ou tard à son but, les jeunes arbres vigoureux abandonnés à eux-mêmes paraissaient se mettre à fruit difficilement, on en a conclu qu'il n'était pas dans leur essence et dans l'intérêt de leur croissance de fructifier promptement; et comme la difficulté paraissait d'autant plus grande que la vigueur était plus grande aussi, on en a inféré qu'il fallait les affaiblir pour y parvenir. On les a donc, à cet effet, torturés de mille manières; on les a mutilés, transplantés, perforés, arqués, circoncis, cassés; on a coupé leurs racines; on les a greffés même sans beaucoup y gagner, mais tout cela sans direction bien raisonnée, sans principes, et par conséquent très inutilement, et souvent même à leur détriment; la taille surtout, qui est le moyen le plus généralement employé, sur laquelle on a tant écrit, sur laquelle on a donné tant de préceptes, est encore aujourd'hui un objet de controverse, et les instrumens qui l'opèrent sont encore aujourd'hui, suivant moi, instrumens de dommage, et pour celui qui taille et pour celui qui est taillé.

Cependant, tout le monde ne peut pas avoir mal vu, tout le monde ne peut pas avoir vu le contraire de ce qui est. On a remarqué, dans de mauvaises terres, des arbres se mettre à fruit plus aisément que dans des terres très fertiles.

On ne peut nier que les vieux arbres ne se mettent à fruit plus aisément que les jeunes (pas trop vieux cependant, car alors ils fleurissent beaucoup, mais ne fructifient pas en proportion); les jeunes, dit-on, poussent trop de bois et ne peuvent compléter leurs fruits. Mais ne s'est-on pas exagéré tous ces faits? N'a-t-on pas plutôt voulu dire qu'il y avait un terme moyen entre la force et la faiblesse, et a-t-on bien apprécié ce terme? Quoi qu'il en soit, je ne veux point révoquer généralement tous ces faits en doute, et cependant, contre l'avis général, mon opinion reste fixée, et je m'explique : y a-t-il donc quelques moyens de conciliation?

Depuis plus de trente ans, j'ai semé plusieurs milliers d'arbres à fruit, j'ai vu, sans aucune exception, que les plus vigoureux, les plus forts (en rapport cependant avec leurs espèces) étaient bien ceux qui fructifiaient les premiers. (Il n'y avait pas même à cet égard d'exception pour les arbres hybrides, qui, quoique tous très vigoureux, n'en montraient pas moins de disposition à fleurir, sauf les exceptions de stérilité absolue qui se rencontrent dans quelques unes de ces espèces, qui cependant n'en fleurissent pas moins pour cela, et même très abondamment : cela était en opposition avec l'opinion commune, cela m'a frappé.)

Je pense donc que dans le même terrain, soit bon, soit mauvais, et sur la même espèce d'arbres, la fructification sera en général plus prompte sur les individus forts que sur les individus faibles, conséquence dont il résulterait qu'il faut fortifier les faibles et non pas affaiblir les forts, et dans la supposition même qu'on employât des moyens artificiels pour hâter cette fructification, le moyen d'y amener les forts serait de diriger l'emploi de leur force, au lieu de la diminuer.

Mais si, dans la même espèce d'arbres, se trouvait placée une partie en mauvais terrain, et l'autre en bon, quelle serait celle qui fructifierait la première? C'est une autre question, et elle me paraît plus compliquée, plus difficile à résoudre; ce serait peut être ici le cas de dire qu'en tout il y a un moyen terme, et il faut le trouver.

Il peut y avoir en effet des terrains tellement heureux, que la sève même trop abondante, qui dans le printemps a fait produire aux arbres une trop grande quantité de bois, soit à tel point modifiée et perfectionnée dans le cours de l'été, soit par la qualité des élémens qui la composent, soit à l'aide d'une température favorable, due à l'exposition et au climat; il se peut que cette sève puisse changer en boutons à fruit les boutons à bois, ou fournir à ceux disposés à être boutons à fruit la nourriture convenable pour les faire grossir, et développer les germes à fruit dès la première année et par anticipation, œuvre qui, avec des circonstances moins favorables, pourrait, comme on le dit quelquefois, exiger deux ou trois années et même plus.

Mais ces terrains en même temps fertiles et heureusement situés sont rares; d'autres, avec le même degré de fertilité, peuvent ne pas avoir les mêmes facultés de nourrir et de compléter la nourriture des boutons à fruit, qui alors se mettent à bois ; d'autres terrains moins fertiles peuvent être d'ailleurs, par quelques autres accessoires, assez favorisés pour opérer les mêmes effets, et c'est là ce qui donne du poids à l'opinion que je combats ; d'autres terrains enfin peuvent être assez mauvais, assez mal situés, pour ne rien produire de bon et d'heureux. Ainsi donc ce n'est pas l'abondance de la sève seule qui empêche les arbres de fructifier, c'est son mauvais emploi ; et il n'est pas non plus nécessaire à un arbre, pour qu'il se mette à fruit promptement, qu'il soit faible et que le terrain soit mauvais. Toutes ces circonstances, bien considérées, peuvent donner la raison de la divergence des opinions manifestées sur le sujet que je viens de traiter ; mais j'aurai encore par la suite quelques considérations de plus à faire valoir, et quoique je me sois récrié contre les abus de la taille, peut-être, dans son emploi bien entendu, se trouvera-t-il quelque adoucissement à mes reproches.

Il est bien peu d'arbres auxquels l'homme n'ait touché avant l'époque de sa mise à fruit, et, par ce fait seul, l'ordre de la nature est changé : plusieurs accidens sans doute peuvent produire le même effet, et cela n'arrive que trop souvent, et il est toujours assez malheureux pour l'homme que son attouchement soit comparé à un accident. Au surplus, le mal n'est pas sans remède, et de même qu'il peut remédier à l'accident causé par le hasard, il peut aussi réparer celui qu'il a causé lui-même ; il lui est accordé quelque chose de plus, sinon de faire mieux que la nature, sinon de changer ses lois, au moins de les modifier, en tirant parti des accidens, ainsi que de ses fautes à lui-même; en écartant ce qui ne lui convient pas, profitant de ce qui lui convient, et faisant tourner au profit des *parties conservées la* nourriture destinée aux parties supprimées.

Lors donc qu'une fois le port, la forme particulière aux arbres, soit à dessein, soit par hasard, ont été dérangés, il faut ou chercher à les rétablir s'il est possible, ou, ce qui est le cas le plus ordinaire pour nous, continuer à gêner, à contrarier l'arbre que nous avons défiguré, et le régulariser dans son irrégularité même : c'est ce que les industrieux cultivateurs de Montreuil sont parvenus à faire dans la taille du pêcher. (Il est d'ailleurs bon de faire attention que le pêcher est un arbre étranger à notre climat, et pour ainsi dire artificiel, et imparfaitement acclimaté.)

Quelles que soient aujourd'hui relativement à ce

qu'elles pouvaient être dans l'origine, dans son climat et dans son sol natal, la végétation actuelle et la fructification du pêcher, celles de notre pêcher paraissent avoir été bien étudiées par les Montreuillois, et je pense qu'à cet égard ils sont bien près de la perfection; et on ne peut pas faire le même compliment à la plupart de ceux qui taillent : on peut bien leur reprocher de ne connaître en aucune manière la nature de leurs arbres. Ayant en mon particulier fait beaucoup de semis, et désirant, comme de raison, obtenir du fruit promptement, il m'a bien fallu faire cette étude sur toutes mes espèces d'arbres. Si je n'y suis pas complétement parvenu, je crois pouvoir me flatter d'être sur la voie.

J'ai consigné les faits que j'ai observés sur le poirier et sur le pommier dans un Mémoire anciennement publié, que l'on trouvera à la suite de cet ouvrage; il eût été trop long de les répéter ici, cela m'aurait écarté de l'objet principal.

Je dois cependant dire à présent ici qu'un des grands reproches qu'on doit faire à ceux qui ont écrit sur la taille, c'est de ne pas avoir soupçonné, reconnu et séparé, dans cet art et dans l'application de ses principes à son exécution, deux parties essentiellement distinctes, que j'ai nommées, l'une, taille d'éducation, de formation et de direction, et l'autre, taille de conduite postérieure ou plutôt de fructification, les raisons de cette distinction sont faciles à saisir, mais elles vont devenir ici d'une évidence complète.

Nous avons vu que, dans les sujets vigoureux et dans les bons terrains, on se plaignait de la difficulté et de la non-tendance à la fructification, et on s'en est pris à l'abondance de la sève, à la quantité de bois qu'elle produit; mais ce n'est pas de ce que les jets de pousse sont trop beaux, trop forts, trop longs, que l'on doit se plaindre, c'est de ce qu'ils sont trop nombreux; c'est de ce que les yeux et bourgeons latéraux, étant trop nombreux aussi et trop vifs, donnent naissance à une immense quantité de ramilles qui, devançant la sortie des yeux à fruit, les affament, les étouffent, les privent de l'action de l'air ou du soleil. C'est cette mauvaise direction, ce mauvais emploi de la sève, bien plus que son abondance, qui empêchent la fructification.

Au lieu d'affaiblir l'arbre, de lui ôter sa sève, de la modérer même, que faut-il faire? La diriger : par l'usage ordinaire de la taille, y parvient-on? Non, ou au moins très difficilement. En effet, en raccourcissant les jets, on diminue, à la vérité, le nombre des yeux existans; mais on force de partir ceux qui auraient dormi, et on donne par là une telle force aux autres, que le remède est pire que le mal, et qu'il en résulte toujours une vigueur et une confusion inextricables de branchages, de ramilles, de feuillage, etc., qui étouffent les yeux à fruit. Que faire donc ? Au lieu de raccourcir, il faut supprimer, il faut retrancher les jets superflus, toutes les ramilles surnuméraires; éborgner les yeux trop nombreux, dégager ceux dont on espère des boutons à fruit, et dans ceux-ci même, si les rosettes étaient trop nombreuses, supprimer les plus faibles, les plus mal placées, pour faire d'autant profiter celles qui doivent rester.

Voilà bien la marche à suivre pour les arbres qui, par leur taille et leur âge, sont constitués pour laisser espérer des fruits; mais il y a dans l'acte de la mise à fruit des arbres vieux ou adultes, et des arbres jeunes, surtout venant de semis, une différence importante, et la marche que suit à cet égard la fructification a besoin d'être examinée avec attention et développée avec une certaine étendue : pour y parvenir et me rendre plus intelligible, je vais m'étayer de ce qui se passe, eu égard à la génération dans le règne animal.

Plusieurs animaux, dès leur naissance, se montrent pourvus des organes de la génération, soit tout formés, soit plus ou moins développés. Il y manque, si l'on veut, un certain complément et la matière prolifique; mais peu nous importe ici. Dans les végétaux, au moins dans ceux dont je parle, au moment de leur naissance, les organes n'existent pas, la place même qui leur sera assignée n'existe pas non plus. Ce n'est qu'à un certain âge, et lorsqu'ils ont pris un certain accroissement, une certaine étendue en hauteur, en espace latéral, un certain nombre de degrés de ramification, que les arbres montrent les branches qui doivent servir de support aux boutons à fruit, et c'est encore à un âge plus avancé qu'ils manifestent leurs boutons à fruit, boutons qui dans bien des cas ont encore eux-mêmes besoin d'une ou plusieurs années pour recevoir leur complément et parvenir à la floraison et à la fructification.

Dans mes Mémoires sur les cucurbitacées, insérés dans les *Mémoires de la Société royale et centrale d'agriculture française*, auxquels je renvoie ceux qui désireront connaître le développement complet de mon système, j'avais établi que, dans les plantes, les yeux ou bourgeons, placés pour l'ordinaire sur la tige et les branches dans l'aisselle des feuilles, étaient susceptibles de recevoir trois ou même quatre divisions; savoir, en yeux ou bourgeons principaux, en supplémentaires ou subsidiaires, dits tantôt stipulaires, tantôt pétiolaires, suivant leur position près des stipules ou près du pétiole des feuilles, et de plus en yeux ou bourgeons cotylédonaires, à raison de leur position dans l'aisselle des cotylédons, et ayant eux-mêmes aussi leurs supplémentaires dans le même ordre que les bourgeons principaux. J'avais établi aussi que tous ces yeux supplémentaires et même aussi les cotylédonaires, et en raison de leur développement tardif lorsqu'il avait lieu, ne devaient prendre qu'une extension moins grande, comme n'étant que conditionnelle et subordonnée à l'accroissement plus essentiel des bourgeons principaux, et avaient été en conséquence, par une sage prévoyance de la nature, doués de la faculté de fructifier plus promptement, pour les dédommager en quelque sorte de leur tardiveté, et de la brièveté probable de leur existence. Ces bourgeons supplémentaires ne se manifestent ordinairement sur les arbres à fruit que lorsque les principaux manquent par accident et sont supprimés, ils paraissent dormir; mais je ne crois pas pour cela qu'on doive les regarder comme perdus. Le développement de la tige principale, son couronnement, et le recepage surtout me paraissent donner lieu chez eux à un développement qui renouvelle et revivifie le végétal sur son déclin. Il paraît que sur le pêcher, au contraire, l'oblitération complète de ces yeux peut avoir lieu, ainsi que celle même des yeux principaux, lorsque leur sortie ne s'effectue pas dans son temps, et c'est ce qui fait que le pêcher se dégarnit toujours par le bas et repousse rarement dans cette partie. Ce qui m'a fait donner quelque attention à ces yeux supplémentaires, ça été leur mise en action par le défaut de sortie de l'œil principal lorsque je greffais en écusson, œil que je voyais souvent remplacé par ces yeux supplémentaires dans les arbres à fruit : il est probable qu'il serait possible d'en tirer parti pour l'avancement de la fructification, je laisse cela à faire à ceux qui s'en occuperont après moi; mais il était bon de les signaler.

Quant aux yeux ou bourgeons principaux, j'avais fait voir que la fructification ne s'y faisait apercevoir et ne s'y établissait que lorsqu'ils avaient pris une assez grande étendue, et qu'au contraire, lorsque les yeux de cette maîtresse-tige s'étaient étendus pour former les branches latérales, qu'on nomme bras dans le melon, la fructification pouvait s'y établir dans une position bien plus rapprochée de leur base, et que de nouveaux yeux développés sur ces branches latérales augmentaient encore la disposition à la fructification, au moyen de l'augmentation du nombre de degrés de ramification, et ainsi de suite progressivement : d'où résultait de plus en plus la nécessité d'une fructification plus rapprochée dans ses époques et dans sa position : aussi suivait-il de ces dispositions, principalement pour le melon, la nécessité de plusieurs pincemens successifs et répétés, pour l'amener à son deuxième, troisième et même quatrième degré de ramification, et le forcer à se mettre plus promptement et plus sûrement à fruit, par la plus grande abondance de ses fleurs.

Par une analogie que je pourrais appuyer sur quelques faits, j'ai supposé que ces degrés de ramification devaient être nécessaires pour la fructification dans la plupart des végétaux dicotylédons, et, par analogie aussi, j'ai supposé que ce degré devait être d'autant plus élevé pour un végétal quelconque, que ce végétal était plus vigoureux, susceptible d'un plus grand accroissement, et destiné à une plus longue vie : ainsi, d'après ce principe, un rosier ou tout autre arbuste n'exigerait que deux, trois ou quatre degrés de ramification pour montrer sa fleur ; un poirier pourrait en exiger dix, quinze et vingt, et un chêne peut-être trente, quarante ou cinquante ; bien entendu que, dans les arbres à pousse annuelle, le degré de ramification devrait être estimé non seulement par les nœuds ou coudes que forme une branche latérale en sortant d'une autre, mais encore par le nœud ou bourrelet qui se forme à l'endroit où le bois de l'année se joint au bois de l'année précédente, par suite du développement des bourgeons terminaux, comptant aussi pour degrés de ramification toute insertion de greffe quelconque, en tenant en même temps compte des degrés de ramification déjà précédemment acquis sur leur propre pied par les yeux et branches destinés à servir de greffe et à former des marcottes ou boutures. Je pense qu'on doit aussi regarder comme degré de ramification le développement, si faible qu'il soit, des yeux latens, qui suit le grossissement des arbres, en suivant le développement superficiel de l'écorce et l'évolution que subissent annuellement les bourses à fruit futur, qui produisent des feuilles sans fructifier. Je reviendrai ailleurs sur ces deux derniers points. Au surplus, je ne prends pas sur moi de décider si toutes ces manières d'accroître, d'élever ces degrés sont absolument pareils, et s'ils ont sur la fructification une influence absolument égale. J'ai déjà parlé aussi du renouvellement et du rajeunissement paraissant opérés par la greffe, lorsqu'on se sert pour la faire de rameaux pris sur de très vieux arbres, et j'aurai peut-être occasion d'en reparler. Le recepage des vieux arbres, qui opère aussi une espèce de rajeunissement et de renouvellement, n'est cependant point un obstacle à leur propension à se mettre à fruit beaucoup plus tôt et plus aisément que les arbres véritablement jeunes ; mais il y a sur eux cette remarque à faire, que les bourgeons adventifs développés par cette opération sont des bourgeons subsidiaires, stipulaires, je dirai même plus que subsidiaires, et qu'en outre on ne peut nier que pour suivre le grossissement de l'arbre et percer son écorce ils sont obligés de subir une évolution annuelle ou presque annuelle, qui les met, pour ainsi dire, au niveau des hauts degrés de ramification attribués à la vieille souche, toutes considérations qui doivent faire envisager leur mise à fruit comme étant de rigueur.

C'est sur cette théorie que j'ai fondé un de mes principaux moyens de mise à fruit des jeunes arbres de semis, et si j'ai avancé que le poirier exigeait au moins dix degrés de ramification pour fleurir et fructifier, j'ai été amené à le dire parce qu'effectivement le poirier de semis abandonné à lui-même peut fleurir à sa dixième année, et que c'est justement alors que, dans son état ordinaire, il a acquis ses dix degrés de ramification.

Ai-je eu raison de tirer cette conclusion ? Je le crois. Je ne puis cependant me dissimuler que cette loi ne soit susceptible d'éprouver un grand nombre de modifications fondées sur les localités, sur l'essence des plantes, etc. Ainsi, à part les végétaux ou les arbres inter-tropicaux, dont je dois m'abstenir de parler, ne pouvant les observer, il doit y avoir des différences entre les plantes annuelles ou pérennes, ou sarmenteuses, entre les arbustes qui, comme le rosier, le lilas, les groseilliers, et surtout le framboisier, renouvellent fréquemment leurs tiges par de nouveaux jets sortant du collet des racines, entre les arbres qui n'ont qu'une sève annuelle de courte durée et ceux qui l'ont plus longue, et surtout qui en ont deux, et enfin sur ceux qui, dans le même cours de sève, anticipent sur l'année suivante par le développement des bourgeons latéraux et la formation même des épines sur les jets de l'année, comme cela arrive fréquemment sur les poiriers sauvageons et sur les jeunes arbres, sur les arbres recepés et dans les taillis de l'année. Ce sont toutes nouvelles observations auxquelles je n'ai pas eu le temps ni les moyens de me livrer, et sur lesquelles l'expérience, éveillée, pourra un jour donner la faculté de prononcer.

Revenons-en au poirier de semis, auquel j'ai, par supposition, assigné dix degrés de ramification, c'est à dire je suppose huit ans ou environ pour obtenir ses branches ou supports propres à porter les boutons à fruit, un an pour produire ces boutons, et un an ou plus pour donner à ces boutons leur complément, que je compte aussi pour une évolution, et par conséquent pour un degré; total, dix degrés.

Il y a donc ici trois œuvres ou époques essentiellement distinctes:

1°. Formation des branches ou supports;
2°. Formation des boutons à fruit;
3°. Complément des boutons à fruit.

Je ne vois point que jusqu'ici cette distinction ait été faite, je n'en aperçois aucune trace, aucun indice dans les auteurs; elle était cependant bien importante à faire.

Y a-t-il moyen d'anticiper sur ces œuvres, sur ces époques, soit généralement sur toutes à la fois, soit sur chacune d'elles en particulier, soit seulement sur l'une d'entre elles? Discutons, et, par suite, appelons l'art à notre secours.

Il y a déjà bien des années que je m'occupe de cet objet; mais je n'avais point fait cette distinction: seul et sans guide, il m'a fallu du temps pour la trouver. En vain sur mes jeunes sujets j'avais employé l'arqûre, l'incision annulaire; mais le temps n'était pas encore venu, et il est aujourd'hui pour moi de la dernière évidence que ces opérations devaient être non seulement à peu près inutiles, même plutôt nuisibles, du moins pour l'objet essentiel, c'est à dire pour la formation des supports; et en effet si cette formation exige pour le poirier huit degrés de ramification représentés par huit années, quelles ressources pourraient offrir l'incision annulaire et l'arqûre, opérations débilitantes, qui, au lieu d'être utiles, devaient mettre obstacle, sinon à la formation de ces huit degrés, au moins à tout espoir d'anticipation quelconque sur le terme assigné par la nature, et, sous ce rapport, de quel avantage pourrait-on croire que fussent, et la faiblesse des arbres, et la maigreur du terrain sur lequel ils végètent?

La greffe elle-même, employée pour placer des yeux ou branches de ces jeunes arbres sur des sujets vigoureux et peu âgés, ne m'a donné que de faibles secours; car que pouvait-elle procurer de bien effectif? Un ou deux degrés de ramification au plus pour la formation des supports. A cet égard, M. Van Mons et M. Knight me paraissent n'avoir pas été plus heureux dans leurs résultats. Voyons donc ce que procure la taille, cet art si vanté.

La taille, en raccourcissant les jets de pousse et supprimant les bourgeons terminaux, donne naissance à une infinité de ramilles qui s'affament réciproquement et affament les jets principaux, étouffent par cette profusion et privent de l'air et du soleil une partie de l'intérieur de l'arbre : elle est donc, sous ce rapport, beaucoup plus nuisible qu'utile. A la vérité, donnant de la vigueur aux bourgeons conservés, elle peut même faire anticiper d'une année les bourgeons latéraux, anticipation avancée, qui, par ce moyen, tourne au profit des supports; mais sous ce rapport même, quoique utile, elle est encore d'un faible secours, et son pouvoir est bien limité : encore faut-il supposer qu'elle est pratiquée dans un but approprié et dans une direction convenable : c'est à quoi on n'a guère pensé; cependant, avec des intentions saines, on en pourra tirer parti.

Restent donc le cassement et le pincement. Le premier, sur lequel on trouvera plus bas une notice, peut être d'une grande utilité; mais c'est surtout du pincement, qui n'est au fond qu'une espèce de cassement, qu'on doit espérer des résultats importans et d'une efficacité remarquable. Il a l'avantage de pouvoir se pratiquer pendant la sève, et d'être répété plusieurs fois sur la même pousse en divers temps et en divers endroits, et sans de grands inconvéniens si on sait le ménager.

Pratiqué avec discernement sur un sujet vigoureux, dans un terrain et avec une saison favorables, le pincement peut produire plusieurs degrés de ramification dans une seule année, je ne puis encore en fixer le nombre; mais j'en ai obtenu avec facilité jusqu'à trois et même davantage.

Dans cette hypothèse, à laquelle je joins aussi la supposition que cette anticipation prématurée de degrés de ramification pour la formation des supports ne nuirait point à la formation et au complément des boutons à fruit, on pourrait se flatter d'obtenir ceux-ci sur un poirier de semis à sa cinquième ou sixième année, ce serait une diminution de moitié et même plus sur le temps communément nécessaire pour y parvenir. Puis-je me flatter d'y arriver? Je n'ose encore le dire.

M. Van Mons annonce avoir obtenu ce succès, je ne veux pas le nier; mais il ne l'attribue pas, que je sache, à aucune opération particulière dirigée vers ce but, pas même à la greffe, à laquelle il a renoncé comme inutile; il attribue tout simplement ce succès à ce qu'il appelle le renouvellement, c'est à dire le semis successif et continué sans interruption des fruits des individus venus de semence. C'est un des résultats de cette amélioration progressive, je le veux; mais je lui ferai observer que, dans le grand nombre des variétés qu'il possède, il a dû, comme dans tous les semis de plantes anciennement cultivées, s'en trouver de beaucoup plus hâtives que les autres; j'entends, non dans l'époque de maturité, mais dans l'époque de la mise à fruit. Ce résultat peut donc être particulier à ces espèces hâtives, et il faut prendre garde de le généraliser mal à propos. Il me semble qu'il rejette les espèces qui s'annoncent avoir des feuilles larges, etc., etc., comme ne promettant que des fruits mûrissant de bonne heure, et, sous ce rapport, ne présentant pas le même intérêt que les fruits d'hiver. Je serais porté à croire que ce sont ces espèces hâtives de saison qui le sont aussi de mise à fruit. J'aurais désiré qu'à cet égard il nous eût donné des renseignemens plus positifs, et j'espère que cela viendra (il m'a paru que les provenances par semis du doyenné se mettaient à fruit très promptement.)

Revenons à notre sujet. Il y a, dans la formation anticipée des supports, quelque chose qui demande une sérieuse attention : de ce que ces supports ont été obtenus, et malgré qu'ils l'aient été par force et avant l'âge, peut-on raisonnablement en conclure que ces supports auront la faculté de porter et de produire les boutons à fruit, ainsi qu'ils l'auraient fait si leur formation n'eût pas été provoquée avant le temps? La sève, jeune encore, pourra-t-elle acquérir les qualités nécessaires pour les former, les nourrir et les compléter? (Une expérience de

M. Knight, que je citerai, pourra répondre à ces questions.)

Quant à leur formation, je puis répondre d'une manière affirmative, et j'y reviendrai ; quant à leur complément parfait, il faudra voir. De quoi dépend précisément le perfectionnement de la sève nécessaire à ce complément? S'il dépendait absolument de l'âge, nous n'y pourrions rien ; mais je ne le crois pas, et je donnerai à l'appui de mes opinions quelques raisons, sinon décisives, au moins non dénuées de vraisemblance et de probabilité. En premier lieu, l'arqûre, la greffe et l'incision annulaire sont, pour cet objet, des auxiliaires puissans : j'en donnerai quelques exemples. En second lieu, je soupçonne que ces fonctions de perfectionnement et de complément de la sève sont dues principalement à la presque solution de continuité, ou au moins au resserrement, à la contraction de la moelle et de la sève dans l'étranglement occasioné par les nœuds et coudes qui se forment à chaque embranchement, ainsi qu'à la voie également resserrée et contractée au point de passage où le bois de l'année se joint au bois de l'année précédente, affinement et perfectionnement qui vont toujours en augmentant, en raison du nombre aussi croissant des degrés de ramification. (Il serait à désirer que la chimie nous fournît à ce sujet quelques éclaircissemens par l'analyse de la sève faite à son entrée et à sa sortie dans ces couloirs, suivant leurs degrés, ainsi qu'au dessus et au dessous de ces bifurcations.) Au surplus, à défaut de ces lumières, nous nous en référerons à l'expérience.

J'ai commencé et je fais plusieurs expériences sur cet objet, sur diverses parties des arbres, et diversement combinées, étant encore fort peu éclairé sur les résultats qu'on peut en obtenir, étant très peu avancé, parce que je me suis avisé beaucoup trop tard de m'écarter du sentier battu, me confiant mal à propos à l'arqûre, à l'incision annulaire et à la greffe et aux autres moyens indiqués comme souverainement efficaces pour avancer la mise à fruit, et dont j'ai long-temps et vainement espéré quelque succès.

Dans la végétation du jeune poirier de semis, que je continue de prendre pour exemple, il peut se présenter quelques incidens auxquels probablement on n'a jamais fait grande attention, desquels cependant on pourrait profiter, et dont j'ai déjà essayé de tirer quelque parti.

Quoique en général à sa première année le poirier ne soit pas porté à se ramifier, cela néanmoins peut se rencontrer quelquefois; il faut observer ce qui se passe alors, et voir s'il n'y aurait pas moyen d'en faire quelque usage. Il peut lui arriver d'émettre une ou plusieurs branches latérales, et il se peut aussi que, soit sur ces branches, soit sur la tige principale, il se manifeste quelques faibles rosettes. Ceci est véritablement alors une obtention précoce de deuxième ou troisième degré de ramification, et par conséquent, dans mon système, un grand avantage prématurément obtenu. Il est bon de remarquer que ces effets peuvent reconnaître pour cause quelque accident qui aurait empêché ou retardé la crue naturelle et ordinaire de la tige principale; mais, à part ces accidens, ces degrés incidentels de ramification prématurée paraissent tenir à la forte végétation du sujet, chose que je prie de remarquer, puisqu'elle ajoute une nouvelle preuve à l'opinion par moi émise plus haut, que la forte végétation est loin d'être un obstacle à la mise à fruit, et qu'elle en est, au contraire, un accessoire indispensable. Ces rosettes peuvent se trouver implantées, soit immédiatement sur la branche elle-même, soit sur des épines qui s'y seraient manifestées. (*Voy.* le *Mémoire sur la taille*, où je suis entré dans de très grands détails sur la nature et la formation des épines du poirier.) Ces épines, qui ne sont que des brindilles avortées, servent rarement et très accidentellement, très imparfaitement à continuer la pousse annuelle; elles se chargent plus communément de rosettes assez faibles lors du jeune âge. Ces rosettes, lorsqu'elles sont en grande quantité, ce qui est assez fréquent, prennent peu d'accroissement et sont très long-temps à le prendre. Leur position sur la partie inférieure de l'arbre, leur grand nombre, leur crue tardive, qui n'est nullement en rapport avec la vigueur luxuriante du jeune arbre, sont cause que celui-ci, dont la force va en augmentant de plus en plus, ne cesse de s'accroître en hauteur, en étendue, et en conséquence affame ces rosettes, les couvre, les étouffe et termine par les faire périr. En définitive, ces faibles rosettes avortent, s'oblitèrent complétement, et je crois qu'au total pas une seule n'échappe à la destruction. Est-il permis cependant de croire que la nature les a faites pour rien? Veut-elle, dans cette production anticipée, essayer ses forces, préluder en attendant partie, ou, si on l'aime mieux, lui supposer à notre égard des intentions bénévoles; et pourquoi pas? Ne semble-t-elle pas nous dire: Je vous ai fait voir ces rosettes pour vous donner l'idée de ma puissance; mais je ne veux pas m'en servir, parce que je ne veux pas fatiguer mes arbres, parce que je ne suis pas, comme vous, pressée de jouir, et que je suis sûre tôt ou tard d'arriver à mes fins; mais, si vous êtes pressés, si cela vous tente, j'ai fait le plus difficile; faites le reste, allez en avant.

Suivons donc l'indication donnée par la nature, et voyons ce que nous devons, ce que nous pouvons faire. Y a-t-il quelques moyens de préserver ces rosettes de leur anéantissement? Peut-on espérer de les laisser sur l'arbre, sur leur place propre avec une garantie? C'est sur quoi je reviendrai. Ne serait-il pas plus avantageux de les transporter ailleurs? C'est par ce dernier expédient que je vais commencer.

Dans son exécution, deux partis se présentent : il est possible de lever, avec le greffoir, quelques unes de ces rosettes, et de les transporter sur un autre sujet ou sur une autre partie de l'arbre lui-même, en choisissant cette place. Dans ce dernier cas, il faudra, dans la partie supérieure de ce même arbre, et s'il est en état de supporter cette greffe, choisir, soit sur la maîtresse-tige, soit sur une branche latérale, un lieu commode, bien exposé à l'air et au soleil, pour y placer cette rosette en écusson. Je serais assez d'avis de la placer à l'endroit-là même où se sont produits ou auquel devront se produire, dans l'ordre naturel, les futurs boutons à fruit, position qu'il faut apprendre à connaître, et, de plus, à déterminer par avance, et que j'ai indiquée en temps et lieu.

Dans le cas contraire, où l'on voudrait transporter par la greffe ces rosettes sur un sujet étranger, détermination que je regarde comme plus sûre, plus prompte, et conséquemment préférable, il est aussi diverses considérations à balancer, suivant l'importance que l'on met à avancer sa jouissance. Dans cette idée, on devra choisir un sujet assez vigoureux pour recevoir la direction qu'on voudra lui donner et les opérations fructifiantes ordinaires, assez âgé ou du moins assez formé pour fournir une sève perfectionnée et une nourriture convenable au complément de ces rosettes, et il sera utile d'en suivre le développement et les progrès pour favoriser leurs dispositions fructifiantes. D'un autre côté, si l'on se bornait à attendre patiemment et sans direction quelconque le moment de leur mise à fruit, le placement de ces greffes serait préférable sur de vieux arbres ou sur le cognassier quant au poirier, ou sur paradis quant au pommier.

Comment et à quelle place conviendrait-il d'ailleurs de placer ces rosettes?

J'ai déjà, à l'article de la *Greffe*, émis plusieurs idées sur ce point, on peut s'y référer; mais, en deux mots, je dirai ici ce qui me paraît convenable : j'estime donc qu'on devra les placer à peu près comme je l'ai indiqué plus haut dans un endroit bien exposé et fructifiant (*voyez* l'article du *jeune poirier*), et sans couper la tête du sujet. En effet, il y aurait peut-être inconvénient à la couper sous deux rapports tout à fait opposés, en les plaçant terminalement, c'est à dire en coupant la tête du sujet au dessus d'elles. On pourrait craindre d'une part que, dans ce cas, la sève, trop abondante, au lieu de donner leur complément à ces rosettes, ne les déterminât à se développer à bois, développement qui, opéré sur le bois d'une épine, ne procurerait même par suite que très difficilement un beau jet : il ne donnerait jamais un bel arbre, à cause de cette mauvaise disposition native. Il y aurait cependant un moyen de placer ces rosettes terminalement, ce serait sur une branche latérale, qu'on taillerait ensuite au dessus de la reprise, et qu'on arquerait modérément pour y tempérer l'influence de la sève. Il est bon de rappeler ici qu'il existe un moyen très simple d'engager un œil à partir, c'est de faire une légère incision à l'écorce immédiatement au dessus de lui; en la faisant au dessous, au contraire, on l'empêche de partir.

Reste à examiner la résolution prise ou à prendre de laisser sur le jeune arbre lui-même, et à leur propre place, les rosettes, exposées, il est vrai, à l'anéantissement, en leur donnant toutefois une garantie. Ce moyen serait plus simple, plus économique et moins embarrassant, puisqu'il ne nécessiterait point l'emploi des sujets étrangers; mais il ne promet peut-être que des chances de succès éloignées, à moins qu'on ne veuille s'astreindre à des soins multipliés et qu'on ne possède des connaissances approfondies de direction.

On a proposé aussi, dans la vue d'accélérer la mise à fruit du jeune poirier de semis, de l'établir sur deux bras dès son origine, en étêtant la tige principale et opérant ainsi la suppression de ce qu'on appelle *le canal direct de la sève*, et forçant sa déviation pour la modérer, la perfectionner et la disposer à produire le fruit. J'ai déjà dit autre part ce que je pensais de ce qu'on appelle *la suppression du canal direct de la sève*, je ne vois pas en quoi cette suppression peut opérer plus efficacement et plus promptement que toute autre opération le nombre de degrés nécessaire à la fructification. On lui a souvent attribué des effets favorables qui lui étaient beaucoup moins dus qu'à l'inclinaison des branches qui l'accompagnent, ainsi qu'à diverses opérations qui la suivent nécessairement. Je vois qu'elle diminue la vigueur de l'arbre; qu'elle retarde et détruit l'accroissement de la tige principale, dont j'ai fait remarquer que le bourrelet, joignant les deux pousses anciennes et nouvelles, était lui même un degré de ramification. Dans ma nombreuse pépinière, cette suppression s'est faite sur quelques arbres par accident : ils se sont d'eux-mêmes alors établis sur deux bras. J'ai vu leur croissance en souffrir, et je n'ai nullement vu en eux de propension à fructifier plus tôt que les autres. Au contraire, j'ai constamment vu que les arbres les plus élevés, les plus droits, les plus vigoureux étaient les premiers, lorsqu'ils avaient atteint le huitième ou dixième degré, à faire paraître leurs futurs boutons à fruit, même sur la tige principale, et singulièrement dans sa partie élevée. Cet établissement sur deux bras n'est donc nullement nécessaire pour la prompte fructification : je ne puis donc le conseiller comme tel ; cependant, comme cette forme est avantageuse pour le palissage, et suivant le lieu où on veut l'employer, je ne prétends pas la proscrire. Dirigée d'après de bons principes, elle ne s'opposerait pas non plus à la fructification, et elle aurait l'avantage de conserver et de concentrer la sève dans la partie inférieure de l'arbre, d'y faire profiter les rosettes qui pourraient s'y rencontrer ; mais, je le répète, il faut que, dans la taille et dans l'inclinaison des branches, on suive une marche et une direction fondées sur les vrais principes, qui, suivant moi, jusqu'ici n'ont pas du tout été reconnus.

Du pincement et du cassement; but de ces deux opérations.

Le pincement se pratique, soit sur le développement du bourgeon terminal de la tige principale, soit sur les bourgeons terminaux et latéraux de toutes les autres branches, soit sur les brindilles ou lambourdes, soit même sur les épines; dans ces cas différens, ses effets sont différens aussi, le tout suivant l'époque, suivant la nature de l'œil au dessus duquel on pince, suivant sa position plus ou moins élevée, eu égard à la pousse de l'année, selon qu'il est plus ou moins répété sur le même point, et en raison de l'affluence plus ou moins considérable de la sève et de sa qualité, du degré de perfectionnement et de maturation qu'elle éprouve par l'époque et le changement de saison et la différence de température.

Pratiqué sur un bourgeon terminal peu après son développement, son effet se fait immédiatement sentir sur les yeux du jet nouvellement développé, d'autant plus qu'ils sont plus rapprochés du lieu de l'opération, d'où il résulte que l'œil le plus proche, c'est à dire celui précisément situé au dessous de la coupe, se développe en nouveau bourgeon au bout de quelques jours, développement qui, sans cela, n'aurait pas dû avoir lieu, et qui, par conséquent, anticipe ainsi d'une année sur l'autre, ce qui procure à ce jeune jet un degré de ramification de plus; repincé de nouveau, un autre bourgeon sort, nouveau degré de ramification de plus; repincé pour la troisième fois, un troisième degré de plus a lieu, et ainsi de suite; si la saison n'était pas trop avancée, la sève se trouverait encore assez aqueuse et assez abondante : probablement il faudra s'arrêter à la troisième ou quatrième fois. C'est, au reste, ce que je ne puis dire précisément, toutes les circonstances de saison, de température, d'humidité, de sécheresse, de force des sujets, de la qualité du sol, etc., devant modifier ces opérations.

On doit s'attendre à ce que ces pincemens et repincemens, répétés et exécutés sur plusieurs parties de l'arbre, au moins dans quelques occasions, feront apparaître une infinité de bourgeons secondaires, ternaires, etc., qui doivent leur naissance à cette cause. C'est un inconvénient, sans doute; mais il s'agit d'y remédier. Avec du soin et de la patience, cela se peut : tous ces bourgeons doivent s'affamer les uns les autres, il faut en retrancher la plus grande partie ; plus on en supprimera, plus les résultats à obtenir sur ceux qui seront conservés seront efficaces et importans. Il est impossible de donner des préceptes sûrs pour ces suppressions et ces conservations, leur application devant nécessairement varier à l'infini. L'intelligence et l'habitude y conduiront. Il faut dès long-temps s'apprendre à connaître et à deviner ou prévoir d'avance les lieux fructifères, j'en donnerai ailleurs les leçons. Dans les jeunes arbres vigoureux, on aperçoit dans le premier jet ou bourgeon, à l'aisselle de placement de ses feuilles, des rudimens de bourgeons latéraux ou folioles qui annoncent une intention de paraître; en pinçant un peu au dessus des plus beaux, c'est ordinairement celui qui est situé immédiatement au dessous du pincement qui sort le premier. Il faut alors le conserver, et, à son défaut, tout autre qui s'annoncera le mieux. C'est communément vers le milieu futur du jet que sont les plus forts bourgeons latéraux ; mais ce serait s'exposer à perdre beaucoup de temps que de les attendre : il faut donc alors s'y prendre un peu plus tôt, c'est à dire plus bas; mais, comme je l'ai déjà dit, l'habitude et l'expérience seront de meilleurs maîtres que moi. Au surplus, d'après mes observations, qui tiennent probablement beaucoup à la localité, c'est à dire au troisième ou au quatrième pincement que je suis forcé de m'arrêter. Il y a de plus quelques considérations qui doivent servir de guide. Si l'on opère sur des arbres très jeunes et très vigoureux, dont on veut principalement avancer les degrés de ramification sans prétendre pour cela obtenir du fruit sur-le-champ, on peut, sans inconvénient, multiplier les repincemens; si, au contraire, on juge qu'il est temps de penser sérieusement à l'obtention du fruit, il faut laisser au bourgeon produit du dernier pincement le temps nécessaire pour acquérir son complément à fruit pendant la belle saison qui reste à courir. Tout cela, j'en conviens, exige de l'intelligence dans la pomiculture; mais c'est un art nouveau et dont on n'avait pas encore eu l'idée. Tout pincement opère toujours une suspension momentanée de la sève; il faut s'y attendre, il faut savoir l'apprécier et apprendre à calculer ce que l'on perd et ce que l'on gagne de temps, et la saison vient souvent troubler nos calculs. Avec un peu d'habileté et de bonheur réunis, on peut espérer d'obtenir ainsi un bouton qui reçoive son complément sur-le-champ et produise son fruit l'année suivante. Cet effet peut s'obtenir sur le poirier; mais le pommier s'y prête bien plus aisément, surtout lorsqu'il est greffé sur paradis.

Au moyen du pincement opéré sur le bourgeon terminal de la tige principale, il est hors de doute que l'on avancerait bien plus promptement vers son but, c'est à dire l'obtention des degrés de ramification nécessaires à la mise à fruit. On peut se conduire ainsi si l'on est très pressé de jouir; cependant ce n'est pas mon usage, je craindrais de mettre obstacle à la belle venue de mes arbres, je me contente d'opérer sur une des plus belles branches latérales. Il est bon d'ailleurs d'employer les deux moyens séparément, surtout si l'on a une très grande quantité de semis, et qu'on soit disposé à en sacrifier une partie pour ses essais.

Dans tous les cas, ces essais, ainsi qu'en général toute expérience, ne doivent être tentés que sur des sujets sains, vigoureux, bien exposés à l'air et au soleil, et placés dans un sol convenable ou au moins bien amendé, y ajoutant même, si le cas le requérait, de la litière à leur pied pour les garantir du hâle, et même quelques arrosemens pendant la grande sécheresse et les chaleurs. Il faut les préparer à ces expériences en les dégageant de toutes leurs branches et brindilles inutiles, ne laisser même, si cela n'est pas jugé nuisible à la beauté et à la santé de l'arbre, que les branches sur lesquelles on opère (je ne parle pas de la tige principale), afin que la sève y afflue sans partage; car le pincement répété et l'arrête et la fait refluer sur les parties non opérées, et si par suite il se développait ailleurs des bourgeons adventifs, il faudrait ou les supprimer, ou les pincer eux-mêmes, s'il était jugé convenable.

On peut encore opérer le pincement dans plusieurs autres positions, avec plus ou moins d'avantage; les épines peuvent lui être soumises sans crainte de dommage, les anciennes, qui portaient déjà quelques rosettes, recevront, par une suppression quelconque, un accroissement qui profitera aux parties conservées, et les épines jeunes et nouvelles pourront aussi, par ce moyen, anticiper sur cette production de rosettes; il est bon aussi de supprimer une partie de ces épines lorsqu'elles sont trop nombreuses. Ces aiguillons qu'on n'aime pas à voir sur les arbres, et qui leur donnent un aspect sauvage, ne sont, comme on le verra ailleurs, que de petites branches imparfaites, et cependant paraissant spécialement destinées à se couvrir de rosettes; mais cette distinction n'est pas toujours suivie du succès, leur grand nombre, leur mauvaise position, la contraction et la dureté de leurs fibres, empêchent la sève d'y affluer: aussi sera-t-il bon, à la taille d'hiver, d'en supprimer sans pitié un très grand nombre, et d'en casser quelques unes à un œil ou deux, les mieux placées, les plus fortes, s'entend; elles formeront ou compléteront leurs boutons pendant la belle saison. Quelquefois, ces jeunes épines émettent un bourgeon qui s'allonge, il faut le repincer lui-même; il peut arriver que ces jeunes épines, si on les conduit convenablement, forment et complètent, dès la même année, leurs boutons à fruit pour l'année suivante, nouvelle preuve à ajouter à bien d'autres, savoir : qu'il ne faut pas de toute rigueur au poirier plus d'une année pour la production de ses boutons à fruit, puisqu'en voilà qui même anticipent d'une année sur l'époque ordinaire.

J'ai vu quelquefois des accidens causés par les insectes, ou tout autrement, opérer un véritable pincement dont il résultait d'heureux effets : mais la réunion d'heureux accidens et d'heureux effets est rare, parce qu'ils ne sont pas coordonnés avec une série d'opérations combinées; il faut cependant en profiter et même y joindre l'art lorsque l'on s'en aperçoit assez à temps, ce qui consiste principalement à arrêter ou pincer les pousses voisines, qui nuiraient au progrès de ce pincement ou cassement accidentel.

Maintenant que la théorie est bien établie, ses principes bien posés, et l'emploi de la pratique qui doit s'ensuivre aussi clairement développée que le sujet l'a permis, il semblerait qu'il n'y a plus rien à dire, qu'il n'y a plus qu'à aller en avant, et qu'un bon arboriculteur pourrait aller seul et sans guide.

De quoi s'agit-il en effet? Tout se réduit à obtenir par anticipation, et le plus promptement possible en premier lieu, les degrés de ramification nécessaires pour la formation des supports, que j'estime de huit degrés au moins, car je crois qu'il serait bon d'aller jusqu'au dixième, ensuite d'y obtenir les boutons à fruit et de les compléter, événement auquel dès lors l'arbre se prête assez de lui-même.

La théorie en est donnée; il ne restait que l'application des moyens, je l'ai donnée aussi. Tout autre arboriculteur intelligent aurait pu trouver et faire cette application aussi bien que moi : ou ma méthode recevra d'eux un perfectionnement dans son exécution, ou peut-être en trouveront-ils un autre, les circonstances d'ailleurs doivent faire varier cette application. Je crois cependant, pour la facilité de ceux qui voudront s'adonner à ces recherches sans se fatiguer à en chercher les moyens, devoir leur indiquer ce que je crois de meilleur à faire pour préparer les arbres de semis à la fructification dès le commencement de leur naissance.

La première année de semis, il est rare que le poirier se ramifie, il ne pousse ordinairement qu'une tige unique ; cependant, cela dépend de son naturel. Vouloir le pincer pendant sa végétation, dès la première année, ce serait risquer de l'affaiblir, et de retarder beaucoup sa croissance, il est donc plus prudent de s'en abstenir ; et cependant on peut risquer de le faire sur quelques pieds vigoureux que l'on sacrifierait à cette expérience. Mais si par un effet inhérent à son essence ; si par un effet du hasard, par un accident quelconque, il lui arrivait de se ramifier, soit en projetant une ou plusieurs branches latérales, il faudrait où s'opposer à leur sortie, à l'exception d'une seule, ou les supprimer sauf la mieux placée, la plus forte et la plus haute possible, à laquelle branche, suivant les circonstances ou suivant la saison, on laisserait prendre son développement naturel, ou s'y permettre, suivant le cas, au troisième ou quatrième œil un premier pincement et sur le bourgeon, qui par là en sortirait un autre pincement. Il est bon d'observer que tous les bourgeons sortis par suite de ces pincemens devraient être réduits dans chaque cas à un seul, afin qu'il pût prendre de la force ; le nombre de ces pincemens et repincemens ne peut être déterminé ici ; il faut le laisser à la discrétion de l'arboriculteur. Si au lieu de branches latérales, il se manifestait des rosettes, on pourrait supprimer les plus faibles. Si au contraire sur la tige principale il se manifestait seulement des épines, cas qui arrive aux espèces robustes et sauvages, il faudrait supprimer une partie de ces épines et pincer les autres. On pourrait espérer que de ce pincement d'épines il se manifesterait dès lors quelques faibles rosettes, ou que du moins, pour l'année suivante, leur sortie serait d'autant mieux préparée.

L'année suivante, ou deuxième année de semis, la tige principale (si on n'y a pas encore touché) devra, ce me semble, être encore abandonnée à elle-même sans retranchement. (J'excepte le cas où les jeunes arbres mal venans ou rabougris exigeraient un recepage pour les restaurer.) On supprimerait sur ce nouveau scion ou jet de l'année toute branche latérale (à moins qu'on ne jugeât à propos d'abandonner celle latérale de l'année précédente pour cause de maladies, faiblesse ou accident) ; s'il se manifestait sur ce nouveau scion quelques épines ou rosettes, on tiendrait à leur égard la même conduite que celle indiquée pour l'année antérieure. Dans ces suppressions, au surplus, on devra se guider d'après les circonstances, étant libre à chacun de profiter de tout ce qui pourra se rencontrer de favorable, de la bonté de son terrain et de la force de ses arbres, auquel cas on pourrait, au lieu d'une seule, conserver plusieurs branches latérales, soit anciennes, soit nouvelles.

Revenons à la branche latérale de l'année précédente conservée à dessein. Cette branche aura dû, pendant l'hiver ou plutôt au printemps, mais avant le retour de la sève, être dégagée par la taille de tout ce qu'elle aura de superflu ; j'entends par là tout ce qui pourrait nuire au développement de l'œil produit par le dernier pincement, l'œil enfin ou le bourgeon qui présente le plus haut degré de ramification, et sur lequel seul on devra laisser se continuer cette branche. On peut cependant et même on doit laisser sur elle quelques rosettes, s'il s'en trouve, mais en très petit nombre, ou, à leur défaut, quelques brindilles ou épines, mais qu'il faudra casser de court. On pratiquera par suite, et pendant le temps de la sève, sur le bourgeon laissé seul autant de pincemens qu'il sera possible, et suivant la méthode que j'ai indiquée.

Pendant le cours de ces opérations, la saison avance, elle force enfin de les suspendre ; elle aoûte les derniers yeux produits des derniers pincemens, enfin l'hiver arrive.

Voici donc notre jeune arbre à sa deuxième année révolue ou avec ses deux feuilles, pour me servir de l'expression forestière. A la taille d'hiver, il y aura bien peu de chose à y faire, s'il a pu être conduit avec toutes les précautions ci-dessus indiquées; mais comme il est possible, si l'on en a beaucoup à soigner, qu'on les ait plus ou moins négligées, il faut pratiquer sur lui les mêmes opérations aussi déjà indiquées, qui consistent à le dégager, à supprimer les branches latérales qu'on ne veut pas conserver, à laisser subsister de préférence sur ces branches latérales les ramifications les plus composées, s'il s'en est formé, à ne lui laisser que quelques épines ou rosettes toujours les plus fortes, les plus belles et les mieux placées, soit par leur exposition à l'air, au soleil, soit par leur situation sur le plus haut degré de ramification possible.

Pendant le cours de la troisième année, il faudra suivre et continuer ces opérations toujours d'après les mêmes principes, c'est à dire que la maîtresse-tige devra être dégagée de ses pousses latérales, soit brindilles, soit épines, sauf un très petit nombre, si l'on juge à propos d'en conserver, et en les pinçant de court ; l'ancienne ou les anciennes branches latérales conservées seront conduites sur le même principe, mais pincées plusieurs fois à leur extrémité dans le courant de la sève, si elles poussent assez pour cela, et pincées aussi, s'il y a lieu, sur les pousses latérales; car il est à observer que le pincement, répété plusieurs fois sur le maître-bourgeon terminal, fera nécessairement partir sur les parties inférieures une très grande quantité de bourgeons prévus ou adventifs. Afin qu'ils ne s'opposent point à la crue beaucoup plus intéressante des maîtres-bourgeons terminaux pincés et repincés, il faudra les supprimer ou les arrêter suivant le besoin, ce que je ne peux indiquer positivement, et, ainsi que je l'ai déjà dit plusieurs fois, il faut laisser à la discrétion d'un habile arboriculteur, qui devra se conduire d'après ses connaissances particulières sur la bonté du terrain, la vigueur de l'arbre et la saison, étant bien observé que le dernier pincement du bourgeon terminal ne devra être fait ni trop tôt ni trop tard; c'est à dire qu'il ne devra être fait que lorsqu'on supposera que la sève aura encore assez de force pour en faire sortir un nouveau bourgeon, et que ce dernier aura le temps de s'aoûter ou de prendre un grossissement convenable.

Mais le temps de la sève est passé; l'hiver arrive, notre jeune arbre a ses trois feuilles accomplies; suivant qu'il a été bien conduit et que sa pousse a été vigoureuse, il a dû, dans la partie supérieure de sa maîtresse-tige, ou même ailleurs, acquérir tout naturellement au moins, si ce n'est plus, son troisième degré de ramification. S'il existe sur cette partie supérieure ou sur quelque autre rameau, épine ou rosette soit naturels, soit produits d'un pincement quelconque, les parties latérales peuvent être arrivées à leur quatrième ou même à leur cinquième degré. Quant à la branche ou aux branches latérales conservées, si elles ont été conduites avec art, il ne serait pas étonnant que soit leur bourgeon terminal, soit quelque rosette, ne fussent arrivés à leur cinquième, sixième, septième ou même huitième, neuvième et dixième degré; et s'il en était ainsi, on pourrait en inférer qu'on serait arrivé au degré de ramification exigé pour la fructification des supports fructifères, c'est à dire destinés à porter les boutons à fruit, et peut-être même à les posséder actuellement, ou au moins leurs embryons. Quoiqu'on ne puisse se flatter que cette époque désirable soit décidément arrivée, on peut cependant s'y attendre : il faut donc la prévoir et se conduire en conséquence.

Des observations nouvelles m'ont prouvé que, dès la fin de la deuxième année, il était possible d'obtenir le cinquième degré de ramification, et même plus.

Jusqu'ici, j'ai établi dans toute leur rigueur les procédés à suivre dans le but proposé de la prompte fructification. Je dois toutefois avouer que je ne veux pas moi-même toujours m'y astreindre, si les jeunes poiriers (que j'ai pris pour exemple, et il en serait de même de tous les arbres) sont très vigoureux, et que d'eux-mêmes ils prennent assez bien la forme pyramidale, forme que je trouve assez convenable, soit eu égard à la beauté des arbres, soit eu égard à leur accroissement, à la facilité et aux moyens qu'elle donne pour travailler à leur mise à fruit. Je ne trouve pas, pour le plus souvent, de grands inconvéniens à les abandonner à leur discrétion, en leur laissant produire, soit à leur deuxième, soit à leur troisième année, une certaine quantité, modérée cependant, de branches latérales, ayant soin qu'elles se trouvent opposées les unes aux autres pour la régularité de l'arbre, en sus de celles que je conserve et que je destine spécialement aux expériences, en conduisant néanmoins ces branches surnuméraires à peu près suivant ces mêmes principes, mais modifiés, et de manière surtout à ne point gêner ni contrarier mes expériences. Par une luxuriance ou superflue, ou nuisible au but principal, en permettant à ce grand nombre de branches de croître et d'exister, il faudra se régler sur les circonstances accompagnantes, telles que force des arbres, belle position, bonté du terrain, etc., pour se décider à les conserver, à les supprimer ou à les soumettre à une conduite appropriée, modifiant, variant et combinant, suivant l'opportunité, tous les moyens, tous les procédés de culture applicables au cas présent; et en effet, au point où nous en sommes arrivés, on peut employer, mais avec précaution et discernement, soit la greffe locale sur eux-mêmes, soit l'arqûre et l'incision annulaire et autres moyens supplémentaires et subsidiaires.

Si, à cette troisième année d'âge une fois arrivée, l'on n'était pas dans l'intention de laisser acquérir à l'arbre la hauteur et la forme que la nature lui a assignées, soit pyramidale ou autre; si l'on préférait l'arrêter à une certaine hauteur, il serait temps d'y penser, il faudrait changer quelque chose à sa méthode; si, d'autre part, la branche et les branches latérales conservées ne remplissaient pas le but proposé, deux partis se présentent: il faudrait ou les conserver en supprimant la tige principale, et reporter sur elles seules les expériences fructifiantes, ou les supprimer et reporter ces mêmes expériences sur la tige principale seule.

Cette tige principale, restée seule, acquerrait par cela même une très grande force d'ascension, et son bourgeon terminal, resté sans concurrens, aurait assez de force de végétation pour supporter pendant le cours de la sève plusieurs pincemens répétés et successifs, dont il m'est impossible d'évaluer avec précision le nombre, mais qui serait probablement de trois ou quatre. Cette tige principale n'aurait pas de peine à arriver tout naturellement à un degré assez haut de ramification, et en la pinçant elle pourrait, dès cette année, acquérir son septième ou huitième degré, soit pincée, soit non pincée. Il est à peu près certain qu'il s'y développerait des bourgeons latéraux ou des épines, à l'égard desquelles je ne répéterai pas ce que j'ai déjà dit plus haut.

Quant à moi, je ne pense pas qu'en général il y ait avantage, à moins de nécessité ou de cas particulier, à rien faire d'extraordinaire ; c'est assez mon usage d'abandonner mes arbres à leur disposition naturelle autant que possible, continuant néanmoins les expériences déjà commencées.

A ces anciennes expériences il est cependant permis d'ajouter la greffe sur elle-même, l'arqûre, l'incision annulaire, le cassement, etc., moyens fructifians, mais débilitans, dont il ne faut par conséquent user qu'avec modération, quoiqu'à cette époque il soit très peu dangereux de les employer. Dans tous les cas, il est bon de s'en servir le moins possible sur la maîtresse-tige; mais on peut sans crainte en être un peu plus prodigue sur les branches latérales, qu'on pourra sans grand danger sacrifier si elles étaient altérées par ces expériences.

Les conseils donnés dans presque tout le cours de ce chapitre pour la mise à fruit sont basés sur la nécessité d'un certain nombre de degrés de ramification. Il suit de là que, sur les jeunes arbres greffés eux-mêmes, ou renouvelés et rajeunis par la greffe, l'obtention de ces degrés de ramification est nécessaire.

Dans ce cas, c'est une objection puissante à faire au système de M. Knight, que la greffe ne rajeunit pas les vieux boutons ou les vieilles branches placés sur de jeunes sujets : le pincement est nécessaire sur plusieurs d'entre eux, quoique ainsi greffés : par exemple, le Colmar, la virgouleuse, etc., quoique d'origine ancienne, se mettent difficilement à fruit, et on y parviendra aisément par le pincement multiplié.

Lorsque, sur la fin de la sève, on aperçoit sur le jet de l'année, à la base d'un bourgeon, un bouquet de feuilles, c'est un indice d'un futur bouton à fruit. Si l'on pince immédiatement au dessus, ce bouton peut, dès la même année, recevoir son complément et se disposer par anticipation à la fructification. Lorsqu'on trouve au dessus les uns des autres plusieurs bouquets de ces feuilles, il est bon de pincer au dessus du supérieur, parce que si celui-ci venait à se développer à bois, celui qui le suit prendrait sa place comme fructifère. On peut aussi, dans le cas de l'existence d'un seul de ces bouquets de feuilles, laisser, en pinçant, un œil simple, et pincer conséquemment à un œil et même à deux au dessus du bouquet. Cette précaution évitera le développement à bois, accompagné du bouquet.

De la mise à fruit.

Le poirier étant par sa nature celui de nos arbres domestiques qui, provenu de pepins ou même greffé, se met le plus difficilement à fruit, c'est celui que j'ai dû prendre pour exemple: ainsi il est inutile de répéter pour nos autres arbres ce qui a été prescrit pour l'amener à la fructification. (Lorsque le poirier greffé ne se met point à fruit, on peut le soumettre au pincement répété, tel que je l'ai indiqué plus haut.) Après lui viennent le pommier, le cognassier, etc., et ensuite nos arbres à noyau : ces derniers fructifient bien plus aisément et bien plus promptement, les moyens de direction à suivre doivent, en raison de cela, subir quelque différence et quelques modifications;

mais le fond du système est toujours le même : obtenir le plus tôt possible le plus haut degré de ramification possible est toujours le but qu'on doit se proposer; mais, dans tous ces arbres, cela est assez aisé. Je pense donc qu'il est presque inutile de donner à cet égard des préceptes qui différeraient très peu de ceux que j'ai donnés pour le poirier, et je laisse leur choix et leur application aux praticiens éclairés qui prendront la peine de me lire avec attention.

Je suis le premier à reconnaître que tout ce qui a été dit par moi, au sujet de l'accélération de la mise à fruit est encore bien incomplet; mais je continue à suivre mes expériences. J'engage les horticulteurs à me faire part de leurs observations sur ce sujet, et j'espère par suite pouvoir ajouter quelque chose de plus positif.

CHAPITRE VII.

DU POIRIER.

Je vais emprunter à notre savant et estimable collègue Bosc, que les sciences et l'agriculture ont eu le malheur de perdre avant le temps, une partie de ce qu'il a dit sur le poirier.

Le poirier est du petit nombre des arbres fruitiers indigènes, c'est à dire croissant dans nos forêts dans l'état sauvage. Il prend naturellement la forme pyramidale, et s'élève à cinquante ou soixante pieds. Son écorce est crevassée; ses rameaux sont, pour la plupart, terminés par des épines; ses branches inférieures fort écartées du tronc; ses feuilles alternes, coriaces, ovales, dentées, légèrement velues en dessous dans leur jeunesse; ses fleurs sont blanches, disposées en corymbes sur de petites branches particulières (rarement au sommet des rameaux); ses fruits sont ovales, allongés, très durs et très âpres au goût: on ne peut les manger que lorsqu'après leur chute de l'arbre ils sont parvenus à cet état voisin de la pourriture que l'on appelle *blossissement*, état qui ne leur est commun qu'avec quelques autres fruits de la même famille.

Comme la plupart des arbres dans l'état de nature, les poiriers sauvages sont biennes ou triennes, c'est à dire ne produisent du fruit que toutes les deux ou trois années; mais, les années de production, ils en sont le plus souvent si surchargés, que leurs branches plient sous le poids.

La croissance des poiriers sauvages est plus lente que celle des variétés cultivées; le grain de leur bois est plus fin, plus rouge.

Lorsqu'on veut avoir des poiriers à bon fruit d'une très longue durée, c'est sur des poiriers sauvages, c'est à dire sur de véritables sauvageons crus de pepin et en place qu'il faut les greffer. J'en ai connu de tels auxquels on attribuait trois à quatre siècles, et qui étaient encore extrêmement productifs ; mais toutes les variétés ne réussissent pas également bien sur ces poiriers. Nos pères greffaient presque toujours sur sauvageon. On n'y greffe plus dans les pépinières des environs de Paris, parce qu'on a remarqué que, dans ce cas, les fruits sont moins gros, moins doux et plus longs à paraître. A-t-on raison ? a-t-on tort ? Je ne discuterai pas cette question : chacun peut décider d'après les seules considérations que je viens de présenter. Au reste, il est beaucoup de francs qui s'écartent fort peu, par leur constitution, du véritable sauvageon.

Il paraît, par les écrits qui nous restent des Grecs et des Romains, que le poirier était cultivé chez eux de temps immémorial, et qu'il y fournissait déjà un grand nombre de variétés. Olivier de Serres en comptait soixante-deux à la fin du quinzième siècle : nous en comptons aujourd'hui plus de trois cents, et chaque année il en paraît de nouvelles. Un traité général sur la culture de cet arbre, que Van Mons a fait imprimer, et dont il m'a envoyé quelques feuilles, double ce nombre. Il n'y a que les variétés de pommes, parmi les arbres fruitiers, qui puissent entrer en comparaison avec elles sous ce rapport. Je dois cependant observer que si on en gagne on en perd, soit parce que les moins bonnes sont, comme de raison, négligées, soit parce que les meilleures même s'altèrent ou par la transmutation des greffes, ou par la différente nature des terrains et des expositions. Ce serait chose impossible que de chercher à établir la concordance entre les variétés citées par Olivier de Serres et celles décrites par Duhamel. Plusieurs de ces dernières semblent déjà assez différentes de ce qu'elles étaient lorsqu'il les observait, c'est à dire il y a cinquante ans, pour qu'il soit quelquefois difficile de les reconnaître, malgré l'exactitude de ses descriptions et la précision de ses gravures. Ce fait est encore plus remarquable quand on remonte à la Quintinie, ainsi que j'ai pu m'en assurer sur cinq à six arbres plantés par ce fondateur de l'art du jardinage, que sans nécessité, à mon grand déplaisir et malgré mon opposition, on a arrachés en 1807 dans le potager de Versailles.

Duhamel établit en fait que les variétés des poiriers, qu'il divise en deux branches principales, sont dues à la fécondation du poirier sauvage par le cognassier, même par les aliziers et les aubépines. Je n'ose ni appuyer ni combattre cette opinion; mais la cause du grand nombre de ces variétés peut être raisonnablement attribuée à l'ancienneté de la culture de l'espèce.

En se perfectionnant, les poiriers perdent leurs épines, et leurs feuilles augmentent de largeur: tous prennent des caractères secondaires qui permettent de les distinguer à toutes les époques de l'année; mais ces caractères sont si peu saillans, qu'il est fort difficile de les fixer par la description et même par des figures. La connaissance de ces caractères, lorsqu'ils sont privés de fruit, principalement pendant l'hiver, n'est presque jamais que l'effet de l'habitude locale: tel jardinier très savant sur son terrain devient fort sujet à se tromper lorsqu'il veut nommer ceux d'un jardin dont le sol et l'exposition sont différens, à plus forte raison ceux qui croissent dans un autre climat.

On cultive, dans les pépinières du Jardin des Plantes, du Luxembourg et de Versailles, quelques variétés de poires nouvelles.

Il est des variétés de pêches, de prunes, etc., qui se reproduisent par le semis de leurs graines; mais il n'y a pas de variétés de poires dans la longue série que je viens de mettre sous les yeux du lecteur, qui soient dans ce cas. On ne peut multiplier les poiriers que par boutures, par marcottes et par la greffe sur sauvageon, sur franc, sur cognassier et sur épine.

Certaines variétés de poiriers se mettent à

fruit bien plus promptement que d'autres ; au nombre des premières, se trouvent le Saint-Germain et le beurré ; au nombre des secondes, la virgouleuse et le bon-chrétien d'hiver. Celles-ci demandent à être très peu taillées dans leur jeunesse, sans quoi on risque de les cultiver pendant douze à quinze ans sans utilité.

On pratique plus fréquemment sur les poiriers que sur les autres arbres la belle opération qui consiste à casser à demi, entre les deux sèves, l'extrémité de leurs bourgeons.

Rarement on emploie le moyen des boutures ou des marcottes, parce que les pieds qui en proviennent sont faibles et de peu de durée. Les rejetons qu'ils fournissent assez souvent sont également peu estimés. C'est donc par la greffe qu'on transmet presque exclusivement aux générations futures les variétés qui ont des qualités propres à les faire rechercher.

L'expérience a prouvé qu'en employant les sauvageons pour sujets on obtenait des arbres très vigoureux et d'une longue vie, mais qui se mettaient très tard à fruit, c'est à dire après vingt ans et plus, et donnaient des productions moins perfectionnées que celles de la greffe sur cognassier : aussi aujourd'hui n'en fait-on presque plus usage.

Par opposition, en employant le cognassier

pour sujet, on obtient des arbres faibles, de peu de durée, mais qui se mettent promptement à fruit (après deux ou trois ans) et donnent des productions plus perfectionnées.

La cause qui rend les cognassiers si utiles pour former des poiriers de petite taille et à fructification précoce, c'est que d'abord ils ont moins de racines que les poiriers francs, ensuite que leur sève est d'une nature assez différente pour que les greffes de ces derniers souffrent d'être forcées de s'en nourrir. Or tout arbre qui se nourrit peu reste petit et se presse de donner ses productions comme devant bientôt périr. L'action du pommier-paradis, dans la greffe du pommier, est fondée sur la même théorie.

Le franc, qui est le produit du semis des graines des variétés déjà perfectionnées, tient le milieu entre ces deux extrêmes ; mais il est à observer que ce franc, tel qu'il est produit dans les pépinières, est un mélange de plusieurs variétés, les unes plus perfectionnées, qui doivent par conséquent améliorer la variété greffée, les autres moins perfectionnées et qui doivent la détériorer. D'un côté, les pepins des bonnes variétés sont les plus sujets à avorter, et, de l'autre, la difficulté de s'en procurer suffisamment et la nécessité d'économiser, obligent les pépiniéristes à semer des pepins de poires à poiré achetés des fabricans de cidre ou de bière, dont la nature diffère peu de celles des sauvageons; ce qui produit un bien et un mal en même temps. C'est probablement autant à cette grande variation des sujets qu'à la qualité de la terre, à l'exposition, au temps, etc., qu'on doit les altérations qu'on remarque dans la saveur, la grosseur, la couleur, etc., des variétés les plus recherchées décrites par Duhamel, et les sous-variétés qu'on trouve dans presque tous les jardins et les parties d'un même jardin.

Il doit paraître surprenant que, dès qu'une variété de poire reprend par la greffe, sur le cognassier, toutes n'y reprennent pas également; mais il le doit paraître encore plus qu'il y ait de ces variétés qui reprennent plus facilement sur cet arbre que sur le franc. Ce fait qui, d'après Duhamel, se remarque principalement dans la royale d'été, l'épine d'hiver, l'ambrette et la mansuette, nous prouve qu'il y a encore bien des découvertes à faire dans les élémens de l'organisation végétale.

Il y a tout lieu de croire qu'il est des francs qui se refusent également à recevoir les greffes de certaines variétés; car les pépiniéristes rencontrent souvent des sujets sur lesquels ils ne peuvent parvenir à les faire prendre, ce qu'ils attribuent aux diverses causes qui peuvent faire manquer les greffes.

On préfère greffer sur cognassier dans tous les cas où on veut former des espaliers, des contre-espaliers, des buissons, des pyramides, des quenouilles et même des demi-pleins-vents, afin de régler plus facilement les arbres faits, d'en obtenir de plus beaux fruits et de les amener à en produire plus tôt. C'est une erreur de croire qu'on puisse, par le moyen de la taille, arriver aux mêmes résultats. Il n'y a que la courbure des branches, la suppression des maîtresses-racines, l'enlèvement de la bonne terre et autres moyens affaiblissans ou l'incision annulaire et la ligature, qui puissent faire arriver au même résultat.

En général, le cognassier, comme je l'ai déjà observé plus haut, ne convient qu'aux variétés déjà faibles par leur nature; cependant, d'après ce principe, celles qui ont de la vigueur devraient pouvoir être greffées sur le cognassier de Portugal, qui est plus grand que l'espèce; mais il en est qui s'y refusent aussi, ce qui doit faire supposer qu'il y a réellement une hétérogénéité dans les principes.

On greffe le poirier sur l'épine lorsqu'on veut le cultiver dans un très mauvais terrain, ou l'empêcher de s'élever; mais lorsque les variétés qu'on y place sont très vigoureuses, elles n'y subsistent pas long-temps, comme le prouvent l'ambrette, l'impériale, etc.

Les pépiniéristes ne semant presque que des pepins de poires à poiré pour avoir des sujets pour la greffe, et les tirant des pressoirs à cidre; ils ne savent par conséquent ni de quelles variétés ils proviennent, ni de quelle qualité ils sont : le hasard seul préside donc aux résultats qu'ils en doivent obtenir.

Parmi leur plant, il en est qui est épineux, d'autre qui ne l'est pas. Ce dernier, annonçant par cela seul un plus haut degré de perfection, devrait être mis à part pour être greffé des meilleures variétés, surtout des variétés fondantes, telles que le beurré, la virgouleuse, le Colmar, etc.; mais on n'a nulle part cette attention, ce qui prouve avec combien peu de réflexion travaillent les pépiniéristes.

Parmi les égrains on peut espérer de découvrir de nouvelles variétés préférables sous un ou plusieurs rapports à celles connues. Des bourgeons gros et obtus, des feuilles larges, épaisses et rondes, le défaut absolu d'épines, un ensemble différent des autres sont des caractères qui peuvent mettre sur la voie; mais il est cependant de très bonnes poires qui naissent sur des arbres à rameaux grêles, à petites feuilles et épineux. Ce n'est donc qu'en attendant les fruits qu'on peut être assuré de faire des découvertes en ce genre. Les personnes se livrant à cette sorte de recherches étaient plus nombreuses jadis qu'en ce moment.

Bien différent du pêcher et autres arbres à noyau, le poirier porte son fruit sur des branches qui sont trois, quatre et même cinq ans à se former ; on appelle cependant aussi ces branches des lambourdes et des brindilles.

C'est cette circonstance qui permet de tailler cet arbre à telle époque de l'hiver qu'on le désire, puisqu'on voit toujours quelles sont les branches qu'il faudra conserver pour avoir la même quantité de fruit non seulement l'année de taille, mais encore les deux ou trois suivantes.

Un poirier est-il trop chargé de brindilles, annonce-t-il qu'il souffre par la couleur jaune de ses feuilles, et encore plus par le dessèchement de l'extrémité de ses rameaux, il faut le tailler court sur ces brindilles mêmes, afin de les transformer en branches à bois, et renouveler les secondes par une taille semblable.

Le Colmar, plus que les autres variétés de poiriers, est sujet à fournir beaucoup de brindilles intermédiaires entre les branches à bois et les branches à fruit. Elles ne font qu'embarrasser l'arbre ; mais, en les taillant sur un œil en hiver, on peut les transformer en les premières, et en les cassant en été à trois ou quatre yeux, les transformer en les secondes. La plupart des cultivateurs ne portent pas assez d'attention sur ces sortes de brindilles, qu'ils suppriment généralement.

Les autres espèces de poiriers qui sont dans le cas d'être citées ici sont :

Le poirier à feuilles cotonneuses, *pyrus polveria*. Il ne diffère du précédent que parce qu'il est plus petit dans toutes ses parties, et qu'il a les feuilles velues en dessous. Il se trouve en Allemagne ; on ne le cultive dans aucun jardin des environs de Paris. Je n'ai pas une opinion bien fixée sur son compte, attendu que dans les semis des pepins de poires à poiré il s'en trouve souvent qui, quoique provenant des fruits d'un même arbre, donnent des pieds qui ont les caractères indiqués par les botanistes allemands comme lui étant propres.

Le poirier à feuilles de saule a les rameaux épineux, les feuilles linéaires, lancéolées, blanches en dessus, cotonneuses en dessous, les fleurs axillaires, presque solitaires, presque sessiles. Il est originaire de Sibérie ; on le cultive beaucoup dans les jardins, où on le greffe sur le franc, ou, mieux, sur l'épine, et où il porte fréquemment du fruit. La couleur remarquable de ses feuilles, et la disposition diffuse, même un peu réclinée de ses rameaux, le rendent très propre à l'ornement des jardins paysagers, où il se place sur le premier ou le second rang des massifs. Ses fleurs sont de peu d'effet en ce qu'elles se confondent avec les feuilles. Ses graines, semées, donnent, au rapport de mon savant collaborateur Thoüin, des variétés qui le rapprochent du précédent et du suivant.

Le poirier du mont Sinaï a les rameaux épineux, les feuilles ovales, blanchâtres en dessous. Il est originaire du mont Sinaï, d'où il a été rapporté par les naturalistes de l'expédition d'Égypte. On le cultive comme le précédent; mais il produit bien moins d'effet que lui dans les jardins paysagers.

Thoüin a publié, dans le premier volume des *Mémoires du Muséum*, une savante dissertation accompagnée d'une superbe figure sur cette espèce, et propose de l'employer à la greffe des poiriers qu'on veut placer dans les sols calcaires et arides ou tenir nains; objet d'une grande importance dans le jardinage.

Le poirier de la Chine a les feuilles ovales, acuminées, d'un vert tendre, bordées de dents épineuses, les fleurs couleur de rose, solitaires et axillaires; l'ovaire cylindrique et très allongé. Il vient de la Chine; on le cultive depuis peu d'années dans nos jardins. Il n'y a pas de doute qu'il ne contribue beaucoup un jour à l'ornement de nos jardins paysagers, à raison de la fraîcheur de son feuillage et de la belle couleur de ses fleurs : sa multiplication par la greffe sur franc ou sur épine est aussi facile que celle des précédens.

A ces poiriers étrangers il faut ajouter le *pyrus Michauxii*, ou poirier de Michaux, originaire de l'Amérique septentrionale.

Considérations sur le procédé qu'emploient les pépiniéristes pour obtenir de nouveaux fruits améliorés, et sur celui que paraît employer la nature pour arriver au même résultat, par M. POITEAU.

On remarque avec étonnement que lorsqu'il apparaît un nouveau fruit amélioré, ce n'est pas ordinairement dans les pépinières où l'on fait tout pour l'obtenir qu'il se manifeste ; on remarque aussi qu'il ne s'en développe que peu ou point dans les pays où il n'y a que de bons fruits, comme par exemple à Paris ; enfin, en jetant les yeux en arrière sur l'histoire des fruits améliorés dont l'origine nous est connue, on remarque que tous ces fruits ont pris naissance dans les bois, dans les haies, et toujours dans le fond de quelques provinces où les bons fruits étaient rares ou inconnus, les mauvais très nombreux et la culture fort négligée.

Il n'est pas possible que ces remarques n'aient été faites des milliers de fois depuis plusieurs siècles, et cependant il ne paraît pas qu'on ait cherché à en tirer aucun raisonnement, aucune théorie applicables à la recherche de nouveaux fruits améliorés. Dans cette recherche, nous procédons néanmoins d'après une tradition basée sur un grand nombre de faits observés chez les hommes, chez les animaux, et même chez quelques végétaux; mais nos non-succès doivent enfin nous porter à penser ou que la nature n'agit pas toujours de la même manière dans les choses qui nous paraissent avoir la plus grande analogie entre elles, ou que le fil des analogies nous a échappé des mains et nous laisse égarer dans l'obscurité. Quoi qu'il en soit, voici sur quoi est fondé le procédé suivi en France dans la recherche de nouveaux fruits améliorés.

De tout temps, l'observation et le raisonnement ont autorisé à penser qu'un homme et une femme bien constitués devraient produire des enfans mieux constitués que si le père ou la mère, ou tous les deux, étaient mal conformés; le même raisonnement a fait admettre aussi que les enfans devaient hériter des qualités physi-

ques et morales de leurs parens, et c'est d'après
ce principe qu'on a établi une règle générale dans
l'accouplement des animaux domestiques, pour
entretenir les races pures ou pour les améliorer.
Enfin, après avoir remarqué aussi que les graines
des fleurs semi-doubles produisaient plus souvent des fleurs doubles que les graines des fleurs
simples, on a conclu de toutes ces inductions
que la graine d'une bonne poire devait produire
une meilleure poire que celle d'une poire inférieure ou mauvaise.

Voilà, je pense, Messieurs, l'origine du procédé généralement suivi par les pépiniéristes
lorsqu'ils sèment dans l'espoir d'obtenir de nouveaux fruits améliorés; ils préfèrent semer des
graines de fruits à couteau, c'est à dire des meilleurs fruits, espérant que ces graines, étant déjà
elles-mêmes améliorées, produiront plutôt un
bon fruit qu'une graine dégénérée, dans le sens
de notre intérêt.

Mais, comme je l'ai dit plus haut, ou la nature
n'agit pas toujours de la même manière dans les
choses qui nous paraissent avoir la plus grande
analogie entre elles, ou le fil des analogies nous
échappe, puisque nous n'obtenons pas ordinairement de nouveaux fruits améliorés, par le
procédé généralement suivi, quoique basé sur
de nombreuses analogies. Duhamel a, pendant

sa longue carrière scientifique, fait semer soigneusement les graines de tous les bons fruits qui se mangeaient sur sa table, et Duhamel n'en a jamais obtenu un fruit digne d'être conservé : ses contemporains suivirent son exemple et ne furent pas plus heureux.

M. Alfroy, notre confrère, nous a appris qu'il faisait, chaque année, des semis considérables avec les mêmes soins et les mêmes précautions que prenait Duhamel, et pourtant il n'obtient aucun fruit nouveau amélioré. Son père, son grand-père faisaient de même et n'ont rien obtenu : vous ne voyez aucun nouveau fruit amélioré sorti des nombreuses pépinières de Vitry.

Cependant, le procédé que nous suivons repose sur des analogies bien constatées, il ne peut être mauvais en lui-même; mais nous l'exécutons probablement mal, d'une manière incomplète, et surtout nous paraissons avoir perdu le fil des analogies qui devrait nous conduire au but que nous cherchons en vain depuis des siècles, et auquel la nature arrive toute seule à côté de nous, comme pour nous montrer le chemin que nous aurions dû suivre.

L'investigation à laquelle je vais me livrer pour tâcher de trouver ce chemin m'oblige à vous prier, Messieurs, de vouloir vous transporter avec moi, par la pensée, aux États-Unis d'Amérique, parce que c'est là que la nature travaille actuellement, dans un grand laboratoire, à produire de nouveaux fruits améliorés. Peut-être qu'après avoir examiné l'œuvre de la nature dans ce grand laboratoire, nous reviendrons dans notre patrie avec des idées plus lumineuses sur l'objet dont j'ai l'honneur de vous entretenir. Vous vous rappelez, Messieurs, que quand les Européens s'établirent dans ce pays, il y a environ trois siècles, ils n'y trouvèrent ni pommes, ni poires, ni pêches, et qu'on y a de suite transporté une partie de nos fruits améliorés. Mais une colonie qui s'établit dans un pays habité par des sauvages est d'abord occupée de soins si nombreux et si nécessaires à sa seule conservation, que les colons ont dû être long-temps sans penser à multiplier, par la greffe, les fruits améliorés qu'ils avaient reçus d'Europe; c'est même beaucoup que de supposer qu'ils eussent alors le temps de semer une partie des graines de ces fruits. Heureusement que la nature, toujours active, les semait de sa main puissante; mais c'était en reprenant ses droits et en faisant rentrer les nouveaux fruits dans son domaine: de sorte qu'en moins d'un siècle tous les anciens fruits améliorés, apportés d'Europe, furent transformés, à la première génération, en fruits sauvages, acerbes et incapables d'être mangés.

Cependant ces fruits sauvages ont, à leur tour, donné des graines, qui, ayant été semées, partie par la nature, partie par la main de l'homme, ont formé une seconde génération, dont les fruits n'étaient probablement guère meilleurs que ceux de la première. Enfin, une troisième, une quatrième, une cinquième génération ont succédé aux premières : alors les habitans ont commencé à remarquer que, dans ces derniers fruits, il s'en trouvait de meilleurs que les précédens.

Ceci n'est pas une assertion hasardée, Messieurs, c'est une tradition qui se conserve dans le pays, et qui m'a été transmise par ses habitans en 1801, lorsque j'étais en Virginie, où j'ai trouvé plusieurs vergers assez considérables de pommiers et de poiriers, dont j'ai examiné les fruits, dans l'intention de reconnaître s'ils se rapprochaient ou s'éloignaient des nôtres. Aucun ne ressemblait à nos bons fruits, et tous m'ont paru notablement inférieurs en qualité. Cependant plusieurs étaient mangeables, et déjà les Américains en expédiaient, depuis quelques années, dans les Antilles, notamment à Saint-Domingue, où j'en avais mangé six ans auparavant, et même jusqu'à Cayenne, où j'en ai aussi vu arriver sur différens navires des États-Unis.

Vous avez déjà pu vous apercevoir, Messieurs, que je suis porté à croire que l'amélioration des pommes et des poires des États-Unis d'Amérique est due au nombre des générations successives que ces fruits ont éprouvées depuis leur translation ; mais quoique mon intention soit de vous amener à partager ma manière de voir, que je crois conforme à la vérité, je ne dois pourtant pas vous cacher que les Américains, en 1801 et 1802, attribuaient l'amélioration de leurs fruits à une autre cause que voici.

Vous savez que, lorsqu'on défriche une terre qui avait été couverte de bois depuis le commencement du monde, les plantes qu'on y sème ne donnent qu'un produit herbacé, dénué de saveur pendant un certain temps, jusqu'à ce que la terre se soit purgée, que l'air l'ait bien pénétrée, et enfin jusqu'à ce qu'elle soit, comme on dit, assainie. Or, la terre des États-Unis d'Amérique est encore dans un état d'assainissement ; les cultures n'y sont encore que de très petits champs disséminés dans d'immenses forêts, qui entretiennent une humidité surabondante ; l'air, fort pesant et très humide, circule et se renouvelle avec difficulté ; tous les êtres vivans, à commencer par l'homme, y sont d'un tissu lâche et aqueux ; la coction des sucs dans les fruits ne se fait qu'incomplétement, et les saveurs peuvent à peine s'y développer ; mais à mesure que les champs s'étendent et que les forêts se resserrent, tous ces fâcheux résultats s'affaiblissent ; ils sont moins sensibles aujourd'hui qu'il y a deux siècles, et voilà pourquoi, disent les Américains, leurs fruits commencent à se changer en mieux.

Je ne pense pas, Messieurs, que vous puissiez partager l'opinion des Américains à cet égard. L'expérience de plusieurs siècles et nos connaissances physiologiques vous ont appris qu'une terre humide, le défaut d'air et de soleil rendent les fruits insipides, mais ne changent pas leur caractère physique; vous avez également appris qu'une terre bien appropriée, une chaleur convenable, de l'air et du soleil affinent les fruits, les rendent plus savoureux, mais ne changent pas non plus les caractères physiques. Or, puisque les Américains possèdent aujourd'hui des fruits qui ont des formes, des proportions, et un volume que n'avaient pas leurs fruits précédens, il doit vous paraître clair que ces nouveaux fruits sont le produit de nouvelles générations. L'assainissement progressif du territoire détermine sans aucun doute une perfection également progressive dans le suc des fruits, mais n'en crée pas.

Du reste, il ne faut pas s'abuser, Messieurs, sur la qualité des meilleurs fruits des États-Unis d'Amérique, ils sont encore bien loin de valoir les nôtres : la nature n'y a encore développé aucun fruit fin. Il y a vingt et quelques années que M. le comte Lelieur de Villesurarce a apporté en France huit ou dix pommiers américains; j'ai goûté les fruits de la plupart, et les ai trouvés plus singuliers que bons. Il en sera de même pour ceux que le commerce doit, dit-on, recevoir incessamment de ce pays. L'excellente pomme que nous cultivons depuis long-temps, sous le nom de *Reinette du Canada,* ne vient pas du Canada; on lui en a donné le nom dans le temps ou par ignorance ou par spéculation. Le pêcher, en raison de sa grande précocité, a déjà produit un grand nombre de générations aux États-Unis, et par conséquent un bien plus grand nombre encore de variétés; plusieurs de ces variétés donnent des fruits séduisans par leur volume; mais tous sont à peine mangeables, et on ne les cultive guère que pour en faire de l'eau-de-vie. Quant au raisin importé d'Europe, il faudra peut-être encore un siècle ou deux avant qu'on puisse en tirer un verre de bon vin. Après cette petite digression, je rentre dans mon sujet.

L'excursion que nous venons de faire en Amérique nous montre, Messieurs, que la nature ne fait pas de sauts dans ses concessions, et que ce n'est que progressivement et lentement qu'elle nous accorde ce que nous lui demandons; tandis qu'elle nous reprend et fait rentrer à l'instant dans son domaine les fruits améliorés dont nous jouissons depuis plusieurs siècles, si nous lui en confions les graines. Ces nouvelles connaissances doivent agrandir et rectifier nos idées ; elles doivent nous faire voir que nous avions tort d'arracher et de jeter au feu un arbre dont le premier fruit ne répondait pas à nos espérances ; elles nous apprennent que nous aurions dû semer les graines de ce premier fruit pour en obtenir un second, semer aussi les graines de ce second pour en obtenir un troisième, un quatrième, etc., jusqu'à ce qu'enfin nous en eussions obtenu le degré d'amélioration que nous désirons, ou celui que la nature ne peut pas dépasser dans ses transformations.

C'était en arrachant et jetant au feu l'arbre dont le premier fruit ne répondait pas à nos espérances, que nous quittions vraiment le fil des analogies, que nous nous égarions, et que nous nous mettions dans l'impossibilité d'arriver au but que nous cherchions. Maintenant que nos idées sont plus nettes, demandons à M. Huzard, notre confrère, si, dans les animaux domestiques, on atteint jamais le degré le plus haut degré d'amélioration possible dès la première génération. Sa réponse négative sera le complément de ce que nous venons d'apprendre en Amérique, et achèvera de nous convaincre que quand nous cherchions de nouveaux fruits améliorés, nous opérions justement de manière à n'en obtenir jamais.

Passons maintenant à la question de savoir s'il est avantageux, ou utile, ou nuisible de préférer les graines de fruits à couteau, c'est à dire des meilleurs fruits, lorsqu'on sème dans l'espoir d'en obtenir de nouveaux fruits améliorés. Cette question, qui n'en est pas une dans la pratique, mérite pourtant d'être discutée devant la Société d'Horticulture de Paris, qui ne peut admettre et propager que des principes et des procédés basés sur d'heureux résultats.

Les pépiniéristes, voyant que, dans les animaux domestiques, les races qui avaient déjà un commencement d'amélioration arrivaient plus tôt au maximum d'amélioration que celles qui étaient parties du dernier degré de dégénération, ont pensé qu'il devait en être de même dans les fruits du pommier et du poirier, et ils ont établi, comme règle générale, qu'il était avantageux de préférer les graines des meilleurs fruits lorsqu'on semait dans l'espoir d'obtenir de nouveaux fruits améliorés. Cette règle s'est exécutée à la lettre depuis son origine jusqu'aujourd'hui : eh bien ! vous savez tous, Messieurs, qu'on n'en obtient absolument rien ; on ne peut citer ni fait ni résultat en sa faveur ; il paraît même que la nature l'infirme par la progression qu'elle suit dans sa marche ordinaire. En effet, nous avons vu que les graines de fruits améliorés, semées en

Amérique, n'ont produit que des fruits sauvages qui n'ont ensuite montré d'amélioration sensible qu'après plusieurs générations. Si à cet exemple nous joignons un fait consigné dans les auteurs, savoir : que la graine du bon-chrétien d'hiver donne toujours un fruit détestable, nous serons portés à considérer la règle des pépiniéristes comme non fondée ; enfin, si nous nous appuyons de l'autorité respectable de M. Knight, président de la Société horticulturale de Londres, qui dit positivement que la graine d'un poirier sauvage, fécondée par l'étamine d'une fleur de poirier amélioré, donne un meilleur fruit que la graine d'un poirier amélioré; si, dis-je, nous nous appuyons de l'autorité respectable de M. Knight, nous serons fortement autorisés à penser que non seulement la règle des pépiniéristes est mal fondée, mais encore qu'elle est contraire au succès de l'opération.

Après ces considérations sur la marche que nous avons toujours suivie pour obtenir de nouveaux fruits améliorés, et sur celle que paraît suivre la nature pour arriver aux mêmes résultats, il convient de jeter un coup-d'œil sur les procédés que les Belges, nos voisins, emploient en pareil cas. Vous savez déjà qu'ils sont bien plus heureux que nous dans leurs résultats, et qu'ils obtiennent fréquemment d'excellens fruits nouveaux, dont plusieurs enrichissent nos jardins et ceux de l'Angleterre depuis plusieurs années : et comme les procédés et les théories se jugent en raison de leurs résultats, vous devez déjà être disposés à accueillir favorablement la méthode des Belges.

Leur compatriote, M. Van Mons, a fait connaître la pratique suivie en Belgique pour obtenir de nouveaux fruits améliorés, et ce que je vais avoir l'honneur de vous dire, Messieurs, n'est qu'un extrait de la rédaction de M. Van Mons.

Les Belges ne donnent aucune préférence aux graines des fruits à couteau lorsqu'ils sèment pour obtenir de nouveaux fruits améliorés.

Quand leur plant est levé, ils ne fondent pas, comme nous, leur espérance sur les individus exempts d'épines, garnis de larges feuilles, remarquables par la grosseur et la beauté de leur bois ; ils préfèrent, au contraire, les sujets les plus épineux, pourvu que les épines soient longues et garnies de beaucoup de boutons ou d'yeux très rapprochés. Cette dernière circonstance leur paraît avec raison être l'indice que l'arbre se mettra promptement à fruit. Dès que les jeunes individus qui offrent ces heureuses dispositions ont des bourgeons ou des yeux capables d'être greffés, on les greffe, les pommiers sur paradis, et les poiriers sur cognassiers, pour hâter leur fructification. Le premier fruit est ordinairement fort mauvais; mais les Belges s'y attendent. Quel que soit ce fruit, ils en recueillent soigneusement les graines et les sèment de suite. Il en résulte une seconde génération, qui montre déjà un commencement d'amélioration. Dès que le jeune plant de cette seconde génération a des rameaux ou des yeux propres à la greffe, on le greffe comme les précédens; la troisième, la quatrième génération se traitent de même, jusqu'à ce qu'enfin il en résulte des fruits améliorés, dignes d'être conservés. M. Van Mons assure que le pêcher et l'abricotier, traités ainsi, ne donnent plus que d'excellens fruits à la troisième génération. Le pommier a besoin de quatre ou cinq générations pour donner également tous fruits parfaits. Le poirier est plus lent dans son amélioration; mais M. Van Mons nous apprend qu'à la sixième génération il ne donne plus de mauvais fruits, mais qu'il en donne d'excellens entremêlés de médiocres.

Vous reconnaissez, par ce rapide exposé, messieurs, que la méthode des Belges est l'imitation ou la copie de la marche que suit la nature, aux États-Unis d'Amérique, pour produire de nouveaux fruits améliorés; et soit que les Belges aient eu connaissance de ce qui se passe aux

Etats-Unis, et qu'ils aient pris la nature pour guide, soit que le seul raisonnement leur ait fait trouver cette méthode, il n'en est pas moins vrai qu'ils en obtiennent beaucoup de nouveaux fruits améliorés, dont plusieurs sont déjà répandus dans toute l'Europe; tandis que nous, nous n'obtenons rien, absolument rien par notre procédé.

J'ai parcouru la carrière que je m'étais tracée ; j'en dépose le résultat dans le sein de la Société d'horticulture, afin qu'elle juge, dans sa sagesse, si mon travail peut être de quelque utilité aux progrès de l'horticulture, et si nous devons quitter notre méthode infructueuse pour adopter celle des Belges, qui me paraît être la bonne et conforme à la marche de la nature.

Extrait du Catalogue *de M.* Van Mons.

On demande comment nous avons fait pour obtenir de nos semis un aussi grand nombre de fruits extraordinaires en toutes sortes de qualités. Nous répondrons que notre méthode a consisté à renouveler sans cesse les variétés anciennes reconnues pour exquises. Par renouveler, nous entendons semer toujours les pepins et les noyaux des derniers procréés et ainsi regénérés de père en fils. Nous nous sommes dit une fois : plus une espèce, se propageant de graine et en même temps de drageons, s'éloigne, par des semis répétés, de l'état de la nature, plus elle doit se rapprocher de l'état de l'art; depuis, nous avons agi conformément à ce principe, et déjà, à leur troisième renouvellement, le pêcher et l'abricotier n'ont plus donné de fruits médiocres, et, à son quatrième semis, la pomme s'est reproduite constamment exquise. Il n'en est pas de même du poirier, qui fournit encore du médiocre, mais plus de mauvais. Si cette espèce n'avait point ce caractère et surtout pas celui de donner du fruit toujours médiocre, les recherches pomologiques seraient déjà devenues sans objet, et l'étude des fruits ne consisterait plus qu'en une familiarisation aride avec des noms.

Les fruits nouveaux ont, sur les anciens, l'avantage d'un rapport riche et constant, et l'exemption de la coulure et de l'alternat : ils ne sont aussi sujets à aucune maladie. Le pêcher de noyau, étant élevé au vent, n'a pas plus besoin d'être dépouillé de bois que d'être éclairci dans son fruit; à la troisième année, il ne pousse plus que de courtes branches, qui rapportent sans discontinuer, et quel que soit le nombre de ses fruits, le plus petit n'est pas moins savoureux que le plus gros; la chair des pêches de semis reste long-temps transparente et verdâtre.

Il en est de même du brugnonier, dont, au vent, le fruit peut être garanti des insectes.

J'avais, dans le principe, l'habitude de placer une greffe de nos sauvageons les plus distingués sur une branche latérale d'arbre fait; mais j'ai constamment vu que cette branche et le pied-mère se mettaient en rapport la même année, et qu'ainsi le procédé ne servait qu'à mutiler des pieds sans rien faire gagner en précocité de rapport.

On s'apercevra que, dans nos derniers Catalogues, le nombre des fruits inscrits excellens est beaucoup plus considérable que dans les premiers : cela provenait, il est vrai, en partie, de ce que notre culture augmentait en étendue, mais aussi de ce que, à mesure que nous avancions en renouvellement, le nombre des fruits distingués se multipliait.

Nous remarquons de même que plus les fruits sont renouvelés, moins on obtient des variétés précoces; et, par exemple, l'année dernière, peu de nos poires et pommes de premier rapport ont mûri avant l'hiver; et, en ce moment encore, j'en ai un grand nombre qui ne sont pas encore mûres et qui mûrissent successivement en marquant par des qualités de premier rang. Il est vrai que, dans les triages de nos sauvageons, nous écartons en poires tout ce qui est sans épines et a du bois gros et des feuilles larges, comme étant des caractères de précocité, et, en pommier, ce qui se rapproche trop de l'aspect des variétés précoces connues.

On remarquera que nous avons principalement porté nos recherches sur le perfectionnement des poires: cela a dû être naturel, cette espèce ne s'étant, jusqu'ici, pas encore reproduite identique, mais toujours sous des variations tranchantes, qui à peine ont permis des comparaisons. Nous avons, dans nos milliers de résultats, obtenu des formes qui se rapprochaient quant au fruit; mais alors le port, le bois, le feuillage étaient tout à fait différens, et lorsque deux arbres avaient quelque ressemblance de port, de bois ou de feuillage, alors le fruit était distinct du tout au tout. Quel arbre d'ailleurs se présente sous des formes plus nobles et plus majestueuses que le poirier, et quel fruit est préférable au sien?

Autres notes de M. Van Mons *citées par* M. Poiteau.

Toute ma méthode, dit M. Van Mons, consiste à recueillir les pepins et noyaux de fruit du dernier renouvellement par les semis; et telle est ma confiance dans la bonté de cette méthode, que je préfère la graine d'un fruit moins bon, mais plus souvent renouvelé, à celle d'un fruit meilleur, mais moins souvent renouvelé : la différence dans le produit est très sensible.

Dans le principe, et lorsque je semais encore la graine des meilleurs fruits anciens, mes sauvageons se mettaient très tardivement en rapport, et, sur des centaines de fruits, un à peine était bon, un petit nombre médiocre, et les autres très mauvais ; les derniers fructifians avaient plus de mérite. J'ai pris la graine parmi les meilleurs des nouveaux procréés, et j'ai obtenu des résultats beaucoup plus heureux ; les pieds rapportaient beaucoup plus tôt et marquaient par de meilleurs fruits. J'ai pris la graine de ceux-ci et ainsi, de père en fils, mes renouvellemens sont parvenus à ce point d'éloignement de l'état de la nature où mes semis ne donnent plus un fruit mauvais sur deux cents ; beaucoup sont exquis, et tous les autres bons.

Les nouvelles variétés ne sont sujettes à aucune des maladies qui tourmentent les variétés anciennes décrépitées par leur âge. Elles fructifient sans alternat, et leur rapport est aussi riche que constant... La même marche dans les semis des rosiers m'a conduit aux mêmes résultats ; je dois cependant dire que des fruits anciens, comme des roses anciennes, j'obtenais des variations plus tranchantes pour la forme, que des fruits et des roses souvent renouvelés.... J'ai opéré sur une très grande échelle, et j'ai réussi à ériger ce perfectionnement des fruits par le semis en véritable science. Je verrais bien peu de sauvageons sans pouvoir prédire la qualité du fruit qu'ils rapporteront.

Les sous-espèces, dit M. Van Mons, dont les types se trouvent dans la nature, lèvent spontanément là où le fruit est indigène, et se propagent identiques par les semis. J'ai trouvé toutes les formes possibles de nos pommes et de nos poires cultivées sur les coteaux sauvages des Ardennes ; je les ai semées à plusieurs reprises, jamais elles n'ont varié et elles ne se sont en rien améliorées. Je ne saurais appeler variété ce qui est si constant dans sa reproduction. Il n'y a pas d'ailleurs de variations dans la nature, où le croisement des espèces est sans exemple. Que deviendrait la pureté des espèces si elle pouvait avoir lieu? La variation est le résultat d'une espèce qui, se multipliant de graines et d'éclats ou drageons en même temps, se propage par le semis en pays exotique. Au second semis, la variation est établie, et ne saurait plus, par aucun moyen, être détournée de cette espèce; elle augmente sans cesse par de nouveaux semis faits de père en fils, et l'on parvient, à la fin, à un point où l'éloignement toujours croissant de l'état de nature, et les progrès toujours augmentant vers celui de la civilisation, produisent l'effet que le fruit procréé ne partage plus aucun des caractères, et pas plus de forme qu'autre de l'espèce primitive. C'est le cas de mes semis.

N'ayant pas assez de place ici pour faire connaître toutes les autres bonnes choses contenues dans la note de M. Van Mons, je vais terminer par la citation suivante, qui me paraît fort extraordinaire.

Mon élève, Gérard, m'a envoyé de la Caroline des greffes de poiriers d'Amérique, qu'il avait insérées dans une boîte de fer-blanc en forme d'étui et remplie de miel, puis cirée aux jointures; elles sont arrivées à Bordeaux après un an et demi, puis par la diligence chez moi, à Bruxelles; elles ont toutes repris et ont donné des fruits inconnus en Europe, mais qui n'étaient pas très bons.

Extrait du Bon Jardinier de M. POITEAU.

M. Van Mons, depuis plus de quarante ans, a entrepris et suit des expériences sur la génération des arbres fruitiers, qui l'ont amené à pouvoir affirmer que, pour obtenir un bon fruit par semis, il faut d'abord semer la graine d'un fruit dont on espère un bon fruit nouveau ; que si ce nouveau fruit n'a pas les qualités requises, il faut en semer la graine de suite pour en obtenir un second ; que si ce second fruit n'est pas encore digne d'être conservé, il faut en semer aussi la graine de suite pour en obtenir un troisième, et ainsi de suite, jusqu'à ce qu'enfin il en résulte un bon fruit ; ce qui arrive ordinairement de la troisième à la sixième génération.

Dans mes *Considérations*, insérées dans les *Annales de la Société d'horticulture de Paris* (1828, page 288), je suis arrivé au même résultat que M. Van Mons, et je me suis appuyé de son autorité dans mes conclusions. Il était donc bien naturel que, dans mon voyage en Belgique, je cherchasse à le voir, non seulement à cause de son mérite personnel, mais encore pour parler de notre manière de voir sur la génération des arbres fruitiers, malheureusement pour moi, nous n'avons pu nous rencontrer ; M. Van Mons m'en a dédommagé en partie, en m'adressant, à Bruxelles, une note détaillée sur son procédé, sur ses résultats et sur la théorie qu'il en a déduite (1). Je pense agir dans l'intérêt

---

(1) *Voyez*, plus haut, notes de M. Van Mons.

de l'horticulture et de la physiologie des arbres fruitiers en rapportant un extrait de la note de M. Van Mons, et les réflexions qu'elle m'a suggérées.

M. Van Mons avance, comme un fait certain, une chose dont je n'avais jamais entendu parler, et qui me paraît contraire à l'opinion reçue, si toutefois il y a jamais eu une opinion bien établie à cet égard : c'est que toutes nos espèces jardinières auraient chacune leur type dans la nature; c'est à dire qu'il ne peut sortir que des beurrés du type qui a produit le premier beurré; que des bons-chrétiens du type qui a produit le premier bon-chrétien, etc.; que ces espèces jardinières, que l'auteur appelle *sous-espèces*, seraient restées semblables à leur type si elles n'eussent été transportées en pays exotique, en graines ou autrement, et que c'est là seulement qu'elles ont pu prendre la variation qui les distingue.

Cette marche de la nature dans la formation de nos espèces jardinières est, comme on voit, peu connue en France. M. Van Mons ne croit pas que la fécondation puisse produire de nouvelles variétés : voici ce qu'il en dit. D'après ma longue expérience, le croisement des variétés, ou ce qu'on nomme fécondation étrangère, n'est pas du tout requis pour une nouvelle variation ; il ne l'est pas même pour l'invasion de la première. J'ai fait à cet égard tous les essais possibles, pour ne pas laisser d'incertitude sur les résultats.

M. Van Mons attache une très grande importance au choix du sujet sur lequel on greffe un bon fruit. Il ne s'en tient pas, comme nous, à exiger seulement que ce sujet soit sain, il veut aussi qu'il soit analogue à l'espèce qu'on met dessus, c'est à dire qu'il soit sorti du même type. Ainsi, selon lui, on n'aura jamais un beurré aussi bon que possible, si on le greffe sur un sauvageon qui a du rapport avec le bon-chrétien. La théorie et la physiologie sont en faveur de M. Van Mons ; car un sujet est un véritable territoire pour la greffe qu'on place dessus, et tout le monde sait combien le territoire influe sur la qualité des fruits. Et comme probablement jamais aucun pépiniériste ne s'est astreint à choisir des sujets sortis du même type que la greffe qu'il place dessus, il doit en être résulté que tous les fruits greffés, quoique nous paraissant fort bons, n'ont pas la perfection attachée primitivement à leur espèce.

Quoique personne ne conteste l'influence du territoire sur la qualité des fruits, je rapporterai cependant ici un fait qui la confirme. Sachant que M. Van Mons avait été obligé de transporter ses arbres en plein rapport de Bruxelles à Louvain, je lui ai demandé si les fruits étaient aussi bons dans cette dernière ville qu'ils l'étaient dans la première. Il m'a répondu que non, et que les cerises et les pêches avaient moins perdu en qualité que les poires et les pommes. A ce sujet, M. Van Mons rappelle les terroirs les plus favorables à la bonne qualité des poires, et il met celui de Mons en première ligne, ensuite Malines, puis Fermonds, et enfin Bruxelles.

Conformément à l'axiome établi plus haut, si quand nous semons pour obtenir de nouveaux fruits améliorés, il nous faut cinq à six générations pour arriver à notre but, c'est que nous employons des graines de fruits déjà anciens, et que par conséquent ces graines sont retournées vers l'état de nature, il leur faut alors d'autant plus de temps pour revenir à l'état de civilisation, qu'elles en étaient plus éloignées. Il est donc avantageux de commencer le premier semis avec des graines de fruits nouvellement obtenus, et de continuer sans interruption le semis de père en fils, jusqu'à ce qu'on obtienne un résultat satisfaisant.

L'usage de greffer les jeunes plants pour en hâter la fructification a été abandonné par M. Van Mons, parce qu'il s'est aperçu que les greffes ne fructifiaient pas plus tôt que les pieds-mères : cela arrive aussi ailleurs dans beaucoup de cas. Par exemple, quand M. Fion a obtenu des semis de son *daphne delphini*, il en a greffé des rameaux, croyant les faire fleurir plus tôt, et ces rameaux n'ont fleuri qu'en même temps que le pied-mère. Cependant on a aussi des exemples contraires, et il reste pour certain qu'en diminuant la vigueur d'un arbre trop vigoureux on le détermine à se mettre à fruit, et que beaucoup de boutures fleurissent plus tôt que le pied sur lequel on les a prises. Tout ceci prouve que chaque plante a quelque chose de particulier dans sa manière d'être, et qu'il n'y a pas de règle sans exception.

Comme je l'ai dit plus haut, M. Van Mons n'était pas chez lui lorsque je m'y suis présenté, force à moi fut de m'adresser à son jardinier, qui ne sait que quelques mots de français, et moi pas du tout de flamand : de sorte que je suis loin d'avoir obtenu les renseignemens que j'espérais obtenir de M. Van Mons, quoiqu'il ait bien voulu m'en dédommager en partie par la note qu'il m'a adressée à Bruxelles. Néanmoins, j'ai parcouru ses deux pépinières à Louvain, accompagné de son jardinier, qui a pu me faire entendre qu'il y avait environ cinquante espèces de poires nouvelles dites d'hiver, d'une excellente qualité, qu'on obtenait bien plus facilement des poires d'été que des poires d'hiver ; que des poiriers d'abord épineux perdaient leurs épines quand ils commençaient à fructifier, ce dont je me suis assuré par mes yeux. J'ai même vu deux poiriers qui paraissaient n'avoir jamais eu d'épines produire des gourmands épineux. En général, tous ces arbres étaient nouveaux pour moi. Je voyais bien que quelques groupes avaient de l'analogie avec quelques uns des nôtres, mais il n'y avait aucune ressemblance parfaite; beaucoup rompaient sous le poids de leurs fruits. J'ai goûté de ceux qui étaient mûrs, et je les ai trouvés bons, quoique le jardinier m'ait fait entendre que c'étaient des arbres à supprimer.

M. Van Mons ayant écrit que ses nouveaux arbres sont exempts de toutes les maladies qui assiégent nos anciennes espèces, j'ai dû porter une attention toute particulière sur cet objet important; et soit parce que les arbres manquent, selon moi, de l'espace nécessaire à leur développement, soit que des veines de terre de mauvaise qualité nuisent à leur belle croissance, je n'ai pas pu voir en général les écorces assez lisses pour assurer, avec M. Van Mons, qu'aucun de ces arbres n'a de maladie. Dans tous les cas, je n'en crois pas moins la méthode de M. Van Mons excellente, et je fais des vœux pour la voir adoptée et généralisée partout.

Réflexions sur tout ce qui concerne le poirier.

M. Poiteau, distingué par ses connaissances en horticulture, et éditeur, conjointement avec M. Vilmorin, de l'*Almanach du Bon Jardinier*, pour l'année 1829, y a inséré une note importante, accompagnée de ses propres réflexions sur les travaux de M. Van Mons, relativement à l'amélioration des arbres à fruit et surtout du poirier en Belgique. Il avait précédemment publié, dans les *Annales de la Société d'horticulture de Paris*, un article fort intéressant sur ce même sujet, et qu'en conséquence je n'ai pas cru pouvoir me dispenser d'insérer ici dans son entier, en y joignant de plus l'extrait du *Catalogue* de M. Van Mons, ainsi que quelques expériences de M. Knight, et je fais suivre le tout de mes propres réflexions sur ces divers sujets, ainsi que sur ce qu'a dit sur le poirier feu M. Bosc.

M'occupant depuis long-temps, quoiqu'à des intervalles distincts et nécessités par d'autres travaux agronomiques, de l'amélioration des arbres à fruit et de ce qui pourrait y contribuer, objet qu'on peut regarder encore absolument neuf, malgré les notices dont je viens de parler, c'est avec grand plaisir que j'ai vu M. Poiteau soulever cette importante question, et je l'en remercie, personne plus que lui n'était appelé à s'en occuper. (MM. Du Petit-Thouars et Vilmorin se trouvent néanmoins compris dans la même catégorie : *voir* leurs différentes notices insérées dans les *Annales d'horticulture*.) Telle estime cependant que j'aie pour ses lumières, je déclare que je ne puis toujours être de son avis, et dans l'intention bien prononcée et manifestée par lui d'éclaircir cette matière, j'espère qu'il me saura gré d'élever la discussion.

A en juger par la lecture et la comparaison de ces diverses citations, il est aisé de se convaincre que les maîtres de l'art sont bien loin d'être d'accord entre eux sur les moyens propres à perfectionner les fruits : comme je ne vois pas de raison d'adopter dans son intégrité l'avis de l'un plus que celui de l'autre, je conserverai mon indépendance par nécessité, et même avec un certain plaisir; et en conséquence sans rejeter aucune idée, en admettant même ce qui sera conforme à ma manière de voir, j'exposerai librement mes opinions, qui, je puis le dire, étaient à peu près formées avant que je prisse connaissance des ouvrages cités, et n'ont point, d'après cela, varié, quant au fond, bien qu'il en ait pu résulter quelques modifications dans les accessoires. J'entre donc en matière.

On ne peut contester l'antiquité de la culture du poirier; à cet égard cependant, entre le poirier et le pommier, je crois pouvoir établir cette différence qui m'a frappé, c'est que l'habitude, l'aspect du jeune poirier de semis, que j'ai toujours vu plus ou moins couvert d'épines, quelle que fût son origine, excepté peut-être celle du produit des pepins de doyenné contrastant en cela avec l'apparence des jeunes pommiers de semis, desquels, dès leur jeune âge, plusieurs individus paraissent déjà beaucoup plus civilisés (j'adopte cette expression, faute d'autres). Toutefois, sous un autre rapport, bien que nous ayons de très bonnes variétés de pommiers, cependant, en fait de poires, il y a quelque chose de plus fin, de plus délicat, et sauf le parfum très particulier de la pomme de Fenouillet, on peut dire que cette qualité est bien plus variée, bien plus générale et bien plus développée dans les poiriers. Je crois donc pouvoir inférer de là que dans le cas où l'on devrait regarder la culture du pommier comme pouvant disputer la préséance en ancienneté; cependant celle du poirier, quoique peut-être un peu plus nouvelle, si l'on veut, a été soit à une date quelconque, soit absolument dans ces derniers temps plus perfectionnée, ou perfectionnée plus rapidement; et comme le fait fort bien observer M. Van Mons, cela n'est point étonnant ; le mérite de l'un et de l'autre ne peut faire obstacle à la supériorité de la poire, elle est le fruit du riche, et tous les efforts de l'horticulture ont dû se diriger sur elle et se combiner pour lui assurer la prééminence. M. Bosc regarde notre poirier sauvage ou indigène comme le type de toutes nos variétés actuelles, cela est possible ; je ne crois pas d'ailleurs, examen fait de toutes celles qui m'ont passé sous les yeux (et pour elles j'en puis répondre), que ni le cognassier, ni l'alizier, ni aucun autre arbre, ainsi que Duhamel a paru le soupçonner, aient pu avoir sur la production de ces variétés aucune influence par le fait de fécondations étrangères. J'ai dès long-temps essayé par moi-même plusieurs de ces fécondations, aucune ne m'a réussi ; mais ces expériences sur les arbres à fruit sont très difficiles, je n'ai point renoncé à m'y livrer, et je ne crois pas qu'on doive perdre toute espérance. Ce n'est donc pas sur cela que je pense qu'on doive fonder aucune opinion, mais bien sur l'inspection des variétés connues, qui ne présentent aucune analogie étrangère.

Toutefois, si les Grecs, si les Romains, ou quelque autre peuple, surtout de l'Asie, possédaient dès long-temps plusieurs bonnes poires, ils ne les avaient probablement pas tirées des

Gaules, et rien ne peut constater que le type de leurs variétés fut ou notre poirier, ou un poirier absolument pareil. Les quatre poiriers sauvages que M. Bosc décrit comme espèces botaniques sont différens du nôtre jusqu'à un certain point; mais le sont-ils assez pour constituer espèces? C'est sur quoi je ne prononcerai pas; mais sans entrer à cet égard dans une discussion qui pourrait nous mener trop loin, ne pourrait-on pas croire que le poirier du mont Sinaï, originaire d'un pays très anciennement peuplé et civilisé, a pu entrer pour quelque chose dans les anciennes races du poirier? Le poirier de nos bois, d'ailleurs, peut bien n'être plus absolument le même que celui de nos antiques forêts. M. Van Mons croit avoir reconnu dans les Ardennes le type de plusieurs de nos variétés actuelles; et quoique je ne sois pas du tout de son avis sur ce qu'il dit à ce sujet, son observation n'en subsiste pas moins, et il est assez probable que, soit dans les Ardennes, soit partout ailleurs, des pepins de poires cultivées, mangées par les bûcherons et les voyageurs, aient donné naissance à des races particulières; qui, par la fécondation, auraient pu se mêler au moins avec le type primitif, et auraient modifié son essence. Je ne nie cependant pas qu'il n'en puisse rester des individus absolument sauvages, et je suis même porté à le croire ; mais les réflexions que je viens de soumettre méritent, à mon avis, d'être prises en grande considération. Y aurait-il d'ailleurs quelques différences entre les pepins des fruits pris sur les vieux arbres ou sur de jeunes arbres ? Les vieux arbres en produisent de meilleurs ; la théorie nous indique donc que, pour améliorer la saveur, leurs graines seraient préférables. Quant à obtenir des variétés plus nombreuses, nous ne pouvons en rien dire. D'un autre côté, j'estime que plus un arbre s'éloigne, par la greffe ou les boutures, du franc de semis qui lui aurait donné naissance, il s'améliorerait et pourrait varier davantage dans ses propres semences.

Je ne puis croire, ainsi que quelques personnes ont paru le penser, qu'il y ait avantage à semer des pepins de poires sauvages, ni même demi-sauvages, ce serait une exception aux règles que nous fournit l'analogie ; je pense que, pour aller au but, il faut ou s'adresser à nos meilleures espèces anciennes, à celles qui offrent des caractères particuliers, comme la double fleur, la verte longue panachée, et encore plus aux nouvelles variétés importées de la Nouvelle-Angleterre, et à celles encore préférables de la Belgique, dont M. Van Mons nous a fait connaître un si grand nombre.

J'ai démontré les avantages de l'hybridation

entre espèces botaniques distinctes, et même entre variétés bien caractérisées ; j'engage donc les horticulteurs à croiser ensemble plusieurs de nos variétés et à allier le poirier au cognassier, dont l'analogie avec lui est démontrée par leur greffe commune, avec les *mespilus*, les *sorbus*, etc., et avec les nouvelles espèces de poiriers étrangers que nous avons aujourd'hui, tels que le *pyrus salicifolia, polveria, sinaica, Michauxii*, etc. Les avantages de ces hybridations seront inappréciables sous le rapport de la robusticité, du produit, et des variations.

On se plaint, et peut-être à tort, que nous n'obtenons pas aujourd'hui des variétés qui vaillent nos anciennes : il faudrait bien se persuader, premièrement, que, quant au nombre de ces variétés excellentes, nous comprenons peut-être sans le savoir des variétés obtenues nouvellement et qui leur ressemblent ; secondement, que ces anciennes variétés pouvaient n'être pas d'abord ce qu'elles sont actuellement, qu'elles doivent avoir été perfectionnées insensiblement par l'âge et par la greffe ; troisièmement, que dans l'obtention de ces nouvelles variétés on ne fait peut-être pas attention à quelques qualités particulières qui pourraient leur appartenir, telles que de mûrir à des époques différentes, d'être plus productives, d'une plus longue conservation, d'être plus robustes, de ne point alterner, et enfin d'exiger peut-être, pour leur complément de perfection, la greffe sur cognassier ou tout autre, la transplantation, le changement de terroir et de climat; car on sent que tout cela a ses influences.

Si le bezy de Quessoy fût né à Paris, où il ne se plaît pas, il n'eût jamais passé pour une bonne poire, et il en eût été de même du bon-chrétien d'hiver s'il fût né et resté en Gâtinais, où on le trouve dégénéré; et comment le saurait-on si on les eût rejetés avant de faire cette épreuve? Telle autre poire n'est bonne que sur le cognassier : qui sait si telle autre peut être bonne ailleurs que sur aubépine? Nous ne pouvons, même après épreuve faite, rendre raison de toutes ces différences : comment donc pourrions-nous les deviner?

Une opinion assez généralement répandue sur les semis de poires, c'est qu'elles dégénèrent et que l'on obtient moins de bons fruits que de fruits demi-sauvages ou inférieurs : cette opinion est-elle fondée? Il y a des raisons d'en douter. Est-ce une vieille erreur, née peut-être dans l'origine de la culture, où les variétés, non fixées, tendaient encore à retourner à leur état primitif? Nous avons vu plusieurs poires de Saint-Germain rendre leur espèce, et M. le comte de

Murinais en a présenté dernièrement une telle à la Société d'horticulture. J'ai déjà rencontré et obtenu moi-même plusieurs doyennés de semis pareils à l'original; M. Dounous en a présenté une aussi l'été dernier, qui diffère seulement par l'époque plus précoce de maturité. Le doyenné ne dégénère donc pas, et peut-être le Saint-Germain non plus. Le doyenné de pepin me paraît être de tous celui qui se met le plus promptement et le plus aisément à fruit. M. Vilmorin, d'après ce fait, pense qu'on en devrait faire des semis pour obtenir des sujets propres à recevoir des greffes de jeunes arbres et à hâter l'époque de leur mise à fruit. J'ai obtenu aussi du semis de pomme de reinette plusieurs arbres qui m'ont tous donné des pommes de reinette très bonnes. Ayant actuellement beaucoup de semis dont je connais à peu près l'origine, je saurai bientôt à quoi m'en tenir là dessus.

Je suis très porté à croire que les semis de poires et de pommes, dans la vue d'obtenir de bons fruits nouveaux, ne sont pas très nombreux. Je ne sais si je dois me compter parmi ceux qui en ont fait le plus; mais, ce qui me paraît assez singulier, c'est que rien qu'au feuillage seulement, j'ai obtenu plusieurs fois des variétés singulières et assez remarquables, qui auraient dû se rencontrer plusieurs fois aussi dans d'autres semis que les miens, et qui se seraient probablement conservées, telles que des poiriers à feuilles rouges, à feuilles de saule, etc., que j'ai perdus, et plusieurs autres à feuilles laciniées : j'ai conservé un de ces derniers. On a donc, comme l'a fort bien observé M. Bosc, semé beaucoup plus de fruits à cidre que de fruits à couteau, et il n'est pas étonnant qu'on n'ait pas obtenu grand'chose de bon. On n'a pas non plus attendu assez long-temps ces fruits nouveaux pour pouvoir les juger sainement; quelques uns d'entre eux, bons seulement à cuire, seraient devenus meilleurs au moyen de l'incision annulaire, que, dans cette intention, j'ai pratiquée sur le catillac et sur le coin.

Le poirier de semis, en poires à couteau bien entendu, d'après mes observations, ne fleurit point avant sa dixième année, et même on en a, dit-on, attendu jusqu'à trente ans. Les pepins des fruits sauvages se font attendre plus long-temps que ceux des fruits cultivés, et, parmi ces derniers, le doyenné de semis paraît être le plus prompt. D'après cette remarque, M. Vilmorin a pensé qu'il conviendrait d'en faire des semis pour avoir des sujets pour la greffe et disposés à fructifier promptement. Le poirier n'a communément qu'une sève, qui s'arrête de bonne heure dans les vieux arbres et dans les arbres chargés de fruits ; qui, dans les jeunes, dure un peu plus long-temps, mais que, dans le climat de Paris, j'ai rarement vue aller jusqu'en août. En conséquence, il ne fait annuellement qu'une pousse, et n'obtient donc qu'un degré de ramification, à moins que ses bourgeons latéraux ne se développent par anticipation, et quelquefois pour la formation des épines. Au moyen du pincement, j'ai enseigné à avancer ces degrés, et conséquemment à hâter l'époque de la mise à fruit.

Ce sont, sans contredit, les Belges qui ont fait faire le plus de progrès à la pomiculture. Je ne vois cependant pas qu'il y ait dans leur méthode, que je trouve d'ailleurs très bonne, rien de neuf, rien de bien saillant ; je ne vois pas qu'ils aient plus que nous pénétré les secrets de la nature ; je ne vois pas même qu'ils aient mieux que nous apprécié sa marche. Tout le bon, tout l'essentiel de leur méthode se réduit réellement à semer des pepins de bonnes poires, à greffer leurs provenances, à ressemer les pepins de ces provenances et à continuer cette marche jusqu'à un nombre indéterminé de générations successives. Mais si nous n'avions pas employé cette même marche pour les arbres à fruit, nous l'avons employée pour mille autres végétaux dont nous avons par ce moyen obtenu des variétés innombrables : les Belges n'ont donc en cela sur nous que l'avantage de l'avoir employée plus particulièrement sur les arbres à fruit, et d'avoir suivi son exécution avec constance, avec discernement et avec goût ; mais, chez eux comme chez nous, le principe est toujours le même, c'est que plus les variétés s'éloignent par le semis successif et répété de leur type primitif, plus les semis de ces variétés sont renouvelés (pour adopter l'expression de M. Van Mons), plus on doit obtenir d'amélioration et de perfectionnement. Ces principes ont été hautement professés par M. Bosc et par plusieurs autres, soit avant, soit après lui, et adoptés par tous ceux qui se sont occupés d'horticulture ; je les ai moi-même consignés dans plusieurs de mes Mémoires, tant sur les pommes de terre que sur les cucurbitacées, sur les arbres, etc., etc. Je dois dire aussi que, dans les extraits ci-dessus, il ne me paraît pas qu'en traitant du perfectionnement des fruits on ait fait la distinction nécessaire et importante qui existe entre l'amélioration proprement dite des fruits, quant à la saveur, et la production des variétés plus ou moins caractérisées, mais considérées plutôt sous le rapport de la différence de saveur que sur sa bonne qualité.

Cette distinction était cependant bien essentielle : ce n'est pas que, dans la pratique, les mêmes moyens n'aient pu concourir à remplir ce double but, mais cela n'est pas toujours arrivé; et c'est bien ce qu'ont vu mes devanciers, quoiqu'ils aient suivant moi, négligé d'en tenir compte : j'entends dire par là qu'ils n'ont pas paru s'apercevoir jusqu'à quel point cette distinction était importante, et cependant dorénavant elle deviendra la base des moyens que nous devons employer pour arriver à la perfection; et je vais entrer à cet égard dans la discussion.

Le perfectionnement de la saveur des fruits proprement dite me paraît tenir à une culture long-temps suivie dans tous ses accessoires convenables, par la greffe sur des sujets appropriés, par le choix des pepins des espèces les meilleures, les plus délicates, etc.

Au contraire, la production des variétés reconnaît plus particulièrement d'autres causes, savoir: le changement soit en bien, soit en mal, des moyens de culture, de climat, de sol, et le choix des pepins des fruits les plus curieux, les plus bizarres même, et la greffe sur espèces différentes.

Aussi M. Van Mons et M. Poiteau ont bien remarqué que les fruits qui nous venaient de l'Amérique septentrionale étaient plus singuliers qu'avantageux, plus curieux que bons, et cela devait être ainsi. Le climat et le sol de l'Amérique septentrionale sont très différens du nôtre; ils ont produit des variétés curieuses; ils ne sont pas si bons que les nôtres pour l'amélioration de la saveur, ils n'ont encore rien produit de bon, de très bon du moins. De ce dernier fait, M. Poiteau en a donné les raisons, les Américains eux-mêmes les ont senties; mais ils ont bien jugé que leur climat et leur sol s'assainissant, se perfectionnant, se civilisant petit à petit, les nouvelles productions s'amélioraient progressivement, et je pense que ces raisons suffiront bien pour expliquer tout, et qu'il était inutile d'en aller chercher d'autres.

Mais il faut voir les choses plus en grand, et il faut prévoir ce qui doit arriver, il faut profiter du mal comme du bien. Les fruits plus curieux que bons, qui nous sont envoyés par l'Amérique, ne doivent point être rejetés par nous. Diversifiés, différenciés, singularisés par leur naissance, mais non améliorés; transplantés ensuite chez nous, leurs noyaux et leurs pepins recevront déjà un commencement d'acclimatation, d'amélioration, de civilisation, et ces semis faits chez nous sans changer, jusqu'à un certain point, ce que nous trouvons de singulier, de bizarre dans les saveurs de leurs ascendans, nous donneront des produits en même temps réellement améliorés : ainsi, voilà entre les deux mondes établi un échange de singulier et de curieux contre du beau et du bon, et du beau et du bon contre du curieux et du singulier, qui tournera à l'avantage commun.

Je crois bien que, dans le principe, les Américains ont semé des pepins et des noyaux de fruits mauvais ou médiocres, mais je doute qu'ils l'aient fait à dessein ; je crois tout bonnement que c'est qu'ils n'ont pu faire mieux. Je pense qu'ils ont semé du moins mauvais, et je les engage de bien bonne foi à semer de rechef ce qu'ils trouveront de meilleur, et à continuer ainsi sans regarder en arrière.

Je vois bien aussi que M. Van Mons, en semant et greffant, et ressemant et regreffant ou en renouvelant, suivant ses expressions, a rencontré sur son chemin des fruits médiocres ou mauvais et qu'il n'a pas cru devoir les rejeter. Je doute cependant qu'il les ait choisis de préférence; au fait, il n'en a pas moins réussi : mais qu'est-ce que cela prouve? La vérité du principe établi ci-dessus, que plus les variétés s'éloignent par le renouvellement du type primordial, plus le perfectionnement avance; principe tellement fixe et invariable, que même son interruption momentanée par des individus inférieurs n'a pu l'empêcher de suivre son cours, encore moins occasioner un mouvement rétrograde, ni stationnaire, ni même alternatif. Cette rétrogradation, en la supposant possible, ne pourrait avoir lieu que par l'interruption ou l'abandon absolu de la culture.

Mais, au fait, quels étaient ces mauvais fruits qu'il a rencontrés sur son chemin, et dont il n'a pas cru devoir rejeter les pepins? Je ne reviendrai point ici sur ce que j'ai déjà dit, sur la difficulté qu'on éprouve à bien goûter les fruits, soit par défaut de goût, soit en raison de l'époque à laquelle on les déguste; je répéterai seulement que ce n'est pas la première fois qu'on goûte un fruit qu'on peut le juger, et que, dans mon opinion, le doyenné, la crassane, etc., n'étaient pas, dans leur origine, aussi bons qu'ils le sont aujourd'hui; en un mot, que c'est l'âge et la greffe répétée qui les ont perfectionnés.

M. Van Mons croit avoir reconnu dans les forêts le type originel des variétés caractéristiques de nos poires; il en a semé les pepins, il n'a rien obtenu de remarquable, je le crois bien: pouvait-il, en effet, se flatter d'obtenir en quelques années une amélioration qui est le produit de plusieurs siècles de culture? A-t-il supposé que ces divers types de poires étaient le produit immédiat de la création, ou suppose-t-il qu'ils se sont formés d'eux-mêmes? Mais ordinairement ces variations sont le produit de la culture; et pourquoi, à cet égard, n'en serait-il pas du poirier comme il en est de tous les autres végétaux? Il aurait dû voir que cette idée était formellement en opposition avec ses principes de renouvellement, auxquels il attribue, et avec raison, une amélioration progressive et de plus en plus assurée par le fait même de sa continuation : en effet, à cet égard, les Belges ont fait, dans ces temps modernes, en cinquante ans peut-être, ce qu'on avait été mille ans à faire avant eux, et l'excellence de leur méthode consiste bien plus dans la bonne application d'un principe reconnu que dans l'invention d'un principe nouveau.

M. Van Mons (*voyez* citation de M. Poiteau) dit encore que, d'après une longue expérience, le croisement des variétés, ou ce qu'on appelle fécondation étrangère, n'est pas du tout requis pour une nouvelle variation. Il est ici en opposition formelle avec tout ce qui est reconnu généralement, notamment avec l'expérience de M. Knight, dont il sera question plus bas; et sur ce point, je ferai observer qu'à part tout ce qu'on a pu dire et écrire d'absurde et de ridicule au sujet des fécondations étrangères, il y a cependant aussi des faits bien constatés : il est bien certain que plusieurs plantes cultivées dégénèrent en se croisant lorsque leurs variétés se trouvent les unes près des autres, les diverses variétés de choux et de plusieurs autres plantes se mêlant lorsqu'on les cultive rassemblées. Dans mes expériences très nombreuses sur les cucurbitacées, j'ai reconnu que les différentes variétés de giraumons se mêlaient ainsi, que les différentes variétés de melons se croisaient à l'infini; et soit que ces fécondations fussent spontanées, soit que je les eusse dirigées à dessein, j'ai manifestement reconnu ou l'influence du voisinage, ou l'influence de mon travail sur les individus affectés, j'entends du moins sur leur progéniture. Je possède d'ailleurs un très grand nombre d'arbres à fruit hybrides, et quoique je n'aie pas d'expérience particulière sur le poirier, je ne doute pas qu'il ne soit soumis à la règle générale; l'analogie porte à le faire croire. Je regarde l'analogie comme un guide sûr, et je crois que les modifications dont elle est susceptible ne portent que sur le plus ou le moins, généralement parlant.

M. Knight, au rapport de M. Poiteau, a obtenu d'un poirier sauvage, fécondé par un poirier domestique, un très bon fruit, cela est possible ; mais, au fait, est-il bien sûr qu'il ait opéré sur un poirier véritablement sauvage? En reste-t-il beaucoup de tels; depuis tant de temps qu'on mange de bonnes poires dans les forêts, poires dont les pepins s'y sèment d'eux-mêmes. N'y a-t-il pas perpétuellement destruction des mauvaises espèces et conservation des bonnes? N'y a-t-il pas quelquefois fécondation spontanée des bonnes avec les mauvaises? Le véritable poirier sauvage doit donc être très rare, et je puis assurer que, dans mes bois, j'ai rencontré rarement deux poiriers sauvages absolument pareils, que j'y ai trouvé de fort mauvais fruits, mais quelquefois aussi d'assez bons. Qui sait si M. Knight n'a pas opéré sur un de ces derniers? Et il faudrait d'ailleurs goûter nous-même le fruit qu'il a obtenu pour en juger sainement. Il ne serait d'ailleurs pas impossible que le terme moyen entre une bonne poire et une mauvaise (terme qui, comme je l'ai dit ailleurs, au lieu d'être moyen, peut faire pencher la balance d'un côté plutôt que de l'autre) ne donnât une très bonne poire; mais je ne conclurais pas pour cela que la marche suivie par M. Knight fût généralement la meilleure marche à suivre. Au surplus, je prends acte du fait de M. Knight, je m'en empare à mon profit, et j'en tirerai en temps et lieu, à mon avantage, quelques conséquences importantes.

Mais ne négligeons aucune indication, si faible qu'elle soit, et quand nous devrions nous tromper, allons en avant, mais avec prudence. La poire de crassane, tout excellente qu'elle soit, a cependant une âpreté caractéristique, qui, quoique très agréable, décèle sans contredit quelque chose d'un peu sauvage. Serait-elle donc le produit d'un fruit civilisé au suprême degré, fécondé par un fruit sauvage? Qui sait si notre poire de doyenné, si douce, si apprivoisée ne verrait pas son goût délicat relevé par la rudesse d'une poire un peu sauvage? Cette idée rentrerait dans le système de MM. Knight et Poiteau, et sans y donner un assentiment complet, je l'indique avec plaisir aux pomiculteurs. Quoi qu'il en soit, on peut en espérer une chance probable de succès pour les croisemens entre notre poirier domestique et les poiriers du mont Sinaï et de Michaux, etc., et entre les diverses espèces de pommiers, les diverses espèces de pruniers, et les diverses espèces de cerisiers, etc.

Reste encore sur ce sujet une autre considération. La saveur d'une poire fécondée par une autre poire donnera-t-elle réellement ce qu'on peut appeler un terme moyen entre leurs saveurs réciproques? Y a-t-il ici mélange proprement dit? Non. Y a-t-il combinaison chimique? Non. C'est une combinaison physiologique : la vitalité imprime à cette combinaison des conditions toutes particulières, que nous ne sommes pas accoutumés à apprécier, que nous ne connaissons pas du tout. Je dois appeler sur ce sujet l'attention des physiologistes. En fait d'invention purement humaine, en fait d'arts mécaniques, il y a certainement perfectibilité; mais cependant il y a un terme, un point d'élévation, un point de partage. Une fois qu'on y est parvenu, il faut redescendre ou de côté ou d'autre; en horticulture, ce n'est pas cela : nous ne sommes pas les seuls inventeurs, nous ne sommes vraiment que les agens de la nature. Nos créations sont les siennes; elle y met son empreinte, et avec elle la perfectibilité ne peut avoir de bornes : allons donc en avant; avec le beau sol, le beau climat de la France, nous sommes appelés à tout oser.

Il y a dans la saveur des fruits hybrides, si j'en juge du moins par les melons hybrides que j'ai obtenus, des anomalies encore plus sensibles. La moyenne entre les saveurs des ascendans est encore plus variable, je dirai même plus bizarre, plus capricieuse que dans les espèces naturelles, je n'ai point assez de faits sur ce point; mais je pense que c'est un vaste sujet d'observations.

M. Van Mons paraît mettre une très grande importance au choix des sujets pour la greffe, il veut de l'analogie entre le greffant et le greffé.

Je lui donne parfaitement raison, et cependant je désirerais avoir à cet égard une explication précise; car comment appeler analogie la préférence qu'affectent certains poiriers pour la greffe sur cognassier?

À force de semer et de ressemer ou de renouveler, suivant son expression, il a obtenu de plus en plus de meilleurs fruits et des arbres plus prompts à fructifier. En conséquence, il a abandonné la greffe sur d'autres individus, regardant désormais comme inutile ce moyen, jusqu'ici vanté pour avancer la mise à fruit. C'est un grand pas de fait vers le perfectionnement. Je dois cependant faire observer que cette prompte fructification nouvellement obtenue ne doit pas passer en principe général. Il s'apercevra probablement plus tard que, tout en l'admettant comme une amélioration produite par la culture, elle peut appartenir à une variété plutôt qu'à une autre, et ne doit point être généralisée.

Il dit aussi qu'au bout de quelques générations, il obtient toujours d'excellens fruits du pêcher et de quelques autres arbres; quant à moi, je puis assurer que j'ai toujours vu que, lorsque je semais des noyaux d'une bonne espèce, j'obtenais toujours aussi de bons fruits dès la première génération. Au surplus, je pense bien comme lui qu'on ne peut que gagner à renouveler. Peut-être que le climat de Paris ou de la France est à cet égard plus favorable que le sien; et je ne doute pas plus que lui que le climat, le sol n'influent sur la qualité des fruits; et je tire de là une confirmation de mon opinion sur la difficulté de bien juger leur saveur d'après une seule observation faite sur un seul individu et non répétée dans toutes les circonstances où cela serait nécessaire. (*Voyez* mes remarques sur la différence du bezy de Quessoy en Bretagne ou à Paris, et du bon-chrétien à Paris ou en Gâtinais, ainsi que de certaines autres poires greffées sur franc ou par contre sur cognassier.).

Je ne pense pas, et on peut le conjecturer d'après M. Van Mons, que les Belges aient commencé leurs semis de poires par de mauvais fruits domestiques ou sauvages. Ils ne sont pas probablement sortis de leurs jardins pour en chercher ailleurs de moins bons et pour améliorer et renouveler, je ne pense pas qu'ils aient mal commencé. Il est assez probable que, dans le principe, ils ont semé des pepins de bonnes espèces anciennes, et que quand ils ont commencé à renouveler, ils ne l'ont fait que quand ils ont eu obtenu quelques bons fruits nouveaux. Quant à décider si, pour semer, les pepins d'un vieil arbre ne valent pas ceux d'un jeune; à décider si, par la greffe sur un jeune sujet, une ancienne espèce ne peut recevoir une sorte de rajeunissement ou de renouvellement, c'est sur quoi les Belges ne disent rien et sur quoi je ne puis prononcer; et, cependant, comme en général les fruits des vieux arbres ont une saveur plus délicate, il me paraît que, pour le semis, leurs pepins doivent être préférés à ceux des jeunes de la même espèce, toutes choses égales d'ailleurs. Cela me paraît vrai en théorie, et pour prouver que cela n'est pas vrai en pratique, il faudrait des faits positifs, et il est assez difficile de les rencontrer. Cette remarque, au surplus, ne m'empêche pas de convenir que je préférerais, pour le semis, les pepins d'un fruit nouveau obtenu par un renouvellement suivi à celui d'une de nos anciennes espèces, en admettant entre ces deux fruits, l'un ancien et l'autre nouveau, égalité parfaite de qualités recommandables.

M. Van Mons nous dit que ces nouveaux arbres ne sont sujets ni au chancre ni à toute autre maladie, je le crois; et cependant si cela peut tenir à l'amélioration produite par la culture, j'ai de fortes raisons de penser que cela tient encore plus au soin de prendre les pepins sur des arbres jeunes et bien sains, et encore plus à la convenance du sol et aux bons soins qui leur sont prodigués, et à la vigueur ou à la jeunesse des sujets soit greffans, soit greffés.

Cette discussion me conduit naturellement à examiner la question suivante : une espèce ou variété quelconque est-elle, dans le produit qu'on peut obtenir par le semis de ses graines, limitée quant au nombre et à la qualité des variétés produites ? Je serais porté à l'affirmative, si les graines de cette variété originelle devaient toujours être semées dans le même sol et le même climat (le transport de nos fruits en Amérique septentrionale est un exemple du cas contraire). Ainsi, par exemple, si un pomiculteur s'adonnait à semer des pepins de notre ancien doyenné choisis sur un seul individu, et que par l'effet de ce semis, étendu et multiplié autant que possible, il fût parvenu à en obtenir cent variétés assez différentes pour être reconnaissables, et s'il n'avait pu jamais dépasser ce nombre de cent, devrait-il s'obstiner à continuer ce même semis dans l'espérance d'avoir beaucoup de nouveautés? Peut-être que non. Il n'y gagnerait peut-être pas beaucoup; il faudrait changer de batterie. Mais si les pepins de ce même doyenné étaient transportés et semés dans l'Amérique septentrionale, ou, encore mieux, au Chili ou même en Australasie, ce serait une tout autre affaire, et, dans ce cas, je ne doute pas du renversement total de l'axiome de M. Van Mons, dans lequel il avance que le type primitif de chacune de nos variétés caractérisées existe originairement dans la nature; et je suis très persuadé que ces nouveaux semis soit primitifs, soit renouvelés présenteraient de véritables métamorphoses. Quel mérite d'ailleurs pourraient avoir toutes nos nombreuses variétés, si elles se ressemblaient jusqu'à un certain point?

M. Van Mons annonce dans son *Catalogue* environ douze cents poires nouvelles, dont plus de deux cents excellentes, suivant lui, comparables aux meilleures de nos anciennes, et cinquante qui leur sont supérieures, c'est beaucoup; mais je ne conteste pas son assertion. Il a eu la bonté de m'envoyer, il y a quelques années, des greffes de quelques unes de ses meilleures, M. Vilmorin en possède aussi; j'attends avec impatience ces nouveaux fruits; je ne puis présentement prononcer en aucune manière sur leur qualité, n'en ayant goûté d'aucun. Je n'ai d'ailleurs jamais eu à ma disposition aucune collection de poires remarquables. Le terrain où ma culture est actuellement établie n'est point favorable au poirier greffé, c'est à dire greffé sur cognassier; mes jeunes poiriers de semis, francs de pied, au nombre d'environ trois cents, sont bien portans, quoique la végétation de la plupart d'entre eux ne soit pas très rapide; une grande partie fleurira l'année prochaine. A en juger par la manière dont ils se comportent, je serais bien porté à croire que le summum de la perfection de la culture du poirier serait le semis des pepins sur place. Ce moyen est long, un peu embarrassant, mais je crois qu'on en serait largement dédommagé; je conviendrai néanmoins que cette méthode ne peut être conseillée qu'aux amateurs aisés. Ce que j'ai vu en fruits nouveaux sur les arbres à fruits francs de pied me confirme dans l'opinion que j'ai émise et que je renouvelle ici, c'est qu'il faut un long espace de temps pour juger ces fruits : leur saveur, leur volume, leur beauté s'augmentent d'année en année.

On pourrait objecter à cette proposition qu'il est dur d'attendre si long-temps pour n'avoir peut-être rien de bon, j'en conviens; mais les moyens d'avancer la mise à fruit sont désormais, je m'en flatte, à notre disposition; et quant à la qualité de ces jeunes fruits obtenus de semis, je ne puis m'empêcher de croire, à en juger du moins par ce que j'ai sous les yeux, car je ne puis aller plus loin, qu'il y a eu erreur ou exagération dans la dégénération, et l'imperfection qu'on leur attribue assez généralement. Nous avons des preuves positives que le doyenné, le Saint-Germain et plusieurs autres peuvent rendre leur espèce; aussi, je ne doute point que plusieurs des poires que nous connaissons sous ce nom n'aient pas toutes, rigoureusement parlant, la même origine, telle ressemblance qu'elles paraissent avoir entre elles.

Quant au bon-chrétion d'hiver, il mérite une attention particulière. M. Poiteau, fondé sur la description donnée anciennement de cette poire, ou d'une poire très analogue, croit la reconnaître dans le bon-chrétien d'aujourd'hui, et lui attribue, en raison de cela, une origine très ancienne, en cela il peut avoir raison; cependant, il n'y a pas de preuve positive.

Dans les catalogues, on trouve indiquées plusieurs espèces ou variétés de bon-chrétien d'hiver, malheureusement on a le défaut de chercher à enfler ces catalogues par un but d'intérêt mal entendu, suivant moi; car, à cet égard, la défiance s'est tellement établie, qu'elle nuit peut-être à la vente, mais au moins, et à coup sûr, à la science. Ces différentes espèces de bon-chrétien sont-elles donc de véritables variétés, ou simplement des variantes du même fruit? Peut-être est-ce l'un et l'autre, et je serais assez porté à le croire. La différence de climat, de sol, de greffe a pu produire ces effets, comme il serait possible aussi que le semis eût quelquefois rendu l'espèce franche, ou à peu près. On prétend cependant que le bon-chrétien ne rend pas son espèce ; je ne m'éloignerais pas de cette idée, et ce que j'en ai vu par moi-même en serait assez la confirmation. J'ai, depuis plusieurs années, des provenances de bon-chrétien de semis, greffées sur cognassier ; elles ne se mettent point à fruit (quoiqu'on ait beaucoup vanté la greffe sur cognassier comme moyen de mise à fruit), et elles conservent un aspect tout à fait sauvage : en faut-il, pour cela, conclure que les pepins d'un très ancien fruit doivent tendre à retourner à l'état sauvage ? Nullement, car le doyenné offre la preuve évidente du contraire. Que peut-on donc inférer de là ? C'est que le doyenné est le produit réel, constant, suivi, venu en son temps et perfectionné, d'une très ancienne civilisation ; le bon-chrétien au contraire est un produit (si l'on veut que cela soit ainsi) de la haute antiquité ; mais on peut croire aussi qu'en raison de cette antiquité même c'est un produit anticipé d'une demi-civilisation ; c'est un fruit à demi sauvage, dompté par la greffe répétée, et par une longue culture ; c'est un sauvage à demi civilisé, qui dans l'avenir laisse entrevoir de grandes espérances, mais qui parfois laisse craindre des retours à la barbarie, dont les enfans sont les uns apprivoisés, les autres féroces, desquels il faudra se méfier encore pendant plusieurs générations.

Cette discussion m'a entraîné un peu plus loin que je ne l'aurais cru; mais elle était nécessitée par l'intérêt du sujet, et par l'importance que devait donner à la diversité des opinions que j'ai discutées le nom de leurs auteurs; de plus, elle se rapporte non seulement au poirier, mais, dans plusieurs points, elle se rattache aussi à plusieurs autres arbres à fruit. Si jamais elle parvient à la connaissance de ceux avec lesquels j'ai pu différer d'avis, je les prie de croire que c'est le désir d'éclaircir tous les doutes et l'amour de la vérité qui m'ont guidé, et que, tout en n'étant pas de leur avis, cela ne m'empêche pas de leur rendre justice, d'apprécier leurs idées, et de reconnaître les services éminens qu'ils ont rendus à cette partie trop peu connue de l'horticulture. Je soumets d'ailleurs toutes mes réflexions aux nombreux amateurs pomologistes de l'Amérique septentrionale, de l'Europe, principalement de l'Angleterre, de l'Italie, de la France, et surtout de la Belgique, que je puis à juste titre appeler le beau pays d'*horticolie*; je les engage à m'éclairer de leurs lumières, et à concourir avec moi aux progrès de la pomologie.

CHAPITRE VIII.

DU POMMIER, *MALUS*.

Le pommier sauvage, *malus*, est un arbre naturel aux forêts de l'Europe; on le trouve dans presque tous les bois naturels de la France.

La croissance du pommier sauvage est assez rapide; mais, cependant, plusieurs arbres indigènes lui sont supérieurs sous ce rapport. C'est de ce pommier que sortent toutes les variétés de pommes qui se voient dans nos jardins et nos vergers.

L'époque où la culture du pommier a commencé se perd dans l'origine des sociétés agricoles, puisque les pommes sauvages, quelque âpres qu'elles soient, ont dû servir d'abord de nourriture aux hommes. Les écrivains de l'antiquité parlent des pommes, comme d'un fruit généralement connu; ils indiquent même le nom d'un assez grand nombre, dont les unes étaient meilleures que les autres.

Ces variétés se sont d'autant plus multipliées, qu'il y a plus long-temps qu'on les recherche et qu'on a mis plus d'importance à leur conservation : aujourd'hui leur nombre est si considérable, qu'il serait presque impossible de les énumérer toutes; il n'est point de pays qui n'en offre de particulières, et chaque semis en fournit toujours quelques nouvelles. On en voit disparaître et paraître sans cesse.

« Encore qu'il ne soit nécessaire de s'arrêter aux particuliers noms de chaque espèce de pommes, dit Olivier de Serres, si est-ce qu'il y a du contentement de savoir comment on les appelle par ci par là, afin aussi que de la généralité de telles appellations notre ménager puisse discerner ses fruits, sans toutefois s'y trop assurer, pour la faiblesse du fondement, procédant cela du climat et du terroir, qui changent les noms des fruits, comme a été dit; car quel besoin est-il de parler de pommes pelusiannes, sirices, marcianes, amérines, scandianes, sextianes, menlianes, claudiannes, morianes, et autres de l'antiquité, vœu que le temps a rendu vaine telle curiosité? Les noms suivans, comme les plus remarquables de ce siècle en ce climat-ci, vont nous servir de guide; la melle, ou pomme appie, ainsi dite de *Claudius Appius*, qui du Péloponnèse l'apporta à Rome; la rose, le court-pendu, la reinette, le blanc-dureau, la passe-pomme, la pomme du paradis, la pomme de cartin, de rougelet, de rambur, de chastaignier, de franc-estu, de belle-femme, de dame-jeanne, de carmaignolle, de sandouille, de pomme de souci, la pomme cire, de courdaleaume, subet, bequet, camien, couet, germaine, bien doux, mennelot, feuilles, sapin, coqueret, cape, renouvet, escarlatin, espice, peau-de-vieille, pomme noire ou ognonet, barberiot, giraudette, la longue, la calamine, la musquatte, la boccabrevé, la conchine, la bourguinotte, la pupine, la pomme de Georges, de Saint-Jean, d'Hervet, sur toutes lesquelles pommes nous choisirons les races les plus remarquables en bonté de goust et de conservation, pour la fourniture de nos vergers, n'y en mettant des autres que pour en passer la fantaisie. Ainsi par exquisse eslection prendra très bon fondement notre jardin fruitier, pour durer longuement en réputation en l'honneur de son fondateur. Dans ce grand nombre de pommes s'en trouvent de diverses sortes, des grosses, moyennes, petites, des longues, des rondes, des rouges, des jaunes, des blanches, des vertes, voire des noires, comme la pomme de calvau, noire en l'escorce, blanche en la chair; des douces et des aigres, des mangeables crues et cuites, augmentent ou diminuent ces qualités selon les situations. Il y a peu de pommes d'été, ne s'en recognoissant guières plus que de deux espèces; l'une est la petite pomme Saint-Jean, meure environ le commencement de juillet;

l'autre est du mois d'août, dite de grillot. Celles qui restent sont toutes de l'automne, qu'on recueille en cette saison, toutefois en diverses jours, par l'ordre de leur maturité, à ce plus s'advançant les unes que les autres, pour la variété de leurs naturels, non tant néanmoins qu'aucune précède les raisins. »

Je n'ai pu me refuser à citer ce passage, qui est un petit traité sur les pommes.

Il a été reconnu par Van Mons que plus est perfectionnée et nouvellement acquise la variété dont on emploie les pepins aux semis, et plus sont remarquables les variétés qui en résultent.

Variétés de pommes remarquables.

La violette ou pomme de quatre goûts. Fruit moyen, allongé, d'un rouge foncé du côté du soleil, d'un jaune fouetté de rouge du côté de l'ombre. Sa chair est fine, délicate, sucrée, ayant un peu du parfum de la violette, rougeâtre sous la peau, verdâtre autour des pepins.

Cette variété est une des meilleures; elle se conserve jusqu'en mai.

L'arbre est vigoureux et a beaucoup de ressemblance avec celui du calville d'été; ses bourgeons sont coudés.

La pomme perpétuelle Louise a été trouvée

par M. Prévôt, inspecteur des eaux et forêts, à Battigner-les-Bimbes, par Charleroy; elle se conserve trois ans.

L'étoilée ou pomme d'étoile. Fruit petit, à cinq côtes saillantes, d'un rouge orangé, du côté du soleil, et jaune du côté de l'ombre; sa chair est jaunâtre, un peu rouge sous la peau, ferme et d'un goût de sauvageon.

Cette pomme n'a d'autre mérite que sa forme, et la faculté dont elle jouit de se conserver jusqu'en juin.

La pomme-figue est une monstruosité qui n'intéresse que la curiosité. Ses fleurs ont toutes leurs parties courtes, charnues et recouvertes de duvet; son fruit est petit, allongé, et a un ombilic creusé jusqu'au quart de sa longueur; il n'offre pas de pepins. On en voit une très belle figure dans le *Nouveau Duhamel* de MM. Poiteau et Turpin. Pallas rapporte qu'il y a en Crimée une grande variété de pommes, dont la plus estimée, celle de Sinap, est ovale, de médiocre grosseur, et se garde jusqu'en juillet de l'année suivante, sans se rider.

On cultive, dans l'Ecole du jardin du Muséum et à la pépinière du Luxembourg, plusieurs variétés de pommiers qui n'ont pas encore donné de fruits, ou dont la description des fruits n'a pas encore été publiée. Je ne crois pas nécessaire d'en donner ici le catalogue, puisqu'il n'est pas encore certain qu'ils soient distincts de ceux dont nous avons la liste; je renvoie les lecteurs qui voudraient en connaître les noms aux *Catalogues* de ces deux établissemens.

Les autres espèces de pommiers qu'on cultive dans les jardins sont :

Le pommier hybride, qui a les feuilles ovales, aiguës, dentées, glabres, accompagnées de stipules lancéolés, pétiolés, les fruits presque ronds; il est originaire de Sibérie, et s'élève de douze à quinze pieds. Ses fruits, qui ont quelquefois un pouce de diamètre, sont extrêmement précoces et susceptibles d'être mangés, quoique très acides; on le multiplie de graines, et par la greffe il pourrait servir à suppléer le paradis. Le pommier de la Chine, *pyrus spectabilis*, *Willd.*, qui a les fleurs disposées en ombelles sessiles, les feuilles ovales, oblongues, dentées, glabres; les ongles des pétales plus longs que le calice, et le style lanugineux à sa base. Il est originaire de la Chine, et se cultive, depuis quelques années, dans nos jardins; ses fleurs, d'un rose tendre, grandes et abondantes le rendent très propre à l'ornement. Il s'élève peu; on le greffe ordinairement sur paradis, et on le tient en quenouille; ses fruits sont petits, mais mangeables.

Le pommier à fleur odorante, *pyrus corona-*
ria, Willd., a les feuilles en cœur, dentées et les
fleurs disposées en corymbes. Il est originaire
de l'Amérique septentrionale, où j'en ai vu de
grandes quantités; on le cultive dans nos jardins, quoiqu'il soit très peu ornant.

Le pommier bacciforme a les feuilles également dentées, les pédoncules réunis au même
point, les fruits ronds et en forme de baie; il est
originaire de la Sibérie : ce que j'ai dit à l'occasion de l'espèce précédente lui est applicable. Le
pommier toujours vert a les feuilles ovales,
lancéoles; découpées, dentées, avec la base atténuée et entière, les fleurs disposées en corymbe. Il est originaire de l'Amérique septentrionale, et se cultive dans nos jardins, comme
les précédens.

On peut multiplier le pommier de toutes les
manières connues; mais on n'emploie que le
semis des graines, les marcottes et la greffe. Pour
avoir des arbres vigoureux et de longue durée,
il serait nécessaire de greffer les variétés cultivées sur le pommier sauvage; et c'est ce qu'on
fait généralement dans les cantons éloignés des
grandes villes et voisins des forêts, parce que
d'un côté, on s'y occupe moins de la perfection
que de l'abondance, et que de l'autre on se procure facilement de jeunes pieds de ce pommier,

en allant les arracher dans les bois; mais autour des grandes villes, le désir de jouir promptement, ou d'avoir de beaux fruits, et la difficulté de se fournir de sauvageons font qu'on ne greffe que sur franc, ou sur doucin, ou sur paradis.

En greffant sur franc, on obtient des arbres très propres à former des pleins-vents, qui se mettent à fruit avant ceux greffés sur sauvageon. Parmi ces francs, il y en a un grand nombre de natures différentes, puisque les uns sont épineux et les autres ne le sont pas; que les uns donnent des fruits bons à manger, d'autres bons à faire du cidre; enfin, d'autres aussi âpres que celui du pommier cru dans les bois. En général, on le produit rarement avec les pepins des meilleures variétés, de celles qu'on appelle pommes à couteau, la grande consommation qu'on en fait et l'économie obligeant, dans les grandes pépinières, à préférer le marc du cidre, qu'on se procure en telle quantité qu'on désire et le plus souvent pour les seuls frais du transport.

Le doucin sert à greffer les demi-tiges, les buissons, les espaliers et contre-espaliers, les pyramides. Il est vrai cependant de dire qu'on ne l'emploie plus guère dans les pépinières des environs de Paris, et que le franc l'y remplace sans inconvéniens; mais on le voit encore dans celles des départemens, comme je m'en suis assuré dans celle si importante de Bolleville près Colmar.

Le paradis est indispensable pour greffer les nains et les quenouilles. On se plaint, dans quelques endroits, que cette variété n'est plus aussi faible qu'autrefois; ce qui provient de ce qu'on place les mères qui les donnent dans de trop bons terrains, et qu'on fume trop les pépinières où l'on repique ses marcottes. Peut-être conviendrait-il de chercher dans les semis une nouvelle variété pour le remplacer, ou essayer de le suppléer par le pommier hybride.

Le pommier-paradis, dont la racine casse comme du verre, donne une pomme au dessous du médiocre en grosseur et en qualité, mais qui mûrit de très bonne heure, c'est à dire à la fin de juillet; elle est jaunâtre, ponctuée de brun et vergetée de rouge du côté du soleil. Les greffes des pommiers sur poirier, sur cognassier, épine, réussissent assez souvent, mais ne durent pas ordinairement plus de deux ou trois ans. L'observation prouve qu'il y a un avantage à greffer sur paradis, pour accélérer l'époque de la production du fruit, puisque, dans ce cas, plusieurs variétés en donnent dès la seconde année de leur greffe, et toutes la troisième ou la quatrième; tandis que les mêmes variétés sur franc n'eussent commencé à en donner qu'à six ou huit ans, et sur doucin qu'à douze ou quinze ans.

L'observation prouve de plus que les variétés placées sur paradis donnent des fruits beaucoup plus gros et meilleurs, toutes choses égales d'ailleurs.

Il semble donc qu'il est de l'intérêt des cultivateurs de ne plus greffer que sur cette variété; mais les arbres qui en résultent vivent peu de temps en comparaison de ceux qui sont greffés sur franc, et encore plus sur sauvageon, et ne produisent chaque année qu'un nombre de fruits extrêmement petit, tandis que les pleins-vents en produisent des tombereaux.

Aux environs de Boulogne-sur-Mer, on préfère greffer les pommiers à tige sur deux variétés qui se multiplient de rejetons ou de marcottes. On les appelle le *grand* et le *petit boquetier*.

Il serait difficile d'assigner l'âge auquel tel pommier greffé sur franc parviendra; parce qu'une infinité de causes peuvent accélérer sa mort, principalement la nature de la terre où il se trouve, une taille inconsidérée, une surabondance de productions; mais il n'est personne qui ne soit persuadé qu'il durera moins qu'un sauvageon: car il n'est pas rare de voir des pieds de ce dernier, dans les pays de montagnes, auxquels on attribue deux à trois siècles; et il est beaucoup de vergers où il s'en trouve de la moitié de cet âge. Quant au paradis, on peut assurer que c'est chose très rare que d'en voir de plus de vingt ans, quelque bien conduits qu'aient été les arbres qu'ils ont nourris.

Toutes les variétés ne se comportent pas de même : les unes veulent plus de chaleur, les autres moins; les unes le plein vent, les autres des abris: telle se trouve bien de la taille, telle autre s'en trouve mal, et cela varie sans fin, selon le climat et la nature du sol. Il est peu de jardiniers qui soient en état de donner des indications propres à guider dans tous ces cas, parce qu'il est rare qu'ils voyagent, encore plus qu'ils observent, et que la pratique de leur jardin, ou au plus de leur canton, est la seule qu'ils soient disposés à approuver.

On ne greffe communément sur paradis que les meilleures pommes, comme les calvilles, les reinettes, les apis, les rambours, etc., parce que ce sont celles qui sont les plus recherchées pour l'ornement des desserts, et qu'elles y gagnent de la grosseur, ainsi que je l'ai déjà dit; ce qui est un grand mérite dans ce cas. Un bon moyen de déterminer les pommiers nains à se mettre à fruit l'année suivante, c'est de casser l'extrémité de tous leurs bourgeons entre les deux sèves.

Lorsque le pommier nain est trop enterré, il

pousse des racines au dessus de la greffe, et se transforme ainsi en pommier franc, qui pousse trop vigoureusement et donne moins souvent des fruits.

En Allemagne, on cultive des pommiers nains en pots, qu'on rentre dans l'orangerie aux approches des gelées. Ils y fleurissent plus tôt qu'en plein air, y évitent les suites des gelées et des pluies froides du printemps, de sorte qu'on obtient sur ces arbres des fruits plus assurés et plus précoces que sur ceux en pleine terre ; mais il ne faut y laisser qu'un petit nombre de ces fruits, sans quoi, ils ne grossiraient pas, et l'arbre ne tarderait pas à périr.

Nota. Cet article, ainsi que partie de ce qui concerne la description de la plupart de nos arbres à fruit, est extrait en tout ou en partie des ouvrages de M. Bosc.

Je ferai sur l'identité botanique des nombreuses variétés de pommes que nous possédons les mêmes remarques que j'ai faites sur les variétés de poires. La Sibérie et la Chine possèdent des espèces botaniques particulières ; il est possible qu'elles aient donné naissance à quelques unes des variétés actuelles et qu'on nous les ait apportées de ces pays ; il est possible aussi qu'elles se soient mutuellement fécondées, et nous aient donné des hybrides qui auraient été confondus avec les espèces véritables, d'autant que la pomme paraît être cultivée aussi anciennement et aussi généralement que la poire. Cependant, examen fait de toutes les variétés connues qui m'ont passé par les mains, je ne vois aucune raison plausible pour ne pas croire que notre pommier sauvage des bois n'en soit pas le type originel.

Dans les nombreux semis de poires et de pommes que j'ai exécutés, un fait digne de remarque s'est présenté à moi, c'est que, généralement parlant, les poiriers de semis, même de doyenné, que je regarde comme très civilisé, suivant l'expression de M. Van Mons, offrent tous des individus épineux, à aspect toujours un peu sauvage, et se mettent assez difficilement à fruit; il se trouve, dans le semis des pommiers, beaucoup moins de ces individus à aspect sauvage, et ils paraissent assez disposés à se mettre à fruit plus promptement. De plus, à l'exception peut-être du fenouillet et d'un très petit nombre d'autres pommes, ce fruit, tout en offrant des variétés bien caractérisées, n'offre pas beaucoup de parfums particuliers et perfectionnés, comme le sont les poires : n'en pourrait-on pas induire que la pomme, aussi anciennement et même peut-être plus anciennement domestique que le poirier, n'a pas reçu, comme ce dernier, des procédés de culture aussi soignés, aussi répétés; la culture de la pomme n'est cependant pas moins intéressante que celle de la poire; peut-être sa fécondité et son abondance sont-elles plus grandes, sa multiplication et sa conservation plus faciles, et si ce n'est pour la table, ses usages pour la fabrication du cidre et surtout d'un cidre plus sain, militent en sa faveur.

Il y a quelques années, à une époque où ma vue me permettait encore de travailler avec facilité et avec quelque succès à la formation des hybrides, j'avais écrit à une Société d'agriculture d'un des départemens composant la Normandie, pour lui demander quelques informations sur la culture du pommier à cidre, et sur les variétés qu'il pourrait être désirable de lui procurer par l'hybridation, je n'en reçus aucune réponse. Cet objet devait cependant l'intéresser beaucoup, je ne m'en occupai donc qu'avec un peu de négligence; il serait cependant possible qu'il se trouvât, sous ce rapport, quelque chose d'utile dans les semis que je fis alors.

Un des grands inconvéniens attachés à la culture du pommier à cidre est sans contredit l'alternat de son produit. On m'a assuré que, depuis quelque temps, on semait beaucoup en Normandie, et qu'on obtenait ainsi des pommiers francs de pied, qui donnaient un produit sinon meilleur, au moins plus sûr que les pommiers greffés. Je le crois : les arbres non greffés sont en général plus rustiques; le semis en outre peut produire des variétés moins sujettes à alterner, ou qui, fleurissant à des époques diverses, ont quelques chances de résister aux intempéries des saisons. Mais un fait très remarquable dans la plupart des pommiers hybrides que j'ai obtenus, c'est qu'ils n'alternent que peu ou point, ou même jamais; ils doivent cet avantage à plusieurs causes, leur grande vigueur en est nue, parce qu'elle leur permet de nourrir en même temps et leurs fruits, et leurs boutons à fruit pour l'année suivante, et de plus le pommier de la Chine, le pommier baccifère, et probablement quelques autres, doués, à en juger par les apparences, de la faculté de former leurs boutons à fruit sur le jeune bois de l'année, même sur les boutons terminaux, ainsi que sur les bourgeons latéraux développés par anticipation, ne peuvent pas, pour ainsi dire, alterner, et doivent conséquemment communiquer cette importante faculté aux hybrides qui les reconnaissent pour ascendans. Il serait donc extrêmement intéressant de suivre cette expérience, en mariant nos meilleures espèces de pommes soit à couteau, soit à cidre, avec ces pommiers étrangers. C'est ce que j'ai fait, et c'est ce que je continue en croisant et recroisant les hybrides obtenus avec nos plus belles espèces jardinières. Plusieurs de mes hybrides ont fructifié, et si je ne suis pas précisément satisfait quant au volume des fruits, il n'y a cependant trop rien à dire contre la qualité ; mais c'est surtout l'abondance de leurs fruits qui les rend recommandables.

Le pommier de la Chine, dont tout le monde connaît les belles fleurs roses doubles, n'existait pas ici à fleurs simples ; quoique double, il n'en est pas moins fécond, et ses organes mâles m'ont servi à féconder d'autres espèces. Plusieurs hybridations, faites entre lui et notre pommier, m'ont donné une très grande quantité d'individus, soit à fleur simple, soit à fleur semi-double, tous portant fruit et en assez grande abondance ; ils sont d'un volume triple de la pomme de la Chine, et fécondés de nouveau par nos grosses pommes, ils atteindront, quand on le voudra, la grosseur désirable. J'en possède plusieurs variétés ; il y en a qui méritent de passer dans nos jardins, comme arbres d'ornement ; quelques uns de ces hybrides, à en juger par les apparences, ont reçu la fécondation du pommier baccifère ; mais ils n'ont encore ni fleuri ni fructifié. Je crois être à la veille de posséder des hybrides composés, dont le fruit sera plus gros et meilleur.

Le pommier baccifère a été soumis aux mêmes

expériences de croisement et de recroisement. Ses provenances devront me fournir des résultats analogues, du moins en rapport à son espèce, et aux croisemens qu'il a éprouvés. Ses fruits sont en général plus gros et meilleurs que les pommes de Chine hybrides, et ses fleurs, sans être aussi belles, ont retenu l'odeur du baccifère, et sont aussi susceptibles de faire ornement. Quelques uns d'entre eux paraissent devoir prendre de grandes dimensions, et donnent de grandes espérances ; quelques uns de ces hybrides ont déjà de quinze à vingt ans d'existence; mais comme ces derniers ont été transplantés plusieurs fois, cela a pu nuire à leur croissance naturelle. Je crois aussi que très nouvellement j'ai eu de ces espèces hybrides recroisées, dont les produits sont considérablement perfectionnés.

Plusieurs espèces de nos pommiers cultivés ont aussi servi de base à mes expériences, et ont été elles-mêmes fécondées par le pommier de la Chine et le baccifère, j'en attends la fructification. J'en avais même obtenu quelques uns fécondés par les pommiers dits *coronaria* et *sempervirens* ; mais je ne les retrouve pas : peut-être ont-ils été perdus dans mes changemens de domicile, peut-être se retrouveront-ils. J'ai probablement aussi quelques combinaisons entre le chinois et le baccifère.

Les provenances hybrides, surtout des pommiers de la Chine et baccifère, paraissent, ainsi que je l'ai déjà fait observer devoir se mettre à fruit très aisément; j'attends avec impatience les résultats de leur combinaison avec la reinette de Canada, le fenouillet, le rambour, et quelques autres. On peut espérer, sans le secours de la greffe et sans employer aucun moyen particulier, leur floraison à la huitième année. J'ai obtenu du pommier commun des fleurs et du fruit à sa dixième année de semis; mais il faut quelquefois attendre jusqu'à douze et quinze ans, et même plus; cependant, sa mise à fruit est un peu moins longue que celle du poirier.

Le pommier n'a communément qu'une sève, surtout lorsqu'il est à fruit; cependant cette sève se prolonge plus que celle du poirier, elle peut même, dans certains cas, se renouveler, lorsque la saison l'y porte, ou du moins elle peut reprendre une certaine force. Le pommier greffé sur paradis, placé dans nos jardins, pousse ou renouvelle sa pousse pendant la durée de la belle saison, soit à raison de sa nature, ou des amendemens et des arrosemens qu'il reçoit, soins d'ailleurs souvent destinés aux cultures dont il est environné. Il faut, dit-on, quelquefois plusieurs années aux pommiers pour compléter leurs boutons à fruit; mais en général ils se forment sur le bois de l'année précédente, et fructifient l'année d'après. Le pommier greffé sur paradis n'est point soumis à cette loi, il fleurit et fructifie souvent sur les boutons de l'année.

Fondés sur cette facilité de fructifier, M. Vilmorin et moi, avons semé séparément des pepins du même fruit greffé sur franc, et sur paradis, dans l'espérance que celui greffé sur paradis devancerait l'autre dans sa fructification. J'ai soumis quelques pommiers aux mêmes expériences de fructification essayées sur le poirier, ils paraissent s'y prêter plus facilement.

Quelle serait d'ailleurs sur les semis des pepins l'influence exercée par la greffe, sur des sujets d'espèce étrangère, comme poirier, alizier, etc.? Quelle serait l'influence de l'incision annulaire? Ce sont toutes expériences à tenter. Le pommier peut-il recevoir quelques fécondations étrangères? J'ai essayé inutilement plusieurs de ces fécondations, notamment celle du poirier, je n'ai point obtenu de succès; la greffe même sur poirier peut prendre, mais ne dure ordinairement pas long-temps. Toutes ces expériences devront être ou essayées, ou recommencées de nouveau.

J'ai semé à diverses reprises des pepins de plusieurs espèces de pommes, notamment des pommes de reinette: ces derniers m'ont bien donné quelques variétés, mais c'étaient toujours des reinettes ; et d'après ce que j'en ai éprouvé, il me semble qu'on obtient par le semis, sinon toujours d'excellens fruits, au moins des fruits très mangeables. Nos campagnes sont peuplées de pommiers francs de pied, et les gens de la campagne se contentent de leurs fruits; plusieurs sont réellement très bons et souvent inconnus ailleurs, même à Paris. Ayant goûté plusieurs fois de ces fruits, je me plaignais aux habitans de ce qu'ils paraissaient préférer ces fruits à d'autres espèces greffées, beaucoup plus estimées, ils m'ont répondu que ces espèces étaient plus franches; ce qui, dans leur langage, signifiait que le produit en était plus assuré et plus abondant, et qu'ils en tiraient, soit pour leur usage, soit même en cas de vente, plus d'avantages. Il n'y a donc point d'inconvénient à multiplier de pepin le pommier beaucoup plus qu'on ne le fait, et on aurait lieu de s'en applaudir.

Nous avons quelques variétés remarquables, telles que le fenouillet, la pomme de quatre-goûts, etc., la pomme-micoux, qui rapporte plusieurs fois, auxquelles on pourrait s'attacher pour le semis. On a parlé aussi d'un pommier à fleur-double, d'un pommier femelle qui avait besoin d'être fécondé pour fructifier, d'un pommier qui fructifiait sans fleurir; de la pomme de fer, qui se conserve d'une année à l'autre. Pallas nous rapporte qu'en Crimée il y a une très grande variété de pommes, dont une des plus estimées se conserve sans se rider, jusqu'en juillet.

L'Amérique septentrionale, qui a reçu de nous ses premières pommes, soit en plant greffé, soit en pepins (car il est probable que, dans le principe, ce dernier moyen ait été employé comme moins coûteux, et probablement aussi c'est par des pepins de pommes à cidre qu'ils ont commencé, ceux-ci étant plus faciles à se procurer que des pepins de pommes à couteau), nous en renvoie aujourd'hui de nouvelles : quelques unes sont assez bonnes, d'autres, en plus grand nombre, sont, dit-on, plus curieuses, ou peut-être d'une saveur plus singulière que bonne; nous devons chercher à perfectionner ces fruits, soit individuellement par la greffe répétée sur paradis ou autre, soit par leurs semences. La bonté de notre climat, anciennement acculturé, devra améliorer ces nouveaux fruits, en civilisant ce qui est encore à demi sauvage.

Quoiqu'on n'ait point en Belgique, suivant toutes les apparences, apporté autant d'activité et de soins au perfectionnement par semis du pommier, il paraît cependant qu'on y possède quelques espèces nouvelles qui ont leur mérite, et sont notées dans le *Catalogue* de M. Van Mons. Ce Nestor de la pomiculture, suivant ce que

M. Bosc en rapporte, a positivement déclaré que c'est au renouvellement qu'on doit les meilleures espèces, et que c'est en semant et ressemant toujours des meilleures et des plus nouvelles qu'on y est parvenu : cette opinion s'applique ou doit également s'appliquer, suivant moi, à tous les arbres à fruit.

J'ai ouï dire que depuis un certain temps l'on se plaignait que le paradis, destiné à recevoir les greffes, paraissait avoir gagné en force et en vigueur, ce qui avait l'inconvénient de n'avoir plus aussi aisément des pommiers nains. D'où cela peut-il venir ? Ne serait-ce pas aussi parce que le paradis recevant perpétuellement la greffe d'espèces beaucoup plus fortes que lui, les rejetons pris au pied de ces pommiers greffés ont gagné quelque chose de la force de ces greffes? J'ai fait voir, à l'article de la *Greffe*, que les sujets greffés par de plus fortes espèces qu'eux s'en ressentaient sensiblement. Quoi qu'il en soit, on peut remédier à ce mal, en choisissant dans les semis une variété plus faible. Dans mes semis hybrides du *spectabilis*, j'ai observé un pied à fleur semi-double, qui, quoique bien portant, ne pousse pas avec beaucoup de force : ainsi que de la plupart des végétaux hybrides, il sort de son pied beaucoup de rejetons; j'en ai fait une petite plantation que je destine à la greffe, pour remplacer le paradis, j'en rendrai compte par la suite.

Il reste à faire beaucoup d'expériences pour améliorer le pommier, et, je le répète, l'hybridation entre lui et ses espèces botaniques me paraît d'une efficacité incontestable.

Quoique ce ne soit pas ici le lieu de parler d'économie domestique, dont, à dire vrai, je ne fais pas ma principale occupation, je crois cependant pouvoir dire que le suc des pommes, réduit au huitième par la cuisson, donne un sirop ou une gelée très ferme; c'est une opération bien simple qui devrait rendre très peu coûteux ce produit utile et agréable, et qui serait très avantageux dans les années où le cidre est très abondant. La pomme, pilée et ajoutée en très petite quantité dans le moût de pommes de terre destiné à la distillation, lui donne aussi un parfum très agréable, et lui sert en même temps de ferment.

Moyens employés pour avancer l'époque de la fructification d'un jeune pommier venu de semis.

Les pommiers et les poiriers sont, de tous nos arbres fruitiers, ceux dont la fructification se fait le plus long-temps attendre. Lorsqu'on sème leurs pepins, il faut patienter pendant huit ans au moins, et quelquefois pendant dix à quinze ans, et même plus, pour en avoir le fruit ; ceux même qu'on greffe sur sauvageon ne sont guère moins longs à rapporter ; c'est un grand inconvénient pour les gens pressés de jouir, et pour les amateurs de nouveautés qui seraient tentés de s'en procurer par la voie des semis ; aussi ces derniers sont-ils en petit nombre. Ce n'est pas qu'on ne connaisse plusieurs moyens d'avancer la fructification, tels, entre autres, que l'arqure, la cassure de l'extrémité des branches, l'incision annulaire, etc., et enfin la greffe, soit sur les sujets eux-mêmes, soit sur des arbres déjà fructifians, ou disposés à fructifier assez promptement, comme le paradis pour les pommiers, et le cognassier pour les poiriers.

La greffe particulièrement a été, dans ces derniers temps, employée avec succès par les amateurs ; mais, outre qu'il faut un certain temps pour en avoir le résultat, on est encore exposé au désagrément d'une peine inutilement prise pour greffer une mauvaise espèce, bien qu'on ait prétendu pouvoir reconnaître d'avance les espèces à préférer, ce qui est au moins douteux.

J'ai pensé qu'il serait plus expédient de faire fructifier les jeunes arbres eux-mêmes, surtout si l'on pouvait le faire aussi promptement, et sans nuire à leur croissance et à leur vigueur ; ce à quoi j'espère parvenir.

Je viens en conséquence de commencer plusieurs expériences sur des arbres tout jeunes, provenant de pepins ; mais, en attendant, je puis rendre compte de celles que j'ai faites l'année dernière sur un pommier de sept ans. Je n'ai fait usage que des moyens indiqués plus haut ; il n'y a donc de nouveau ici que la manière de les employer et de les combiner, à cette manière peut tenir pour beaucoup la réussite.

Le pommier, sujet de cette expérience, est le produit d'un pepin de pommier de la Chine, à fleurs doubles (*malus spectabilis*). J'ai des raisons de croire qu'il est hybride, et que son ascendant a été fécondé par le pommier ordinaire ; mais cela ne fait rien à ce dont il s'agit ici.

Ce pommier est à sa septième année, j'en attendais la floraison avec impatience. J'avais en vain et depuis long-temps essayé sur lui l'arqure, si efficace d'ailleurs sur les arbres déjà fructifians ; j'y ai joint l'année dernière d'autres moyens : ils ont été mis en œuvre à la fin de juin et au commencement de juillet de l'année dernière, en voici le détail :

Plusieurs des branches de ce pommier ont été de nouveau et diversement arquées, mais toujours sans succès ; il en a été de même de la cassure pratiquée sur l'extrémité de quelques branches; au contraire, l'incision annulaire, faite sur une branche, a fait développer, dans une rosette placée au dessus d'elle, quelques boutons à fleurs. Exécutée sur une autre branche, laquelle ensuite a été soumise à l'arqure, elle y a fait produire au bouton terminal un beau bouquet de fleurs. Mais voici un effet plus remarquable encore.

Une jeune branche, soumise dans sa partie inférieure à l'incision annulaire, puis arquée un peu plus haut, et enfin cassée à son extrémité supérieure, a immédiatement, auprès de la cassure, développé trois nouvelles branches latérales de deux à cinq pouces de longueur, qui se sont terminées chacune par un beau bouquet de fleurs qui s'est épanoui ce printemps; et de plus, tous les yeux placés au dessous de ces nouvelles branches ont aussi donné quelques boutons à fleurs, bien qu'ils n'eussent présenté d'avance aucun indice de fructification prochaine.

Enfin, pour en venir à la greffe, une faible rosette, prise sur une branche, au lieu d'un simple œil, et greffée en écusson sur le corps de l'arbre lui-même, a aussi donné un beau bouquet de fleurs. Il résulte donc de là que

1°. L'arqure, employée seule, n'a rien produit;

2°. La cassure, employée seule, n'a rien produit;

3°. La greffe, employée seule, mais avec les modifications énoncées, a produit;

4°. L'incision annulaire, employée seule, a produit;

5°. Enfin, l'incision annulaire, combinée avec l'arqure et la cassure, a produit l'effet le plus remarquable.

Les conclusions de ces faits en faveur du plus ou moins d'efficacité de ces divers moyens, employés seuls ou combinés, sont faciles à déduire. Je suis persuadé que, sans leur emploi, mon jeune arbre n'eût pas encore fleuri, puisqu'il n'a fleuri absolument que sur les points soumis aux expériences, et non ailleurs; et je ne doute pas non plus que, si je les eusse employés quelques années plus tôt, ils n'eussent eu un succès presque égal.

P.-S. Cet arbre a depuis été maltraité par la grêle; heureusement il avait été visité avant cet accident par M. Vilmorin, qui a porté à peu près le même jugement que moi sur l'efficacité des moyens employés. Il reste encore quelques fruits à ce pommier. (An 1812.)

Du cognassier (cydonia).

Le cognassier est originaire des parties orientales et méridionales de l'Europe ; c'est un arbre assez rustique, et qui n'atteint pas à beaucoup près les dimensions du poirier, et se met plus aisément à fruit. J'ai plusieurs cognassiers venus de semis, les plus forts ont fleuri à leur cinquième année.

Le fruit du cognassier est très âpre, j'en ai obtenu de très mangeables au moyen de l'incision annulaire. Il est fort singulier que le cognassier, qui est indigène, qui a un fruit si beau, si parfumé, n'ait pas été soumis à une culture suivie de perfectionnement. Manquer à gagner, c'est perdre. Nous avons donc dû y perdre un fruit qui rivaliserait présentement avec nos meilleures poires et qui l'emporterait peut-être sur elles. Combien de temps faudrait-il aujourd'hui pour l'amener à cet état de perfection? Je n'en sais rien : peut-être cela ne serait-il pas si long qu'on le pense, il se met à fruit très aisément; et il est assez rustique. Qu'on essaie donc de le greffer plusieurs fois sur lui-même, qu'on le greffe sur nos meilleures espèces de poires, qu'on soumette ses fruits à l'incision annulaire, et que les pepins de ces fruits, greffés et annelés, soient semés, et alternativement ressemés, regreffés et réannelés.

Mais il est un autre moyen d'amélioration bien autrement digne d'exciter notre attention, c'est l'hybridation : outre le poirier auquel il est probable qu'on pourrait le marier, à en juger par l'analogie de greffe qu'ils ont ensemble, nous avons le cognassier de Portugal, espèce ou variété perfectionnée ; le cognassier de la Chine, celui du Japon, etc. Il y a tout à parier que ces croisemens produiraient des résultats importans.

A défaut de variétés naines et hâtives de poirier, variétés qu'on obtiendra probablement quelque jour, mais auxquelles on suppléerait peut-être dès à présent par du plant de couchage et de marcottes, le cognassier nous rend, pour recevoir la greffe du poirier, le même service que le paradis nous rend pour le pommier, et il nous est à cet égard d'une utilité indispensable. C'est ordinairement sur du plant de cognassier venu de couchage que l'on greffe le poirier, y aurait-il quelque avantage à se servir du plant de semis ? Les sujets seraient plus vigoureux, plus robustes (car le poirier greffé sur cognassier ne se plaît pas partout); mais peut-être aussi se mettraient-ils plus lentement à fruit : il reste sur ce sujet beaucoup à désirer. Je parlerai ici, quoique un peu tard, de l'utilité que pourrait présenter la greffe en herbe sur les arbres à fruit, je présume que, pratiquée suivant un certain mode, elle pourrait être utile à la prompte mise à fruit : c'est encore un sujet nouveau d'expérience.

J'ajouterai encore que lorsqu'on obtient par le semis quelque bonne variété nouvelle et qu'on désire la perpétuer ou la renouveler elle-même par le semis, il me paraît expédient, pour hâter son complément de perfection, de la greffer elle-même, soit sur un autre sujet, soit sur une de ses propres branches, et de semer de préférence les pepins ou noyaux de cette nouvelle greffe.

Du cormier ou sorbier (sorbus).

On compte quatre espèces de sorbier assez intéressantes : le cormier cultivé, *sorbus domestica*, est un assez grand arbre de nos forêts; il croît très lentement, fructifie à un âge assez avancé et vit fort long-temps. Quoique son bois et son fruit soient fort estimés, on le multiplie peu, à raison de la lenteur de sa croissance; aussi, à cause de sa rareté, son bois, quoique précieux, n'est-il presque plus dans le commerce, et est souvent remplacé par le chêne et autres. Ce bel arbre, d'un feuillage élégant et léger, fait un effet assez pittoresque ; sa physionomie paraît tout à fait étrangère à ceux qui ne l'ont jamais vu, et cet effet s'accroît encore à la vue de son joli fruit, que peu de personnes connaissent. On ne peut le manger que dans l'état de blossissement, et je le trouve alors de beaucoup préférable aux nèfles et aux alizes ; ce fruit fait d'ailleurs un excellent cidre. On peut greffer le cormier sur l'aubépine, sur le poirier, et probablement sur plusieurs autres arbres de la même famille : ce serait probablement un moyen de l'améliorer, de le civiliser, etc. Il est à regretter que nos ancêtres ne l'aient pas cultivé dans cette vue, il rivaliserait probablement aujourd'hui avec nos meilleurs fruits à pepins : j'engage donc les pomiculteurs à s'en occuper ; c'est un peu tard, mais vaut mieux tard que jamais.

Je ne reviendrai pas sur les procédés à suivre dans cette amélioration, ils se trouvent suffisamment indiqués dans le cours de cet ouvrage.

Les autres espèces de sorbier sont le *sorbier des oiseaux*, le *sorbier d'Amérique*, le *sorbier de Suède ou de Laponie*, mal à propos appelé hybride ; je ne connais point assez ces derniers pour conseiller ou leur culture, ou leur alliance par l'hybridation avec notre cormier.

Des aliziers, azéroliers, etc. (cratœgus, mespilus, etc.)

L'alizier est un assez grand arbre de nos forêts, son bois est rouge et estimé pour la menuiserie, on en compte en France plusieurs espèces, je les connais peu, excepté celui dont je mangeais les fruits dans mes bois sous le nom d'alizes ; ce fruit est petit, en bouquet, et se mange comme les nèfles, le goût en est assez délicat, la culture pourrait le perfectionner, et je pense qu'il se joindrait par la greffe, et s'allierait par la fécondation avec les autres aliziers, et d'autres arbres de la même famille.

L'azérolier offre aussi un très grand nombre d'espèces ; la culture d'une d'entre elles paraît avoir été perfectionnée dans le midi de l'Europe, relativement à son fruit, dont on connaît deux variétés, l'une rouge, et l'autre blanche, assez bonnes, dit-on ; j'en ai déjà parlé plus haut. La plupart de ces arbres sont employés dans les jardins paysagers, pour l'ornement. Une de ces espèces, l'aubépine, offre deux belles variétés ; l'une à fleur double, l'autre à fleur rose (je ne sais cependant pas si cette dernière est réellement variété ou espèce) ; je connais trop peu tous ces arbres pour en conseiller la culture, ou l'alliance par la fécondation comme fructifères, je pense néanmoins qu'ils pourraient être le sujet d'un grand nombre d'expériences intéressantes : je n'ai pas eu le temps de m'en occuper beaucoup ; cependant, j'en possède quelques uns, et j'ai fait sur eux quelques essais, mais jusqu'ici sans résultats.

Du néflier (*mespilus germanica*).

Le néflier, naturel à l'Allemagne et à la France, paraît avoir été très peu perfectionné par la culture ; il a cependant produit quelques variétés à fruit long, à fruit plus gros et à fruit sans noyau.

Le néflier du Japon, ou bibacier, qui n'est point acclimaté, donne un fruit qu'on dit être assez bon ; cet arbuste peut avoir assez d'analogie avec notre néflier pour pouvoir s'allier avec lui par la fécondation : ce serait un moyen de l'acclimater et d'avoir des espèces et variétés nouvelles. Je pense que les fruits de ces arbres gagneraient beaucoup par la culture. Le néflier peut se greffer sur le cognassier, sur diverses espèces d'azéroliers, d'aliziers, etc. Cette espèce d'analogie donne lieu de croire que tous ces arbres peuvent se féconder mutuellement : ce sont des essais à tenter.

CHAPITRE IX.

DES ARBRES A FRUIT A NOYAU.

De l'amandier (amygdalus), du pêcher (amygdalus persica), et de l'amandier-pêcher.

L'amandier est originaire de la Haute-Asie; il fait l'objet d'une culture importante dans notre Midi. Il réussit assez bien dans le climat de Paris. Il offre plusieurs variétés à coque dure, à coque tendre, amande douce, amande amère et demi-amère, à gros fruits, à grandes fleurs, etc.

L'amandier sauvage est-il doux ou amer? Y en a-t-il deux espèces? Ce qu'il y a de certain, c'est que l'on peut avoir des amandes amères en en semant des douces, *et vice versâ*. Il est assez singulier que des fruits amers et dangereux par leur amertume soient les congénères de fruits doux et très sains. Il est assez probable que l'amandier à fruit doux est une variété perfectionnée. Combien de temps a-t-il fallu pour l'amener à cet état, et de quels moyens s'est-on servi? Quoi qu'il en soit, ce changement d'amer en doux nous laisse des espérances pour adoucir l'amertume du marron d'Inde, du gland, du cerisier-mahaleb, etc. L'amandier est encore susceptible de perfectionnement; l'amandier n'a ordinairement qu'une sève, qui commence de bonne heure et finit assez tard. Venu de noyau dans le climat de Paris, il peut fleurir à sa troisième année; mais c'est ordinairement à la quatrième ou à la cinquième.

On en compte plusieurs espèces botaniques, l'amandier de Tournefort, l'amandier satiné, l'amandier blanchâtre, l'amandier nain, l'amandier de la Chine. Je crois avoir un hybride de l'amandier nain et de l'amandier commun, il n'a point encore fleuri.

Le pêcher est originaire de la Perse et a été apporté, dit-on, du temps des Croisades. J'ai peine à croire qu'il fût alors amer et dangereux. Depuis ce temps, il a dû subir plusieurs modifications, et a produit beaucoup de variétés. Ainsi nous avons aujourd'hui le pêcher nain, le pêcher-catros, ou pleureur, le pêcher à fleur double, et plusieurs variétés de fruits : pêches hâtives, tardives; pêches tendres, telles que la grosse mignonne; pêches fermes ou pavies, dont le pavie de Pompone, d'une grosseur énorme; la petite pêche cerise, les pêches lisses, les brugnons, pêche jaune, pêche violette, pêche blanche, etc., etc. Toutes ces variétés, assez différentes les unes des autres, ne présentent cependant pas à mon goût les différences de saveur qu'ont entre elles les diverses poires, les diverses prunes : d'où je conclus que sa culture n'est pas si ancienne. Dans l'Amérique septentrionale, où on le cultive principalement pour en obtenir de l'eau-de-vie, il paraît qu'il s'y en trouve des fruits, sinon bons, au moins d'une saveur particulière assez prononcée. Il me semble qu'il serait possible, dans notre climat, de perfectionner ces variétés, et il serait intéressant de nous les procurer.

On dit que quelques variétés de pêches se reproduisent par le semis et que d'autres changent. J'en ai beaucoup semé, et j'ai vu qu'en général les espèces se reproduisaient jusqu'à un certain point. Il y a des terrains où le pêcher de noyau vit assez long-temps, et d'autres où il vient très vite, mais ne dure pas; et je suis dans ce cas : le pêcher peut fleurir et rapporter à sa troisième année; mais chez moi la glu le fait périr. La glu est-elle une maladie réelle ou un accident causé par la piqûre d'un insecte? J'ai làdessus quelques doutes. On attribue souvent aux fourmis le dommage que lui causent les pucerons.

On m'a assuré que des noyaux de grosse mignonne, plantés dans le midi de la France, y avaient rapporté des pêches fermes, beaucoup moins fermes cependant que celles du pays. Au surplus, il est bon de faire observer que les pêches de plein vent sont toujours assez fermes, et qu'il y a une grande différence entre la même espèce venue en plein vent, ou greffée et plantée en espalier.

Dans la vue de prolonger la vie du pêcher, j'en ai greffé en plein vent sur amandier, cela m'a peu réussi. J'ai essayé d'un autre moyen qui a eu un peu plus de succès, quoique peu marqué. J'ai planté en plein vent une amande et un noyau de pêche à six pouces l'un de l'autre, et les ayant greffés en approche, j'ai supprimé ensuite la tête de l'amandier. Les pêchers ainsi traités ont vécu un peu plus long-temps. On greffe ordinairement le pêcher sur amandier ou sur prunier : toutes les informations que j'ai prises à ce sujet ne m'ont pas appris qu'il y eût aucune différence entre les qualités de leurs fruits respectifs. Ce fait est très remarquable, car il y a une grande différence entre le brou de l'amande et la chair de la prune, et il prouve que le pêcher greffé sur eux ne participe en rien ni de l'un ni de l'autre; on ne greffe cependant pas indifféremment le pêcher sur toutes les espèces de pruniers, et nous ne connaissons pas non plus les causes de cette différence. Y aurait-il d'ailleurs, pour le semis des noyaux de pêche, quelque différence entre les pêches franches de pied, greffées sur elles-mêmes, greffées sur amandier, ou greffées sur prunier ? Cela pourrait être, et cela mérite d'être observé. Le pêcher peut aussi se multiplier de marcottes et même de boutures, l'effet qui en résulterait sur les noyaux mériterait la même observation.

Le pêcher de semis se mettant promptement à fruit, les moyens de l'avancer doivent nécessairement être moins recherchés. Je pense que ceux que j'ai indiqués lui seraient applicables, modifiés cependant d'après la nature de sa végétation. M. Knight en a pratiqué un assez ingénieux que je vais rapporter, quoique je diffère un peu avec lui sur la manière dont il en explique les effets.

Le pêcher n'a peut-être fait à Paris de grands progrès dans sa culture que depuis que les Montreuillais l'ont adopté, et ils ont réellement poussé sa taille à la perfection; mais ils n'ont pas cultivé un grand nombre de variétés, et ils se sont peu occupés de les multiplier; on leur doit cependant la belle Beausse, qui a retenu le nom d'un de leurs cultivateurs. Cependant, cet objet mériterait d'entrer en considération, et, d'un autre côté, je leur recommanderais encore d'étudier la méthode Sieulle, sinon pour la taille à fruit, au moins pour l'éducation du pêcher.

Au total, je crois qu'il reste encore beaucoup à faire sur cet arbre.

Le pêcher peut encore se greffer sur l'amandier-pêcher, sur le prunier de Briançon, etc.

Nous ne connaissons pas l'origine de l'amandier-pêcher, je penche à croire qu'il est le produit du pêcher fécondé par l'amandier. M. Knight a annoncé avoir obtenu un très bon fruit de l'amandier fécondé par le pêcher.

Notre amandier-pêcher ordinaire a, par ses fleurs, ses feuilles et même son fruit, un peu plus de ressemblance avec le pêcher qu'avec l'amandier. Son fruit mûrit difficilement et imparfaitement à Paris, non pas précisément par un défaut de chaleur, mais plutôt parce qu'il est contrarié par une intempérie quelconque; et cependant lorsqu'il mûrit, je le trouve fort bon: l'intérieur de sa pulpe est rougeâtre, a la couleur et le parfum de la framboise; il mériterait une culture suivie, et pourrait, par suite, nous donner un très bon fruit, et très différent de la pêche. J'ai fait, sur l'amandier-pêcher, un très grand nombre d'expériences dont je vais rendre compte.

L'amandier-pêcher ordinaire ne m'a pas paru, par le semis, rendre son espèce; ses parties sexuelles ne sont pas parfaitement conformées. Dans mes expériences, il s'est toujours trouvé dans le voisinage des amandiers; aurait-il chez moi et même ailleurs reçu leur fécondation, ou est-il de sa nature porté à retourner à l'amandier?

M. Knight paraît croire que le pêcher n'est qu'une variété perfectionnée de l'amandier, et le fait que je viens de citer militerait en faveur de son opinion; cependant je ne la partage point, et j'en dirai les raisons. Il pense ou paraît penser que lorsqu'un hybride est infécond, c'est qu'il est réellement hybride, c'est à dire qu'il est le produit de deux plantes essentiellement différentes, qu'au contraire lorsqu'il est fécond ou se reproduit par ses graines pendant plusieurs générations, il n'est point, selon lui, un hybride bien réel, mais simplement le produit de deux variétés d'une seule et même plante : d'où il conclut que l'amandier-pêcher, pouvant se perpétuer par la génération, n'est point véritablement un hybride, mais simplement une variété. J'ai plusieurs faits à citer pour combattre cette opinion.

On remarque, dans les véritables hybrides, des caractères particuliers et très prononcés qui les distinguent des espèces naturelles, ces caractères n'ont pas à beaucoup près le même degré dans les faux hybrides, ou hybrides de variétés. Si, dans les hybrides véritables ou hybrides d'espèces, il y en a qui ont les parties de la génération bien conformées et qui se reproduisent aisément, il y en a d'autres qui les ont très mal conformées, et ne se reproduisent point, ou au moins très difficilement, et dont les provenances même ont quelque chose de bizarre : or c'est ce qui arrive dans les provenances hybrides de l'amandier et du pêcher, et encore plus dans leurs hybrides composés ; ce qui n'aurait pas lieu si c'étaient de simples variétés.

Désirant rapprocher l'amandier-pêcher du pêcher, dans le double but de rendre son fruit meilleur, et d'avoir ainsi une espèce de pêcher qui fût, en tant qu'hybride, plus rustique et plus vivace que notre pêcher ordinaire, j'essayai, à plusieurs reprises, de féconder soit l'amandier ordinaire, soit l'amandier-pêcher par plusieurs variétés de pêcher. Il était naturel de penser premièrement que l'amandier fécondé par le pêcher me donnerait un amandier-pêcher. Je n'ai point été aussi heureux que M. Knight, soit que mes expériences aient été contrariées par le voisinage des amandiers et de l'amandier-pêcher, qui auraient pu, par l'expansion de leurs poussières séminales, exercer leur influence, soit que le retour à l'amandier convînt mieux à ces arbres. J'ai vu qu'en général les produits que j'obtenais, quoique bien caractérisés hybrides, tenaient plus de l'amandier qu'ils n'auraient dû le faire, en calculant les proportions. Je n'ai donc pu, du côté du pêcher, obtenir ce que je désirais, et j'y travaille encore.

Quant à l'amandier et à l'amandier-pêcher, fécondés les uns par les autres, leurs provenances, toujours notablement hybrides, et hybrides d'autant plus composés et d'autant plus bizarres que leurs ascendans l'étaient davantage eux-mêmes, se sont toujours rapprochées le plus possible de l'amandier : j'en possède plusieurs, quelques uns diffèrent par le feuillage; j'en ai un à feuilles de saule, un autre qui joue le pleureur, un autre qui tient du pêcher par le feuillage. En général, ceux de ces hybrides qui fructifient ne fructifient pas abondamment; ceux qui portent des fruits, ont presque de véritables amandes; mais il en est plusieurs qui, quoique paraissant avoir toutes les parties de la fructification, les ont si bizarres, qu'ils ne fleurissent point ou fleurissent mal, et n'ont pas encore rapporté. J'ai fait voir ces fleurs aux Sociétés royale et centrale d'agriculture et d'horticulture.

Ces fleurs bizarres, très irrégulières souvent sur le même pied, ont leurs pétales aussi en nombre irrégulier, tantôt colorés ou incolores; s'ouvrent en général assez mal, portent plusieurs pistils séparés ou réunis, au nombre de sept et même plus; quelquefois, les fruits paraissent noués; mais je n'en ai encore jamais vu arriver à bien.

L'âge fera-t-il cesser leur stérilité? Cela est douteux; cependant, il faudra voir. Dans leur état actuel, on peut dire que la nature a voulu les empêcher de se perpétuer par un excès de fécondité, cause lui-même de leur stérilité; il serait possible qu'avec l'âge, comme je viens de le dire, un seul de leurs ovaires, survivant à l'oblitération des autres, pût amener, un jour, son fruit à la perfection.

La plupart de ces hybrides ont la vigueur qui caractérise l'hybridisme, et la bizarrerie générale de leurs parties sexuelles ne peut laisser aucun doute à cet égard. Ceux d'entre eux qui fructifient continuent à se perpétuer, et cependant ce sont des hybrides véritables.

Il existe plusieurs autres faits semblables; le colza, suivant moi, est un véritable hybride du chou et du navet : j'en ai fait un artificiel, absolument semblable, et qui graine aussi bien que le véritable colza. J'ai aussi fécondé le raifort par le chou, et j'ai obtenu un hybride dont les parties sexuelles sont assez bizarres, et ayant un fruit singulier dont j'ai ailleurs donné la description. Ce chou-raifort se multiplie cependant et se perpétue par ses graines pendant plusieurs générations. Dira-t-on que le brassica et le napus sont deux variétés de la même plante, que le brassica et le raphanus sont aussi deux variétés? Les botanistes, à cet égard, ne peuvent avoir le moindre doute. Si, depuis la création, on pouvait supposer qu'il y ait eu dans la nature de telles transmutations, autant vaudrait dire qu'une seule plante a pu produire toutes les autres.

Je pense que, dans cette famille d'arbres, il est possible de faire beaucoup plus, et surtout beaucoup mieux que je n'ai encore fait.

Je vais insérer ici trois notes extraites des œuvres de M. Knight, traduites par M. Cavoleau, et insérées dans les *Annales de l'agriculture française*, relatives à notre sujet.

« Tous les jardiniers qui ont donné la moindre attention à la culture du pêcher ont dû s'apercevoir que, toutes les fois que la partie d'une branche au dessus du fruit est dénuée de feuilles, le fruit mûrit rarement, et n'acquiert jamais le degré de bonté auquel il est susceptible de parvenir. Les fleurs réussissent bien sur ces espèces de branches, quelquefois mieux que sur les autres parties de l'arbre, et le fruit croît avec une rapidité extraordinaire; mais ensuite il ne peut mûrir.

Au printemps de l'année dernière, un pêcher de mon jardin, dont je désirais beaucoup avoir du fruit, avait perdu, par l'inclémence de la saison, toutes ses fleurs, excepté deux, qui se trouvaient précisément placées sur des branches sans feuilles. Je désirais beaucoup les conserver et découvrir en même temps pourquoi, en pareilles circonstances, les pêches et les pavies ne mûrissent jamais. La cause la plus probable, selon moi, était le défaut de la sève descendante, que les feuilles auraient fournie si elles eussent existé, et par conséquent l'état morbifique de la branche : je résolus donc de tirer d'une autre source la portion descendante dont mes deux pêches avaient besoin. Afin d'atteindre ce but, les pointes des deux branches qui portaient les fruits furent mises en contact avec d'autres branches du même âge, qui portaient des feuilles, et l'on enleva, immédiatement au dessus du fruit, une portion d'écorce longue à peu près de quatre fois le diamètre de la branche. Des plaies semblables furent faites aux branches à feuilles; les parties dépouillées furent mises en contact et bien assujetties par des liens, les branches ne tardèrent pas à s'unir : et sans doute par suite de cette opération, le fruit parvint à une maturité complète et au plus haut degré de perfection.

La conservation des deux pêches est en elle-même un objet trop peu important pour mériter d'occuper l'attention de la Société; mais le résultat de mon expérience présente une vue toute nouvelle sur les fonctions des feuilles. C'est un faible trait de lumière jeté sur la route obscure que doivent parcourir les instigateurs de la physiologie végétale. »

« Un Anglais arrivé de la Nouvelle-Galles méridionale assura, il y a quelques années, qu'un pêcher venu de noyau dans cette contrée avait produit du fruit à l'âge de six mois sans avoir été greffé. Le silence qu'ont gardé, sur la précocité de la mise à fruit du pêcher, les agriculteurs français qui ont écrit sur le jardinage; la circonstance, bien connue, qu'il y a toujours un certain intervalle entre la naissance d'un arbre et l'époque à laquelle il est capable de produire des fleurs et des fruits, avaient fait douter de ce fait, et moi-même je l'aurais peut-être regardé comme une fable, si je n'avais pas observé précédemment quelques circonstances particulières dans la manière d'être des pêchers venus de semis. J'avais observé, entre autres, que ces arbres continuent à végéter tant que la température leur est favorable; que leurs feuilles prennent un caractère particulier presque tous les mois, de manière qu'à la fin du premier automne elles ne diffèrent en rien de celles d'un arbre tout formé; que ces arbres enfin, tenus dans de très petits pots, jusqu'à leur huitième mois, et plantés ensuite le long d'un mur, à une exposition très aérée, produisaient du fruit dès leur troisième année. Je pensai donc qu'il n'était pas improbable qu'à l'aide de vitraux et d'une chaleur artificielle j'obtinsse du fruit d'un arbre de deux ans; qu'il n'était pas impossible même d'en obtenir d'un arbre d'un an, par un mode de taille particulier. Je dois avouer cependant que l'absence presque continuelle du soleil dans notre climat m'inspirait un peu de défiance sur le succès de cette dernière tentative.

» Je possédais quelques noyaux de pêches produites par les arbres sur lesquels j'avais fait des expériences, en 1811, pour me procurer des variétés précoces, et j'avais l'intention de les semer en pots et en serre chaude, au commencement de janvier. Je n'avais point de serre chaude, et un de mes amis m'offrit l'usage de la sienne; mais elle était tellement infestée d'insectes de toute espèce, que je ne voulus pas risquer d'y faire mes semis. Mes noyaux ne furent donc pas soumis à l'influence d'une chaleur artificielle avant le milieu de février, où je commençai à faire du feu dans ma serre à vigne. Les jeunes plantes sortirent de terre au commencement de mars, et furent tenues sous verre pendant tout l'été et l'automne, sans aucune chaleur artificielle depuis la fin de mai.

» Persuadé qu'en plaçant l'âge de la reproduction dans les arbres à une si grande distance du moment de leur naissance, la nature a voulu leur procurer, dans cet intervalle, les moyens de faire une ample provision de matière organisable, avant que la sève soit employée à former des fleurs et du fruit, j'adoptai, en conséquence de mes opinions théoriques, un mode de taille et de culture propre à remplir ce but de la nature. Les feuilles étant, selon mon opinion, les seuls organes où la véritable sève est formée, je laissai sur chaque plante toutes les branches latérales qui pouvaient présenter leurs feuilles à la lumière, sans se croiser et se nuire. Ces branches furent taillées, dans leur jeunesse, jusqu'au quatrième ou cinquième œil, et les boutons qui naissaient dans les aisselles des feuilles furent détruits aussitôt qu'ils devinrent visibles : ainsi, aucune partie de la sève formée dans ces feuilles ne fut inutilement employée. J'ai prouvé précédemment que, dans de telles circonstances, les feuilles favorisent l'accroissement de la portion de tige située entre elles et la terre, et il résulte de ce fait que l'on peut donner, à volonté, à la tige une forme pyramidale aussi régulière qu'un ouvrier la donnerait au bois mort, avec le ciseau. Il ne faut, pour y parvenir, que proportionner le nombre et la position des feuilles à la grosseur que l'on veut donner aux diverses parties de la tige. J'avais aussi calculé que la véritable sève, qui serait produite par les feuilles de la partie inférieure de la tige et les branches basses, serait employée à la nourriture des racines, et que celle qui serait formée dans les feuilles de la partie supérieure de l'arbre pourrait contribuer à former des boutons à fruit. Je me bornai donc à raccourcir les branches latérales qui sortirent au sommet de mes jeunes arbres lorsque ceux-ci furent parvenus à la hauteur de sept ou huit pieds, y laissant tous les boutons, dans l'espérance que quelques uns donneraient des fleurs.

» Les pots furent remplis de gazon extrait d'une excellente prairie, dont le sol était d'alluvion. J'avais précédemment employé cette substance avec beaucoup de succès dans des expériences semblables. La terre des pots fut changée trois fois dans le cours de l'été, et de nouvelles portions de gazon frais y furent ajoutées à chaque fois.

» L'été fut si froid et si nébuleux que je désespérai du succès; résolu néanmoins de recommencer cette expérience dans des circonstances plus favorables, je cessai donc de donner à mes pêchers une chaleur artificielle, quoique j'eusse projeté d'abord de la continuer jusqu'à l'automne; néanmoins, j'ai eu, à la fin de l'automne, le plaisir inattendu de voir que sur sept arbres qui avaient été l'objet de mon expérience, trois étaient munis de boutons à fleurs. Le volume de ces boutons a augmenté successivement, et ils ont acquis une telle vigueur que je ne doute nullement qu'ils ne soient capables de produire du fruit. »

Ainsi, l'on ne peut révoquer en doute le récit du planteur de la Nouvelle-Galles méridionale, et il est probable qu'en raccourcissant les branches latérales de son jeune arbre, pour lui donner une forme plus agréable, il a exécuté, par hasard, le genre de taille que la théorie m'a fait considérer comme le meilleur.

« *Lettre de* Thomas Andrew Knight, *président, au secrétaire de la Société d'horticulture de Londres, sur un pêcher produit de la semence d'un amandier. Lue à la Société, le* 7 *octobre* 1817, *et traduite par le même.*

» Je vous adresse deux pêches d'une variété nouvelle, que je vous prie de présenter à la prochaine séance de la Société d'horticulture. Ce n'est point pour leur mérite intrinsèque que je vous les envoie, mais à cause de la singularité de leur origine; car elles sont le produit d'un arbre qui lui-même était issu d'un amandier fécondé par la poussière séminale d'un pêcher. Indépendamment des deux que je vous envoie, l'arbre en a produit trois, lesquelles se sont ouvertes naturellement, comme le brou d'une amande qui approche de sa maturité. Les autres ont conservé la forme et tous les caractères de la pêche, leur chair était douce et fondante. L'une d'elles était beaucoup plus grosse que la plus grosse de celles que je vous envoie, car elle avait huit pouces de circonférence. L'arbre a été élevé dans un pot qui contenait à peine un pied carré de terre; l'expérience a démontré d'ailleurs que les premiers fruits d'un arbre ne sont jamais aussi gros que les suivans : j'espère donc qu'à l'avenir les fruits de cette variété deviendront plus gros.

» Le caractère général et la qualité du fruit que je vous envoie, la petitesse du noyau, comparativement à l'amande, feront peut-être soupçonner à la Société quelque erreur dans mon expérience; mais j'affirme qu'il n'y en a aucune, qu'il n'a pu même y en avoir, et que le résultat m'a autant étonné qu'il l'étonnera elle-même. Je n'avais pas la moindre espérance qu'un arbre capable de produire un fruit aussi fondant que l'est la pêche pût venir immédiatement d'une amande. J'étais persuadé depuis long-temps que l'amandier commun et le pêcher ne forment qu'une même espèce, et qu'une culture convenable, continuée pendant plusieurs générations successives, peut changer un amandier en pêcher ou pavie.

» Cette idée me semblait une conséquence naturelle de plusieurs circonstances de l'histoire du pêcher dans les siècles les plus reculés. Il ne paraît pas que cet arbre ait été connu en Europe, avant le règne de l'empereur Claude; et Columelle est, je crois, celui qui en a d'abord parlé, livre X. Pline est le premier qui en ait donné une description exacte, et il assure que c'est par Rhodes et l'Egypte qu'il a été transporté en Italie de la Perse, d'où l'on croit généralement qu'il est originaire. Il est cependant probable qu'il n'existait en Perse même que peu de siècles avant l'époque de son importation en Europe, autrement il eût été connu des Grecs, qui entretenaient un commerce habituel avec les Grecs asiatiques et les Perses, et dont plusieurs médecins, tous botanistes, exercèrent successivement leur art à la cour de Perse, où ils étaient appelés par les rois de cette contrée.

» Les tubères de Pline paraissent aussi avoir été un fruit intermédiaire entre l'amande et la pêche; car il dit que les arbres qui produisaient ce fruit se propageaient par la greffe sur prunier (liv. 17, chap. 14); qu'ils fleurissaient plus tard que l'abricotier (liv. 16, chap. 42), et que le fruit lui-même était couvert d'un duvet épais (liv. 15, chap. 14). Il est donc probable que ces tubères n'étaient autre chose que de grosses amandes; car leur mérite, comme fruit, paraît avoir été bien médiocre. Duhamel parle d'un fruit qui correspond exactement avec cette description : c'est une variété française de l'amandier; il le dit très amer et immangeable lorsqu'il est cru (Duhamel, arbres fruitiers, article *amygdalus*) (1). Je pense que cette amertume doit être attribuée à la présence de l'acide prussique, dont on sait que l'action est nuisible à beaucoup de tempéramens. Ceci explique sans doute pourquoi la pêche avait généralement la réputation d'être malfaisante dans les premiers temps de son introduction dans l'empire romain. Columelle, liv. 13, *stipantur calathi, et pomis, quæ barbara Persis miserat (ut fama est) patriis armata venenis.*

« L'identité spécifique de la pêche et de l'amande, si elle est prouvée, n'intéresse les jardiniers qu'autant qu'ils peuvent y voir un exemple des grands changemens que la culture est capable de produire dans la forme et la qualité des

---

(1) C'est l'amande-pêche. *Note de M. Bosc.*

fruits. En faisant l'expérience qui est le sujet de cette lettre, mon but unique était de prouver cette identité, et j'étais assez indifférent sur tout autre résultat. Cependant, comme, dans notre climat, le bois de l'amandier mûrit mieux et plus promptement que celui du pêcher, et que ses fleurs résistent mieux au froid, les observations que j'ai faites sur mes nouvelles variétés me font espérer qu'en répétant cette expérience, on pourra obtenir de l'amandier, à la troisième ou quatrième génération, des variétés de pêches préférables à celles que nous possédons. Jusqu'à ce moment, un seul de mes plants a donné du fruit dont la qualité n'offre pas beaucoup d'espérance pour l'avenir; mais j'en ai d'autres qui fleuriront le printemps prochain. L'un d'eux, fils d'un pavie violet, a les feuilles larges, l'écorce violette, et tous les autres caractères d'une espèce perfectionnée. Il me fait espérer que j'aurai le plaisir de vous envoyer, l'été prochain, des fruits supérieurs en qualité à ceux que vous venez de recevoir.

« Je suis, etc. »

Note du secrétaire de la Société.

« Les deux pêches dont il est question dans la lettre ci-dessus ont été très bien dessinées par M. Hooker. Elles étaient parfaitement rondes, et la plus grosse avait plus de sept pouces de circonférence. La peau, couverte d'un duvet épais, était d'un jaune tendre, légèrement teinte d'un rouge pâle du côté exposé au soleil, avec des taches d'un rouge plus foncé, qui produisaient un bel effet. La chair était d'un beau jaune-citron pâle, et d'un rouge vif autour du noyau. Elle était fondante, douce, pleine de jus, mais un peu fade, ce que j'attribue aux accidens éprouvés dans le transport. Le noyau était gros proportionnellement au fruit, presque rond, avec une petite pointe au sommet, et très raboteux. Il avait à sa surface, et en plus grande quantité, la même espèce de farine que l'on voit sur les noyaux de l'amande fraîche. Il se séparait bien de la chair, à laquelle il n'adhérait que par quelques filamens très courts. »

La première de ces notes traite de la greffe par approche des branches de pêcher dépourvues de feuilles ; la seconde, de la précocité de la mise à fruit du pêcher ; la troisième, d'un pêcher produit de la semence d'un amandier. La première de ces notes contient un fait intéressant pour la physiologie : quant à en tirer des conséquences en faveur de la sève descendante, j'avoue que je n'y vois rien ni pour ni contre; on monte et on descend par une échelle par un bout aussi bien que par l'autre, il ne s'agit que de la retourner. (Voir aux art. *De la Gréffe et de la Bouture, Greffe et Bouture à œil et bois renversé.*) Sur la seconde, je dirai que, sans infirmer en rien les raisons que donne M. Knight des résultats heureux et intéressans qu'il a obtenus dans cette expérience, l'obtention d'un certain nombre de degrés de ramification qu'il a procurés au pêcher est déjà, dans mon système, une cause bien réelle de mise à fruit. Je ne me permettrai sur la troisième aucune observation, tel singulier que soit le fait cité, et bien qu'il soit en opposition manifeste avec ce que j'ai vu par moi-même. Au surplus, cela prouve que nous sommes bien loin de connaître les lois d'après lesquelles se forment les hybrides, et cependant j'en tirerai, en faveur de mes opinions précédemment émises, la confirmation 1°., d'une part, que les hybrides sont loin d'offrir le terme moyen de ressemblance entre les caractères réciproques de leurs ascendans; 2°. et, d'autre part, que l'amande-pêche est un fruit dont le perfectionnement nous donne de grandes espérances. Il est à désirer que M. Knight continue sur ce sujet ses expériences intéressantes, et que les espèces d'amande-pêche qu'il a ainsi obtenues nous soient procurées.

De l'abricotier (prunus armeniaca).

L'abricotier paraît originaire d'Arménie et est cultivé en France depuis long-temps. L'abricot en espalier est insipide et pâteux; mais en plein vent et bien choisi, c'est suivant moi, et à Paris même, un de nos meilleurs fruits. Il y a des variétés d'abricots à amandes douces, leur culture mériterait d'être suivie. L'abricot-pêche n'est point un hybride, comme on a pu le croire mal à propos, c'est une excellente variété, qui, par le semis, ne paraît pas toujours rendre son espèce, comme quelques autres le font.

Je regarde l'abricot du pape ou abricot violet comme un hybride; et son fruit, sans être très bon, me paraît cependant mériter une place parmi les nôtres. Je pense qu'il est le produit d'un abricot commun, fécondé par une petite prune noire; si le hasard ou la main de l'hybridateur fût tombé sur l'abricot-pêche, et la prune de reine-claude, ou de Monsieur, ou même de mirabelle ou Sainte-Catherine, nous aurions, à coup sûr, aujourd'hui un excellent fruit. J'engage donc les amateurs à se livrer à cette expérience, je l'ai jusqu'à présent tentée sans succès; on pourrait réhybrider l'abricot du pape par une bonne espèce d'abricot ou de prune. Y aurait-il possibilité d'allier, par la fécondation, l'abricot, les prunes, les cerises et même la pêche? C'est une question que l'expérience seule peut résoudre.

Je possède une trentaine d'abricotiers venus de noyau, ils commencent à rapporter : il me paraît qu'il leur faut, pour fructifier, de cinq à sept ans; je ne doute pas qu'en Provence cette époque ne fût beaucoup plus rapprochée. J'ai semé en 1821 des noyaux d'abricots du pape, ils ont fleuri en 1828.

L'abricot nous offre donc plusieurs sortes de perfectionnemens dans sa culture, soit par l'obtention d'espèces hybrides, de variétés nouvelles, et d'espèces ou variétés plus rustiques et mieux acclimatées; je vais m'occuper de ces objets, mais principalement du dernier, qui est très important.

L'abricot se greffe ordinairement sur prunier. Quel serait l'effet de sa greffe sur lui-même, sur des variétés excellentes de prunes, sur le pêcher, sur l'amandier, et sur le semis des noyaux qui proviendraient de ces greffes? Quel serait l'effet de la bouture, de la marcotte, de l'incision annulaire sur les fruits, ainsi que sur les noyaux? On obtiendrait probablement par là des variétés de saveur et d'époque.

L'hybridation entre espèces et entre variétés très différentes est aussi, comme moyen de se procurer des individus rustiques et vigoureux, une cause d'acclimatation.

L'abricotier fleurit trop tôt, et c'est une des raisons de la rareté de son produit. L'horticulture, qui nous fournit quelques moyens d'avoir des variétés hâtives, est peu riche en moyens retardateurs. Il est cependant quelques faits connus, qui pourraient nous faciliter cette recherche; les graines importées du Midi sont hâtives chez nous, et les graines importées du Nord paraissent tardives : il serait donc expédient, suivant moi, de tirer des noyaux des variétés les plus tardives des pays les plus septentrionaux par rapport à nous, où l'abricot se cultive en pleine terre, même par le secours des abris, et de les semer ici dans les expositions et les terrains les plus froids; il est probable que nous obtiendrions ainsi des variétés tardives à pousser et à fleurir. (Voir, à ce sujet, une *Notice de M. Vilmorin*, *Annales d'horticulture*, août 1829.)

Du prunier.

Le prunier, *prunus*, genre de plantes de l'icosandrie monogynie et de la famille des rosacées, qui renferme dix à douze arbres, dont un est, à raison de ses fruits, qui offrent une grande quantité de variétés, l'objet d'une culture de grande importance pour la France. Je ne puis donc me dispenser de donner quelque étendue à l'article qui le concerne, quoique, pour ne pas fatiguer le lecteur, j'aie particulièrement traité du cerisier, qui, selon tous les botanistes modernes, ne peut pas en être séparé.

Les véritables pruniers sont tous des arbres ou des arbustes dont les feuilles sont alternes, pétiolées, ovales, dentées, accompagnées de stipules, et munies de glandes à leur base, dont les fleurs sont solitaires à l'extrémité de pétioles isolés ou réunis plusieurs ensemble au dessus du point d'attache des feuilles de l'année précédente. Leurs fruits varient dans la plupart des nuances du rouge, du bleu, du jaune et du vert. Il en est de même du blanc. Ils varient également par leur saveur, tantôt très âpre, tantôt très douce et très sucrée, tantôt acide, enfin tantôt fade, ainsi que par leur forme et leur grosseur.

Le prunier cultivé, *prunus domestica*, Lin., est un arbre médiocre, dont les racines sont traçantes; l'écorce brune, velue dans la jeunesse, crevassée dans la vieillesse; dont les rameaux poussent d'abord droit et vigoureusement, mais ne tardent pas à se déformer et à se modérer; dont les feuilles sont ovales-oblongues, ridées et légèrement velues; dont les fleurs sont blanches et se développent en même temps que les feuilles. On le croit originaire de l'Orient; mais on le cultive depuis si long-temps en France, qu'il y est comme naturalisé, et qu'on le trouve souvent sauvage dans les bois et les buissons.

Beaucoup de botanistes regardent le prunier que Linnæus a appelé *prunus insititia*, espèce qui croît naturellement dans les parties méridionales de la France, comme le type des pruniers cultivés : la spinescence de ses vieux rameaux n'est pas un motif de repousser cette opinion.

Ainsi que tous les arbres anciennement cultivés, le prunier a fourni, comme je l'ai dit plus haut, une grande quantité de variétés qui diffèrent par l'époque de leur maturité, ainsi que par leur forme, leur couleur, leur grosseur, leur saveur, etc. Il n'est point de pays isolé, c'est à dire dont les cultivateurs communiquent peu au dehors, où on n'en trouve de particulières; j'en ai mangé souvent dans mes voyages, que je n'ai pu rapporter à celles qui sont décrites par Duhamel, et cultivées dans les jardins des environs de Paris.

L'Amérique septentrionale, où nous avons fait passer nos variétés de prunes, nous en renvoie actuellement de nouvelles. On en cultive déjà deux au Jardin du Muséum, l'une appelée noire fondante, et l'autre rouge et blanche. Cette dernière est très sucrée et très tardive.

Quelques variétés de prunes, comme la quetsche, le perdrigon blanc, la reine-claude, la Sainte-Catherine, le damas rouge, et peut-être d'autres, se reproduisent par le semis de leurs noyaux; mais la plupart ne peuvent être propagées que par la greffe.

Il semblerait que les noyaux de toutes les variétés devraient donner des sujets propres à les greffer; cependant il n'en est pas ainsi. Les pépiniéristes ont remarqué que les variétés les plus voisines de l'état sauvage étaient exclusivement convenables. On ne peut pas facilement rendre raison de cette singularité; mais il n'y a rien à dire contre les résultats d'une expérience qui n'a pas encore été contredite par des observations positives. En conséquence, je vais indiquer ces variétés : les corisettes, blanche et rouge; les Saint-Julien, gros et petit, le damas gros et petit : ces derniers servent plus particulièrement à écussonner le pêcher, étant trop faibles pour les prunes et les abricots. Il est des variétés d'abricotiers qui réussissent mieux sur des variétés perfectionnées de pruniers que sur celles dont il vient d'être question.

Le janet est une variété à demi sauvage, sur

laquelle on greffe, aux environs de Paris, les pêchers destinés aux terrains frais. Le fruit qui naît sur les pieds ainsi greffés est bon, mais peu abondant, d'après l'observation des cultivateurs de Montreuil.

Autrefois on greffait souvent les pruniers, pour les tenir nains, sur le prunellier, *prunus spinosa*; mais on y a renoncé, parce qu'ils étaient sujets à se décoller, et qu'il se formait un bourrelet désagréable à l'endroit de la greffe. Il est cependant des cas où ces inconvéniens doivent être peu sensibles, et où il doit être avantageux de revenir à cette pratique.

Les autres espèces de pruniers propres à la France, ou étrangères et cultivées dans les jardins des environs de Paris, sont :

Le prunier épineux, ou prunellier, ou épine noire, qui croît abondamment dans les bois et les haies des parties moyennes et septentrionales de la France. C'est un arbrisseau de dix à douze pieds de haut, dont les rameaux deviennent épineux; dont l'écorce est brune, les feuilles lancéolées et velues en dessous. Ses fleurs, blanches et légèrement odorantes, s'ouvrent de très bonne heure; ses fruits, de cinq à six lignes de diamètre, sont noirs et ne mûrissent que bien avant dans l'hiver; ils sont très âpres et très peu charnus : les enfans les mangent, beaucoup de quadrupèdes et d'oiseaux les recherchent : on en fabrique une boisson dont les pauvres se contentent dans certains pays; on les appelle prunelle, senelle, etc.

Le prunier de Briançon a les feuilles presque rondes, deux fois dentées; les fleurs réunies en bouquets et les fruits jaunâtres. Il croît dans les Hautes-Alpes, et s'élève à six ou huit pieds. C'est des noyaux de son fruit qu'on tire cette huile de marmotte, si recherchée par son odeur agréable de noyau, et qui se vend deux fois plus cher que celle d'olive. On peut tirer un grand parti de cette espèce pour utiliser les cantons pierreux, les fentes des rochers, pour arrêter la fougue des torrens. Son fruit n'est pas bon à manger, mais il peut servir à faire de l'eau-de-vie.

Cet arbre, dont on doit la connaissance au botaniste Villars, commence à se trouver dans les jardins des environs de Paris; mais il ne sera jamais utile de l'y cultiver, si ce n'est pour recevoir la greffe d'autres espèces.

Le prunier-mirobolan, *prunus cerasifera*, Wild., a les rameaux peu épineux; les feuilles elliptiques, glabres; les fruits solitaires et pendans. Il est originaire de l'Amérique septentrionale. On le cultive fréquemment dans les pépinières, non pour son fruit, de la grosseur et de la couleur d'une cerise commune, mais à raison de la précocité et de l'abondance de ses fleurs. Son fruit se mange, quoique peu agréable ; on le multiplie par le semis de ses noyaux, ou, mieux, par sa greffe sur le prunier commun.

Le prunier de Chicasas a les rameaux épineux ; les feuilles ovales, aiguës ; les fruits petits, ronds et jaunes. Il a été apporté dans la Caroline par les naturels, dont il porte le nom. Ses fruits mûrissent en été et sont fort abondans : on en fait des confitures sèches, qui se conservent fort bien une année sur l'autre, et que j'ai trouvées fort bonnes. Il ne s'élève pas à plus de dix à douze pieds.

Le prunier hiémal a les rameaux non épineux ; les stipules linéaires et divisées ; les feuilles ovales, oblongues : il est originaire de l'Amérique septentrionale.

Le prunier acuminé, à feuilles de pêcher, a des épines longues et recourbées, des feuilles lancéolées et très aiguës, des fruits ovales : on le trouve dans le même pays que le précédent.

Le prunier à fruits ronds a les feuilles ovales, oblongues, velues ; les bourgeons également velus ; le fruit sphérique. Il est originaire de la Caroline.

Ces trois espèces se cultivent dans les pépinières, et sont dues à Michaux. Je ne les connais pas assez pour en rien dire.

Le prunier de Chine a les tiges très grêles, les feuilles lancéolées, rugueuses et les fleurs sessiles. Il est originaire de Chine, où on emploie sa variété double à l'ornement des jardins. Aujourd'hui on cultive cette même variété dans les nôtres, où elle se fait remarquer par la grandeur et le nombre de ses fleurs, les tiges en étant entièrement couvertes. On ne peut trop multiplier ce charmant arbuste, qui se greffe sur le prunier commun et qui se place dans les corbeilles des jardins paysagers. On l'a confondu long-temps avec l'amandier nain, quoiqu'il en diffère beaucoup. Ses tiges sont à peine hautes de deux pieds et ses fleurs sont roses.

Le prunier couché a les rameaux non épineux, couchés ; les feuilles ovales, très rugueuses, très velues ; les fleurs rouges et les fruits de deux ou trois lignes de diamètre. Il est originaire du Liban, d'où il a été rapporté par la Billardière. On le cultive aujourd'hui en pleine terre dans les jardins des environs de Paris. C'est un arbrisseau très élégant et qui est d'un charmant aspect lorsqu'il est en fleur et greffé à un pied de terre sur le prunier commun. (*M. Bosc a fourni cette notice.*)

A ces pruniers, il faut joindre le *prunus cocomilla* ou prunellier de la Calabre, dont le fruit est de moyenne grosseur : M. Vilmorin l'a chez lui.

Quoiqu'on ne puisse absolument nier que toutes nos espèces et variétés de prunes connues aient une souche primitive unique, j'avoue que j'ai peine à le croire. Peut-on supposer cette identité de toutes nos prunes, si différentes les unes des autres par leur couleur, leur grosseur et la diversité des arbres qui les portent; par leur différence de grandeur, de spinescence, etc.? Il faudrait avoir observé sur place le *prunus insititia*, qui, dit-on, croît naturellement dans le midi de la France, pour apprécier son identité avec nos pruniers, ce qui serait encore fort difficile. L'origine de plusieurs petites espèces, telles que la mirabelle et autres, ne pourrait-elle pas être attribuée à notre prunellier? J'ai observé, dans mes bois, deux variétés ou espèces de ce prunellier, dont je crois qu'aucun botaniste n'a parlé; je ne sais jusqu'à quel point elles ont été soumises à la culture: il y en a une variété à fleur semi-double; c'est un indice de domesticité. Le prunier paraît très anciennement cultivé, et l'on est d'accord que beaucoup de bonnes espèces nous sont étrangères, et peuvent en conséquence devoir leur origine à un prunier sauvage différent du nôtre; et puisque nous comptons seulement en France trois ou quatre espèces botaniques distinctes, que l'Amérique septentrionale en compte bien davantage, il est probable que les diverses parties de l'ancien continent doivent en renfermer un grand nombre d'autres. Il en est, dans nos variétés, qui reproduisent leur espèce par le semis, doit-on attribuer cet effet à une origine particulière à chacune d'elles, ou à une propagation pure et sans mélange d'une simple variété pendant plusieurs générations, par le semis ? Ce point est important à éclaircir, non pas seulement pour le prunier, mais pour presque tous nos végétaux domestiques, et je ne connais guère, à cet égard, de renseignemens certains et positifs. Comme entre toutes nos variétés, quoique différentes, il y a cependant aussi des analogies, il est possible et même probable que, bien que d'origine particulière dans le principe, vu leur grand nombre et leur réunion, elles se soient fécondées mutuellement, et qu'on ne retrouve aucune trace de leur antique origine. Comme ils se multiplient aisément et spontanément par le semis des noyaux, le nombre des variétés, déjà très considérable, ne pourra aller qu'en augmentant, à raison surtout de l'introduction des espèces étrangères. Il semble qu'il faudrait s'attacher à semer, de préférence, les espèces qui ont quelque chose de remarquable, comme le damas musqué, la prune-pêche, la reine-claude à fleur double, la reine-claude violette, la reine-claude ordinaire; comme tardives, la prune suisse, la prune de Saint-Martin; et, comme curieux, le prunier bifère et le prunier sans noyau, ainsi que les plus hâtives, comme la jaune hâtive, la précoce de Tours, etc.

Je ne sais jusqu'à quel point la greffe a perfectionné les pruniers; mais il existe en France, et même aux environs de Paris, où l'on est plus délicat sur le choix, une immense quantité de pruniers non greffés qui donnent d'excellens fruits. Les paysans disent même que les arbres francs de pied sont plus francs, ils entendent probablement par là d'un rapport plus sûr: je possède actuellement une très grande quantité de pruniers de noyaux, et j'ai reconnu dans leur produit la reine-claude, la mirabelle, etc., sans aucune difficulté, et je crois que toutes les prunes provenant de noyaux bien choisis sont toutes bonnes à manger. Au surplus, pour mon goût, je préfère la reine-claude à toutes, et je n'en mangerais jamais d'autres, si sa durée était plus longue.

La prune est, suivant moi, un des fruits dans lequel la différence de saveur est la plus marquée; nous devons chercher à en profiter, en les multipliant de plus en plus, et surtout en perfectionnant chacune en son particulier; la reine-claude est excellente, la prune de monsieur, quoique médiocre, suivant moi, a cependant une saveur vineuse qui peut se perfectionner, et les espèces bonnes à faire des pruneaux sont aussi à considérer sous ce rapport.

Je ne pense pas qu'on ait beaucoup cherché à constater l'effet de la greffe différente sur les différentes prunes, et cependant j'ai entendu dire qu'elles pourraient gagner par ce moyen.

Outre l'alliance, présumée possible par la fécondation, de toutes nos variétés, il faudrait essayer de joindre la prune avec l'abricot, la cerise et la pêche (je l'ai déjà tenté sans résultats, mais j'ai encore quelque espérance, tous mes arbres n'ayant pas fructifié; d'ailleurs l'abricot du pape est une preuve vivante de la possibilité de l'alliance du prunier avec l'abricotier); mais une alliance sur laquelle on peut compter, pour ainsi dire, c'est une alliance entre nos prunes et les espèces botaniques différentes, soit indigènes, soit étrangères. Bien que le prunier de Briançon soit un fruit très sucré, mais fade et insipide, il fournirait, par son alliance avec notre prunelier, dont le fruit est acerbe, un bon fruit, et il y a tant à dire sur ce sujet, que je m'en abstiendrai, de peur d'être trop long.

P.-S. Je viens d'obtenir, en cette année 1829, de très belles variétés de prunes de reine-claude excellentes, de couleur rosée. M. Vilmorin en a déjà fait prendre quelques greffes. L'origine de ces prunes peut confirmer l'opinion que j'ai émise sur la tendance à varier, causée par le changement de lieux. Des noyaux de prunes de reine-claude récoltées à Paris furent envoyés en Auvergne et plantés, ils y produisirent de fort belles prunes de reine-claude; les noyaux desdites prunes furent envoyés d'Auvergne à M. Michaux, qui me les remit, et je les plantai à Paris, où elles m'ont donné ces variétés remarquables que j'indique ici.

Des cerisiers et merisiers (cerasus).

J'emprunterai encore ici à M. Bosc, mais par extrait, une partie de ce qu'il dit de ces arbres dans le *Nouveau Cours complet d'agriculture*, autant que cela me sera indispensable.

Cerisier (*cerasus*), genre de plantes de l'icosandrie monogynie, et de la famille des rosacées, qui se rapproche infiniment des pruniers, et qui renferme une vingtaine d'arbres dont plusieurs se cultivent habituellement dans nos jardins, soit pour leurs fruits, soit pour l'agrément.

La plupart des auteurs ont confondu le merisier, si commun dans nos forêts, avec le cerisier proprement dit, autrement appelé griottier, arbre apporté de Cérasonte à Rome par le célèbre Lucullus, l'an 680 de la fondation de cette ville ; mais ce sont deux espèces botaniques bien distinctes, quoique fort voisines. Ce fait reconnu, tous ceux qui, sans faire cette remarque, ont eu pour objet de prouver ou que le cerisier est naturel à l'Europe, ou que Lucullus l'avait réellement apporté de l'Asie-Mineure, ont eu également raison et également tort. Ces deux espèces sont pourvues d'un caractère distinctif, saillant, mais de nature à être saisi plutôt par les jardiniers que par les botanistes, c'est que les fleurs du merisier se développent sur le bois de l'avant-dernière année, et celles du cerisier sur le bois de la dernière ; de plus, les bouquets qu'elles forment sont sessiles sur l'un, et légèrement pédonculés sur l'autre, et les feuilles sont velues en dessous sur le premier, et entièrement glabres sur l'autre. Un autre caractère, connu de tout le monde, c'est que les merises et les variétés qu'elles ont produites par la culture, telles que les guignes et les bigarreaux, c'est à dire ce qu'on appelle cerise dans la plupart des départemens, ont la chair dure, et que les cerises des Parisiens, celles que l'on appelle griottes et cerises aigres dans les départemens, l'ont tendre et aqueuse. Ils ont trois sortes de boutons, ceux à bois, ceux à feuilles, et ceux à fruit.

Le cerisier-merisier, (*prunus avium*, Lin.) est un arbre de première grandeur, d'un superbe port, qu'on trouve fréquemment dans nos forêts et qui s'accommode de presque tous les terrains. On l'emploie à la charpente et dans la menuiserie. Les fruits du merisier ou merises, quoique peu abondamment pourvus de chair, sont une nourriture aussi agréable que saine : outre leurs autres usages, ils servent particulièrement à faire le kirschenwasser, communément kirsch. Ces fruits offrent beaucoup de variétés pour la grosseur, la forme, la saveur, la couleur; les plus communs sont les rouges et les noirs : il en est de très-sucrés, et d'autres qui sont plus ou moins amers.

La quantité de merisiers qu'on emploie chaque année, pour la greffe, dans les grandes pépinières, est très considérable, parce que les diverses variétés de cerisiers se greffent rarement sur d'autres arbres, et que les noyaux de ces variétés sont d'autant plus souvent infertiles, qu'ils s'éloignent davantage du type originel. Il y a assez de différence entre les merisiers à fruit rouge et à fruit noir, pour qu'on les distingue en tout temps. Le premier pousse beaucoup plus vigoureusement; ses feuilles sont plus larges, plus profondément dentées et plus pâles. On est parvenu, par la culture, à faire doubler les fleurs du merisier. Cet arbre devient alors un objet d'agrément des plus intéressans pour les jardins paysagers. Il est principalement remarquable pour les botanistes, en ce que ses fleurs conservent beaucoup d'étamines et que le pistil est monstrueux.

De nombreuses variétés sont sorties du merisier, les guigniers et les bigarreautiers, qui toutes deux ont le fruit en cœur. Les fruits des guigniers sont généralement à demi mous et d'une difficile conservation. Leurs feuilles sont longues et pointues; leurs branches s'élèvent presque perpendiculairement; leur bois diffère peu de celui du merisier. Deux variétés très remarquables s'offrent dans les guigniers : le guignier de quatre à six livres, ou à feuilles de tabac, variété venue de Hollande, remarquable par la grandeur de ses feuilles, de près d'un pied de long sur moitié de largeur; son fruit est d'un rouge vif, un peu plus large que long, et d'environ un pouce de diamètre; il n'a d'ailleurs pas répondu à l'attente des amateurs, et ne mérite d'être cultivé que par curiosité; il faut encore noter pour le même objet le guignier à rameaux pendans, remarquable par cette disposition, et dont le fruit d'ailleurs est médiocre. Les fruits des bigarreautiers sont gros, oblongs; leur chair est ferme, blanche ou rouge (quelquefois même assez sèche, mais très sucrée), d'assez difficile digestion, et sujette à être piquée de vers. Leurs branches sont presque horizontales; leurs feuilles grandes, longues et très pendantes. Les guigniers et bigarreautiers donnent, en certaines années, des fruits dont les noyaux sont bons à semer; ils peuvent donc se reproduire jusqu'à un certain point, et être greffés avec avantage sur eux-mêmes; mais on préfère généralement les placer sur le merisier; en les greffant sur griottier, on n'obtient que des arbres fertiles et de peu de durée: aussi ne le fait-on que lorsqu'on veut avoir des espaliers ou des quenouilles, manière peu employée.

Le cerisier-griottier (*prunus cerasus*, Lin.) est un arbre de moyenne taille, dont les branches forment naturellement une tête sphérique; ce qui le distingue à la première vue et de fort loin du merisier, avec lequel il est cependant confondu. De plus, ses feuilles sont plus fermes sur leur pétiole, moins grandes, d'un vert plus foncé, et les fleurs plus petites, mais plus ouvertes; il est originaire de l'Asie-Mineure, et peut-être de la Hongrie et contrées voisines. On le cultive en Europe depuis près de deux mille ans, aussi forme-t-il une quantité considérable de variétés jardinières. Son bois n'est employé que pour le tour et à quelques petits ouvrages de menuiserie, ou à brûler, et il répand, en brûlant, ainsi que le merisier, une odeur assez forte. Les fruits des cerisiers-griottiers, ou proprement des cerisiers, sont ronds avec un sillon peu marqué. Leur chair est tendre et molle ou très aqueuse, leur saveur généralement acide et austère. Leur eau est tantôt blanche, tantôt colorée; ce qui donne lieu à deux divisions, dont la dernière, celle à eau colorée, est composée d'un petit nombre de variétés, auxquelles quelques auteurs appliquent particulièrement le nom de griottier. Dans la première division, je noterai le griottier franc ou commun, ou cerisier commun; il provient du semis des noyaux des autres variétés; il est plus vigoureux qu'elles, mais les cerises qu'il donne sont plus petites et plus acerbes. En conséquence, on l'emploie principalement comme sujet pour la greffe et de ces variétés et de celles des merisiers. On préfère généralement, dans les pépinières, le merisier pour cette opération, ainsi que je l'ai déjà dit; cependant la greffe des bonnes variétés de griottier sur franc doit produire des résultats avantageux relativement à la qualité du fruit.

Quant au cerisier-griottier sauvageon, c'est à dire qui n'est jamais sorti des bois, il n'a pas encore été décrit par les botanistes. Peut être Pallas, Michaux, Olivier l'ont-ils vu sur les bords de la Mer-Noire; mais ils n'ont pas fait attention aux légères différences qu'il présente quand on le compare au cultivé.

Le griottier nain précoce, Duh., s'élève de six à huit pieds au plus. Toutes ses parties sont plus petites que dans les autres variétés, et son fruit par conséquent. Ce dernier a la peau d'un rouge foncé du côté du soleil, la chair blanchâtre, fortement acide et même un peu âpre. Il mûrit dans le courant de mai, et c'est son seul mérite. La flexibilité et la longueur de ses branches le rendant propre à l'espalier, c'est principalement pour lui qu'il est bon de semer des noyaux de griottier, ou d'arracher les drageons de ceux qui sont francs de pied; car il s'emporterait trop, si on le plaçait sur merisier. Quelques personnes conseillent de le greffer sur le cerisier de Sainte-Lucie; mais on s'y refuse assez généralement, dans la persuasion que le fruit deviendrait âpre et désagréable.

Le griottier royal, kheryduk, ou mayduk, ou royal hatif. C'est proprement la cerise d'Angleterre des environs de Paris, une des meilleures qu'on y cultive. Son fruit est gros, un peu comprimé par ses deux extrémités, avec la queue médiocrement longue, toute verte, et pourvue d'une très petite feuille vers le tiers de sa longueur; sa peau est d'un rouge brun; sa chair rouge, un peu ferme, très douce; son noyau un peu inégal. Il mûrit en mai ou en juin.

Cet arbre, d'une grosseur au dessus de la moyenne, charge beaucoup. Il diffère extrêmement peu, pour les caractères, d'une autre variété qu'on appelle du même nom, mais dont les fruits ne mûrissent qu'en septembre. On le place ordinairement en espalier comme le précédent, ou au moins contre un abri, qui concourt à hâter encore la maturité de son fruit. On le greffe sur un franc de griottier. J'ai trouvé une grande variation dans la qualité de son fruit, variation qui tient probablement autant à la nature du sujet sur lequel on l'avait greffé, qu'à celle du terrain où on l'avait placé.

Le griottier commun, hâtif, Duh. Il s'élève beaucoup plus que les précédens, et est chargé de longs rameaux pendans. Ses fruits sont d'une médiocre grosseur et d'un rouge vif; leur chair est blanche et fort acide; leur noyau presque rond. Ces fruits mûrissent à la fin de mai ou au commencement de juin. C'est lui qu'on cultive le plus dans les environs de Paris; c'est à dire que c'est lui qui fournit proprement ce qu'on appelle simplement la cerise dans les marchés de cette ville. On en plante beaucoup dans les terrains secs et chauds, dans les sables les plus arides, où il s'élève peu, mais fournit des fruits plus hâtifs. Là, on en voit souvent qui sont francs de pied et qui fournissent des rejetons plus qu'il n'en faut pour sa multiplication. Dans les terres fortes, on le greffe sur merisiers, ou sur ses variétés cultivées. Il est très rare qu'on le mette en espalier. Quoique son fruit soit inférieur à d'autres, il mérite d'être cultivé à raison de sa précocité et de sa fécondité; car il n'est pas rare de voir des troches de six à huit fruits.

Le griottier commun, Duh., diffère extrêmement peu du précédent; seulement, son fruit est plus acide et mûrit quelques jours plus tard. Duhamel le regarde comme le type de l'espèce, et par là le confond avec le griottier franc, dont il n'est au reste, sans doute, qu'une légère variété. On le cultive très fréquemment, ou, mieux, on le laisse venir; car rarement on le greffe, quoique cette opération l'améliore beaucoup. Il pousse prodigieusement de drageons lorsqu'il se trouve dans une terre sablonneuse, et que ses racines sont dans le cas d'être blessées par le soc ou par la bêche. C'est par ses drageons qu'on le multiplie.

Le griottier à la feuille a une feuille sur le pétiole du fruit, qui est petit, très acide et même âpre. On dit qu'il se trouve dans les bois; mais certainement il n'y est pas naturel, car il appartient à une espèce exotique, et la monstruosité qui le caractérise prouve qu'il a passé par les mains de l'homme. Il est probable que cette variété provient de noyaux du précédent, semés par les oiseaux. Au reste, il faudrait la voir. Duhamel parle aussi d'une cerise à la feuille; mais celle-ci est grosse et a la forme d'une guigne. On ne la mange qu'en compote. Elle mûrit à la mi-juillet. On ne la connaît pas dans les pépinières des environs de Paris.

Le griottier à trochet, Duh. Ses fruits sont de médiocre grosseur, d'un rouge foncé, d'une chair délicate, mais très acide. Ils sont si nombreux, que les branches succombent quelquefois sous eux.

Le griottier à bouquets, Duh., est fort remarquable en ce que sa fleur a jusqu'à douze pistils, dont la plupart avortent, mais qui produisent toujours deux, trois, quatre à cinq fruits sessiles à l'extrémité d'un pétiole commun assez long. Ces fruits mûrissent en juin. Cette monstruosité devrait former un genre aux yeux d'un botaniste qui la trouverait au milieu des forêts de la Haute-Asie.

Le griottier de Montmorenci ordinaire, ou le gobet, Duh. Sa fleur est plus grande que celle du suivant, et son fruit est moins gros et moins comprimé, d'un rouge plus foncé, et plus hâtif d'environ quinze jours; ce qui fait son plus grand mérite.

Le griottier de Montmorenci, à gros fruit, Duh., gros gobet, ou gobet à courte queue, ou, dans les départemens, cerise de Vilaine, cerisier Coulard, cerise de Kent, a les fruits très gros très aplatis à ses deux extrémités, dont la peau est d'un beau rouge vif, la chair d'un blanc jaunâtre, peu acide et agréable au goût, le noyau blanc et petit. Ce fruit mûrit en juillet; il est remarquable par le peu de longueur et la grosseur de sa queue.

Le cerisier de Montmorenci devient rare dans la vallée qui lui a donné son nom, parce qu'il charge peu et qu'il est tardif. Les cultivateurs disent qu'il ne donne son fruit que lorsque les Parisiens sont rassasiés de cerises; et cela est vrai. Cependant, c'est un des meilleurs à conserver, à raison de la beauté et de la bonté de son fruit, qui est préféré à la plupart des autres, pour faire des cerises à l'eau-de-vie, des confitures pour sécher, etc., etc. Tout amateur de fruit doit donc en avoir dans son jardin de greffés sur merisiers; car ceux venus de drageons sont sujets à dégénérer.

Le griottier royal, *khery duk* tardif, ou mieux *kolsmanduk*, ne diffèrent presque du kheryduk hâtif que par l'époque de sa maturité, qui a lieu au commencement de juillet. Quelques amateurs distinguent deux variétés sous ces deux noms, dont la première aurait son fruit plus acide que la seconde. Ce sont au reste deux belles espèces, importantes à multiplier, mais qui ont le grave inconvénient de mûrir très tard.

Le griottier-guigne. Le fruit est généralement confondu avec la précédente variété et la suivante, sous le nom de *Cerise d'Angleterre* : elle mérite d'être plus généralement cultivée.

Le griottier royal ou *Nouveau d'Angleterre* a un fruit un peu plus arrondi et moins rouge que celui du précédent dont il provient sans doute. Il mûrit bien plus tard, puisque quelquefois l'arbre est encore en fleur en juillet.

Le griottier marasquin. Son fruit est petit et acide. Il vient de la Dalmatie et se cultive dans quelques jardins de Paris, entre autres chez Cels. On pourrait croire que c'est le type sauvage des griottiers; mais il faudrait avoir, sur la manière dont il croît dans son pays natal, des renseignemens plus certains que ceux que nous avons. Quoi qu'il en soit, il paraît que c'est avec son fruit qu'on fabrique à Zara cette excellente liqueur de table que l'on appelle *marasquin de Zara*, ou, mieux, *rossolis*.

Le griottier de la Toussaint, ou de septembre, ou tardif, est remarquable en ce que ses fleurs sont insérées dans les aisselles des feuilles de longs bourgeons pendans, et qu'elles se développent successivement pendant tout l'été. Ses fleurs sont solitaires ou géminées, et portées sur de longs pédoncules très grêles. Ses fruits sont petits, ont la peau dure, la chair acide et peu agréable. Il ne fleurit quelquefois qu'à la fin de septembre. Il ne mérite pas d'être cultivé dans les jardins fruitiers, mais beaucoup dans ceux d'agrément, à cause des singularités qu'il présente. On lui voit en même temps des fleurs et des fruits dans tous les degrés de maturité. Les bourgeons qui en ont donné se dessèchent pendant l'hiver, et il en naît d'autres au printemps suivant. Cette variété, qui s'écarte si fort des lois de la nature, mérite d'être étudiée par ceux qui s'occupent spécialement de la physiologie végétale. On peut dire que réellement il n'a pas de boutons à feuilles, quoiqu'il soit chargé de ces dernières comme les autres, puisque ses bourgeons sortent tous de boutons à fleurs. Cet arbre a besoin d'être fréquemment réglé par la serpette, car il chiffonne beaucoup et n'a de grâce qu'autant qu'il a peu de branches et que ses branches retombent sans obstacles.

Il s'élève peu; on le greffe ordinairement sur merisier.

Le griottier du Nord, nouvelle espèce encore plus tardive que la précédente, mais qui ne s'écarte pas, comme elle, de la nature des cerisiers. Elle se cultive dans quelques pépinières; ses fruits sont fort aigres et ne méritent aucun intérêt.

Le griottier de Portugal, ou *royal archiduc*, a le fruit très gros, aplati par les extrémités, et d'un beau rouge noir; sa chair est ferme et d'un beau rouge, légèrement amère et excellente. Quelques personnes appellent cette variété *royal de Hollande, royal archiduc*, et la confondent avec le griottier de Hollande, dont la chair est à peine colorée. C'est une des meilleures cerises. Elle a quelquefois près d'un pouce de diamètre. L'arbre ne s'élève pas extrêmement, mais pousse des bourgeons remarquables par leur longueur.

Le griottier à fleurs doubles est inférieur pour la largeur des fleurs au merisier du même nom; mais cependant comme il a un port différent, on trouve des cas où il brille même à côté de lui. On le multiplie par la greffe sur le merisier, ou plus souvent sur le mahaleb, comme je le dirai plus bas.

Le griottier à fleurs semi-doubles. Celui-ci est plus généralement cultivé, parce qu'il a presque tous les agrémens du précédent, et donne encore des fruits. Souvent il y a deux pistils et alors les fruits sont jumeaux. Souvent encore, le ou les pistils se changent en petites feuilles vertes, et alors il n'y a pas de fruit. Cette dernière monstruosité n'a pas été assez remarquée peut-être par les physiologistes.

Le griottier à fleurs de pêcher, ou de saule, ou de balsamine, à gros ou à petit fruit, n'est remarquable que par la forme de ses feuilles.

Le griottier à feuilles panachées est peu recherché. Ces quatre variétés ne se placent que dans les jardins d'agrément, où elles font plus ou moins d'effet, selon qu'on sait les faire contraster avec d'autres arbres.

Un amateur du jardinage, qui habite la Franconie, le baron de Truchsess, a réuni toutes les variétés de cerisiers qu'il a pu se procurer, et elles se montent à soixante-quinze; M. Calvel vient d'en donner la nomenclature, je crois superflu de les donner ici. Sans doute, comme l'observe ce dernier, dans cette nomenclature sont comprises toutes celles de France, sous leurs dénominations propres ou sous leurs dénominations étrangères; mais il y en a nécessairement beaucoup qui doivent nous être inconnues. D'ailleurs, cette nomenclature indique une nouvelle division de cerises, qu'il ne peut être qu'agréable aux cultivateurs de connaître, et comme des greffes de ces variétés ont été envoyées au Jardin du Muséum et à la Pépinière du Luxembourg, où elles ont réussi, il est probable que bientôt on sera à portée de faire la concordance des synonymies française et allemande, dans les cas où elles diffèrent.

La majeure partie des cerisiers se multiplie et se reproduit de noyaux, et encore plus rapidement par rejetons, qu'ils poussent abondamment, surtout lorsqu'ils sont dans un sol léger. Cette dernière méthode, quoique la plus employée, devrait être proscrite, parce qu'il en résulte des arbres qui poussent tant de rejetons qu'ils s'épuisent promptement. On a aussi remarqué qu'ils étaient plus sujets à la gomme; ce qui annonce une faiblesse dans les organes.

Lorsqu'on veut faire un semis de cerises et principalement de griottes, il ne faut pas l'effectuer sans s'être assuré si les amandes sont bonnes; car, comme je l'ai dit, on pourrait travailler en pure perte, leurs noyaux étant souvent vides. On doit aussi toujours préférer les fruits crus sur les arbres les plus vigoureux.

Les semis de griottiers doivent s'effectuer, comme ceux des merisiers, aussitôt que le fruit est parfaitement mûr. Ils se font et se conduisent de même.

On greffe les griottiers sur eux-mêmes ou sur merisiers. Dans ce dernier cas, ils deviennent de plus beaux arbres et durent plus long-temps, surtout si les sujets sont provenus de noyaux, et qu'ils appartiennent à la variété noire, comme je l'ai déjà annoncé. On les greffe aussi sur mahaleb ; mais les fruits qui en résultent se sentent de cette alliance : ils sont acerbes et de mauvais goût. Cependant, d'après l'observation de M. Descemet, qui doit faire autorité dans ce cas, et, d'après celle d'Antoine Richard, il suffit de greffer deux fois consécutives une de ses variétés, pour qu'elle reprenne toute sa qualité. Je n'ai pas encore pu prendre, par ma propre expérience, une opinion positive sur ce fait. Quoi qu'il en soit, on réserve généralement cet arbre pour greffer les cerisiers à fleurs doubles qu'on veut placer dans de très mauvais terrains, comme je le dirai plus bas.

Les autres espèces de cerisiers sont au nombre d'environ vingt, parmi lesquelles je vais passer en revue celles qui sont le plus fréquemment cultivées dans les jardins d'agrément, ou qui ont quelques propriétés utiles.

Le cerisier de Pensylvanie a les feuilles lancéolées, aiguës, glabres, avec deux glandes rouges à leur base; les fleurs petites et disposées en ombelle, presque sessiles sur le vieux bois. Il est originaire de l'Amérique septentrionale, et se cultive dans quelques jardins des environs de Paris, uniquement par curiosité; car il ressemble infiniment au cerisier-merisier, et donne bien moins de fruits, et des fruits moins agréables. On l'en distingue, pendant l'hiver, à son écorce plus rouge, ponctuée de blanc; il se greffe sur le merisier. J'ignore s'il devient un grand arbre dans son pays natal.

Le cerisier-mahaleb, ou prunier odorant, ou bois de Sainte-Lucie, s'élève à douze ou quinze pieds. Son écorce est d'un brun grisâtre; ses feuilles sont ovales, presque en cœur, pétiolées, glanduleuses; ses fleurs petites, blanches, disposées à l'extrémité des rameaux en corymbes convexes, et accompagnées de bractées. Ses fruits sont de la grosseur d'un pois, noirs et immangeables. Il croît naturellement dans les montagnes de l'est de l'Europe, principalement dans les Vosges, près du village de Sainte-Lucie, qui lui a donné son nom. Il fleurit au premier printemps, comme les autres cerisiers, et exhale alors une odeur agréable, quoique faible. Il se plante fréquemment dans les jardins paysagers, soit dans les massifs au second ou troisième rang, soit en allées, en salles, en berceaux, soit isolé au milieu des gazons.

Le cerisier à grappes, ou merisier à grappes, ou putier, *prunus padus,* Lin., a les feuilles doublement dentelées, légèrement ridées, avec deux glandes à leur base. Ses fleurs sont petites, blanches, et disposées en longues grappes axillaires et pendantes à l'extrémité des rameaux ; ses fruits sont noirs ou rouges, et de trois à quatre lignes de diamètre. C'est un arbre de quinze à vingt pieds de haut, qui croît naturellement dans les montagnes de l'est de l'Europe, et qui se cultive beaucoup dans les jardins paysagers, à raison des agrémens dont il est doué. Ses fleurs ont une odeur de miel commun, et avortent souvent ; mais il élève majestueusement ses branches et laisse retomber ses rameaux, en quoi son port est fort différent et bien plus élégant que celui du mahaleb. On le place, avec avantage, sur le second ou troisième rang des massifs. Il fleurit en même temps que les autres cerisiers, et est pendant quinze jours dans tout son éclat. Un insecte du genre des charançons dépose ses œufs dans l'ovaire de ses fleurs au moment de la fécondation, et il en résulte une monstruosité fort remarquable. Les fruits deviennent très longs, très pointus, souvent corniculés, ne prennent point de noyau, et restent toujours verts. J'ai vu quelquefois ainsi transformées toutes les grappes de certains arbres. Il n'y a pas de remède à ce mal.

La variété à fruit rouge se reproduit de semences : aussi, quelques auteurs l'ont-ils regardée comme une espèce; mais elle n'est pas assez différente pour mériter d'être élevée à ce rang.

Le cerisier de Virginie a les feuilles deux fois dentées et glabres, avec quatre glandes à leur base; ses fleurs sont disposées en grappes axillaires et droites. Il est originaire de l'Amérique septentrionale, où il s'élève de vingt à trente pieds. On le cultive dans les jardins des curieux, et on le multiplie, soit de graines, soit de marcottes, soit par la greffe sur merisier ou mahaleb. Il est rare de le voir, en Europe, surpasser douze ou quinze pieds. Ses fruits sont rouges et plus gros que ceux du précédent. On a long-temps regardé comme une de ses variétés une espèce qu'on appelle actuellement le cerisier tardif, *cerasus serotina*, Wild. Elle a les feuilles simplement dentées en dessous, un peu velues sur leurs nervures, et les fruits noirs.

Le cerisier-ragouminier, *cerasus canadensis*, Miller; *prunus pumila*, Lin., a les feuilles lancéolées, très longues et très étroites, glauques en dessous, sans glandes. Ses fleurs sont blanches et disposées en petites ombelles axillaires. Il est originaire de l'Amérique septentrionale, et étale ordinairement ses branches sur la terre : on le cultive dans quelques jardins. Franc de pied, il est sans agrément; mais lorsqu'il est greffé sur mahaleb, à quelques pieds de terre, la direction de ses branches lui donne souvent un aspect pittoresque. Ses fruits, qui ont trois ou quatre lignes de diamètre et qui sont rouges, peuvent se manger, quoique fortement acerbes.

On avait confondu, avec cette espèce, une autre, à laquelle on a mal à propos conservé le nom de *prunus canadensis*, et dont les feuilles sont plus larges, un peu velues en dessous, et les fruits noirs.

Le cerisier luisant, *cerasus chamœcerasus*, Wild., a les feuilles ovales, obtuses, dentées, luisantes, d'un vert noir; les fleurs grandes, disposées en ombelles sessiles, et les fruits rouges. Il est originaire des Alpes de l'Autriche et de la Sibérie, ne s'élève qu'à trois ou quatre pieds de terre; sur mahaleb, il forme une grosse tête, naturellement arrondie, qui se couvre de fleurs au printemps, de fruits en été, et qui est en tout temps d'un aspect fort agréable. Ses fruits, aussi gros que nos griottes communes, sont fort âpres, mais peuvent se manger. Ils ont l'avantage de rester sur l'arbre, quoique mûrs, jusqu'au milieu de l'automne, et de devenir chaque jour meilleurs, si on se donne la peine de les garantir du bec des oiseaux. Ce charmant arbuste n'est pas encore très répandu dans les pépinières éloignées de Paris; mais, plus connu, il le sera sans doute bientôt. Il pourrait être multiplié de semences; mais il n'est jamais si beau franc de pied que greffé, comme je viens de le dire.

Le cerisier-amande, ou laurier-cerise, a les feuilles ovales, lancéolées, grandes, dentées, épaisses, fermes, d'un vert gai, très luisantes, glanduleuses sur leur nervure. Ses fleurs, blanches, sont disposées en grappes axillaires et terminales; ses fruits sont petits, et noirs dans la maturité.

Ce bel arbrisseau, qui s'élève à huit à dix pieds et qui conserve ses feuilles toute l'année, est originaire de l'Asie-Mineure. On le cultive en Europe depuis 1576. Il fait l'ornement des bosquets d'hiver, et contraste admirablement, pendant l'été, avec le feuillage de la plupart des autres arbres; aussi l'emploie-t-on fréquemment dans les jardins paysagers. Une terre argileuse et l'exposition du nord lui conviennent principalement. Il est des lieux où il est impossible de le conserver. On le multiplie presque exclusivement de marcottes et de boutures, car il donne rarement de bonnes graines dans le climat de

Paris. Les unes et les autres s'enracinent promptement lorsqu'elles sont faites en terrain et en saison convenables. Cependant on doit préférer les semis lorsqu'on le peut, parce que les pieds qui en proviennent sont plus beaux et plus durables. On les sème à l'exposition du levant, et on couvre le plant pendant l'hiver; car il est sensible aux gelées. Les vieux pieds ne sont pas même toujours en état de résister aux hivers rigoureux; mais leurs racines ne périssent jamais, et elles repoussent, au printemps, des jets qui ont bientôt rétabli l'arbre. On en connaît trois variétés : l'une panachée de jaune, l'autre, de blanc, et la troisième à feuilles très étroites. On les multiplie comme l'espèce, ou on les greffe sur elle.

Les feuilles et les fleurs de cet arbrisseau ont le goût et l'odeur de l'amande amère. Communément on les emploie pour donner au lait et aux mets dans lesquels on les fait entrer ce même goût et cette même odeur, qui sont fort agréables; mais une telle sensualité peut devenir dangereuse, car il est de fait qu'elles renferment un violent poison. Duhamel a fait périr un gros chien avec une seule cuillerée de leur eau distillée, qu'il lui fit avaler. Fontana en a fait périr un autre en appliquant sur une plaie une goutte de leur huile essentielle. L'ouverture du premier n'indiqua aucune autre trace du poison que son odeur, et le second mourut avec les symptômes qui suivent l'introduction du venin de la vipère. Il suffit même de se reposer, pendant la chaleur, à l'ombre de cet arbre, pour sentir des maux de tête et des envies de vomir. Ainsi il est prudent de ne pas employer ses feuilles, ou au moins de ne les employer qu'en très petite quantité. On vendait en Italie, sous le nom d'essence d'amande amère, l'huile essentielle de cette plante, soit pour l'usage de la toilette, soit pour celui de la cuisine; mais sa fabrication et sa vente ont été défendues, à cause des dangers qui pouvaient en résulter.

Le cerisier-azaréro, ou cerisier de Portugal, ou laurier de Portugal, a les feuilles ovales, lancéolées, souvent ondulées, d'un vert foncé; les rameaux très rouges; les fleurs petites, blanches, disposées en grappes axillaires droites; les fruits noirs dans leur maturité. Il est originaire du Portugal, et se cultive dans les jardins d'agrément, parce qu'il est toujours vert et qu'il forme des buissons d'un très bel aspect. Il s'élève à dix ou douze pieds. Ses jeunes pousses sont très sensibles à la gelée, dans le climat de Paris; mais le corps de l'arbre y résiste passablement bien; cependant il est prudent de le couvrir.

Quoique, dans le langage familier, on donne le nom générique de cerises aux fruits de ces deux arbres, tout le monde sait fort bien distinguer les provenances particulières de chacun d'eux : d'une part, les cerises proprement dites, ou griottes dans les départemens, et de l'autre les merises, guignes et bigarreaux. Ces deux arbres, d'espèces botaniques bien distinctes, peuvent bien, je le crois, être chacun, quant à lui, la souche primitive de tous les fruits dont je viens de parler, et leur alliance présumée possible, que je crois avoir effectuée dans quelques unes de mes expériences, me paraît avoir donné naissance à la cerise anglaise, que je regarde absolument comme un hybride, ainsi peut-être que quelques unes de ses variétés, soit réelles, soit présumées. Cette espèce est précieuse; et nous engage à faire, dans cette direction, quelques essais.

N'ayant pas eu l'occasion d'observer le merisier des forêts, je ne contredirai point l'opinion émise par M. Bosc sur le mode différent de fructification, qu'il établit comme caractère distinctif du merisier et du cerisier, sa fructification sur le vieux bois seulement; mais je puis garantir que, dans mon jardin, le bigarreautier fructifie et sur le vieux et sur le nouveau : ce peut être un effet de la culture et aussi de l'âge avancé.

Quant au cerisier proprement dit, est-il bien

sûr que Lucullus nous l'a apporté de l'Asie-Mineure, ou plutôt n'en aurait-il apporté qu'une très belle espèce de cerise? Je le croirais assez, car nous avons en France une très grande quantité de cerisiers communs, demi-sauvages, qui paraissent se multiplier spontanément et de toute manière, sans aucune espèce d'altération. Doit-on admettre que cette petite espèce commune soit une dégénération de la belle cerise de Lucullus, dont il a dû probablement n'apporter que des variétés choisies, et, dans ce cas, il faudrait admettre qu'elle a dégénéré à peu près d'une manière uniforme dans la plus grande partie de ses provenances, ce qui paraît peu vraisemblable? Au surplus, si ce cerisier de Lucullus avait ses analogues en Hongrie et lieux circonvoisins, il ne serait pas fort étonnant qu'un fruit qui plaît assez à tout le monde, qui se mange en assez grande quantité, et dont les noyaux ne s'altèrent point par la digestion, ainsi qu'il est aisé de s'en apercevoir par plus d'un sens, n'ait été apporté de proche en proche par les hommes, par les mulots et par les oiseaux; le cerisier qui fournit le marasquin de Zara est-il le même que le nôtre, et le cerisier du Nord n'a-t-il pas aussi fourni ses variétés particulières?

On trouve en abondance, dans nos campagnes, des cerisiers et des guigniers non greffés, dont le fruit est assez bon, mais pas très gros ; ils m'ont paru, en général, avoir les queues très longues : quelques unes de ces cerises sont un peu amères, mais assez souvent une parfaite maturité leur fait perdre ce goût désagréable.

Le merisier à fruit noir et celui à fruit rouge, le merisier à fruit doux et celui à fruit amer, sont-ils bien le même arbre ? Comme je ne les ai point bien observés, je ne prononcerai pas. S'il en est ainsi, ce serait une preuve de la facilité avec laquelle cet arbre varie, et une preuve de la facilité avec laquelle un fruit peut passer de l'amer au doux, et pour nous une leçon de l'application de laquelle nous devons tirer parti. J'ai mangé quelquefois des merises sauvages, très petites à la vérité, mais si bonnes que je regrettais presque que la culture y eût substitué nos guigniers ; cependant, dans ces derniers, il en est aussi d'excellens, et d'ailleurs le volume est un mérite réel quand il ne nuit pas trop sensiblement aux autres qualités.

Le cerisier a fourni une variété à fleurs très doubles, et une à fleurs semi-doubles ; le merisier, une très belle à fleurs doubles : suivant d'anciens auteurs, il en a existé une variété à fleurs roses doubles : il paraît qu'elle est perdue. Qu'il ait varié en rose, cela ne m'étonne pas, j'ai trouvé dans mes variétés de semis des individus à fleur rosée, et s'ils eussent été suivis par leurs semis, on aurait pu de là passer à l'obtention de fleurs roses. Le cerisier à feuilles de pêcher est une variété remarquable, et le guignier de quatre à la livre le serait encore plus, s'il répondait à ce qu'on en avait annoncé d'abord. Le cerisier de la Toussaint, encore un peu sauvage, mérite d'être perfectionné, et sa tardiveté le rend précieux. Il a été question plus haut du fait de la double greffe, opérée par M. Richard, pour détruire l'influence de la greffe du cerisier sur mahaleb, que plusieurs personnes prétendent donner aux cerises un mauvais goût. Ce fait, s'il est bien constaté, est remarquable en physiologie; je présenterai cependant, à cet égard, quelques doutes. J'ai trouvé cette saveur amère à quelques cerises non greffées, et elles la perdirent par une maturité complète : n'en serait-il pas de même des cerises greffées sur mahaleb? Est-il donc bien vrai que le mahaleb communique ce goût désagréable aux cerises, ou n'en disparaîtrait-il pas par une maturité complète? Cela mériterait d'être vérifié.

Je me suis étendu, plus que je ne voulais d'abord, sur les nombreuses espèces et variétés de cerisier et de merisier, pour donner l'idée de ce qui a été fait et de ce qui nous reste à faire. Nous avons obtenu, par la fécondation du merisier avec le cerisier, un hybride intéressant, la cerise anglaise, nous pouvons pousser cela plus loin. Les espèces botaniques que j'ai indiquées multiplient encore pour nous ces moyens d'expérience, et avec leur secours nous ne pouvons manquer d'obtenir des résultats curieux et utiles. Les cerisiers seraient peut-être susceptibles de s'allier au merisier à grappes, etc. Je crois avoir vu un hybride du Sainte-Lucie et du cerisier commun; la ressemblance de cet arbre avec le prunier et même avec l'abricotier permet aussi d'espérer leur alliance, et ce serait un sujet intéressant d'expériences à tenter.

J'ai fait, à différentes reprises, des semis de toutes les variétés connues, j'en ai perdu beaucoup; mais il m'en reste encore une certaine quantité de jeunes, au nombre desquels sont quelques hybrides; j'en ai obtenu cette année une variété à fruit très alongé, et d'autres qui me donnent des espérances.

CHAPITRE X.

DU NOYER (*JUGLANS REGIA*).

Le noyer est originaire de la Perse, et cultivé en Europe depuis un temps immémorial, on l'y trouve aujourd'hui en grande quantité dans toute la partie de ce continent, moyenne et méridionale ; on ne peut cependant pas dire qu'il y soit complétement acclimaté : car, en général, il ne se multiplie pas de lui-même, ayant besoin du secours de l'homme pour protéger sa naissance, et ne se plaisant que dans les terres cultivées. Il craint les très fortes gelées de l'hiver, et les gelées tardives du printemps lui sont très nuisibles. On connaît un grand nombre de variétés de noyer, dont quelques unes sont préférables aux autres, telles que le noyer à gros fruit, ou noix de jauge, qui a quelquefois plus de deux pouces de diamètre; mais l'amande qu'elle contient ne remplit pas la capacité de la coque, très souvent même elle avorte. Le semis ne rend pas toujours son espèce. Il y a encore le noyer à gros fruit long, préférable au précédent, le noyer à coque tendre, ou noyer-mésange, le noyer tardif ou de la Saint-Jean, qui fleurit un mois plus tard que les autres, et est par conséquent moins sujet aux gelées, le noyer à grappe, le noyer hétérophylle, et plusieurs autres variétés.

Les forêts de l'Amérique septentrionale renferment un grand nombre d'espèces de noyers, je ne citerai que les plus intéressantes pour nous : le noyer-pacanier, dont l'amande est très bonne à manger; un noyer à coque très dure, amande aussi très bonne; le noyer noir, le noyer cendré, etc.

Le noyer est une preuve frappante de la vérité de ce que j'ai avancé, que l'ancienneté de la culture d'une plante exotique n'est pas une raison pour qu'elle doive s'acclimater; il y aurait probablement des moyens plus efficaces : l'hybridation du noyer entre ses variétés les plus rustiques, mais encore plus avec les meilleures espèces d'Amérique produirait peut-être cet effet. Ces expériences doivent être tentées dans le triple but d'acclimatation, de production d'espèces et de variétés nouvelles, et d'amélioration dans l'espèce et la qualité du bois.

M. Michaux, qui en a rapporté d'Amérique plusieurs espèces, remarquables sous ce dernier rapport, a proposé de greffer sur elles notre noyer commun, afin d'avoir en même temps, d'une part, le bois, et, d'autre part, le fruit : j'ignore si cela réussirait, c'est un essai à tenter.

Pour en revenir à notre noyer commun, ce qu'il nous importe surtout de perfectionner en lui, ce sont la tardiveté, la grosseur et la saveur de son fruit, que je trouve excellent; saveur cependant dans laquelle on ne peut remarquer que plus ou moins de finesse, sans apparence de différence sensible quant au goût, différence de saveur que la culture perfectionnée peut cependant amener quelque jour, et qui certainement aurait lieu par la fécondation des espèces étrangères. On peut appliquer à ce perfectionnement les divers moyens que j'ai indiqués ailleurs, notamment la greffe sur espèces étrangères, la greffe répétée, le marcottage, ainsi que l'incision annulaire. Quant à ce dernier moyen, il faut bien se ressouvenir que s'il a influence sur la maturation ou la saveur, sur la grosseur du parenchyme, du péricarpe, il peut nuire au grossissement de la graine, et sous ce dernier rapport, il faut bien peser son influence sur la noix, l'amande, la châtaigne, la faîne, le gland, etc. Je recommande là dessus la plus grande attention et des expériences multipliées. Le noyer peut commencer à donner du fruit à sa septième ou huitième année. Il m'a paru n'avoir ordinairement qu'une sève.

Du châtaignier (fagus castanea), et du hêtre.
(F. sylvatica).

Le châtaignier, *fagus castanea*, est indigène à l'Europe; il est l'objet d'une culture importante sous le rapport de son fruit et de son bois. Le châtaignier peut fructifier au bout d'une dixaine d'années; mais ce n'est que beaucoup plus long-temps après qu'on peut compter sur son produit.

De tout temps, les hommes se sont nourris de châtaignes, aussi la culture les a-t-elle beaucoup perfectionnées : il y a loin du marron de Lyon à la petite châtaigne sauvage.

L'Amérique septentrionale fournit plusieurs espèces de châtaignes assez différentes des nôtres, quelques unes paraissent mériter les honneurs de la culture; peut-être l'hybridation les joindrait-elle avec la nôtre, et augmenterait aussi les espèces, les variétés, la grosseur et l'abondance des produits. Cette expérience est à faire, aussi bien qu'entre tous ces arbres et le hêtre.

Le hêtre, *fagus sylvatica*, n'est guère considéré que comme un arbre forestier (il a une très belle variété à feuilles rouges); et cependant son fruit, comme oléifère, le rend très précieux.

Dans le perfectionnement de ce fruit, il y a encore tout à faire.

Du chêne (quercus robur et Q. pedunculata).

Les premiers hommes, dit-on, se nourrissaient de gland; c'était une nourriture un peu sauvage. N'y a-t-il pas moyen d'adoucir son fruit? Il existe d'ailleurs un chêne à glands doux, qu'on a mangés et qu'on mange encore; je ne le connais pas assez pour recommander sa culture: son alliance avec notre chêne serait-elle possible? Ce serait un puissant moyen d'amélioration.

Mais un point, suivant moi, d'une très grande importance serait l'hybridation entre nos chênes d'Amérique, et surtout celle entre nos deux beaux chênes de France. Cette alliance, présumée possible, nous procurerait et nous assurerait une très grande abondance de glands, qui, comme l'on sait, manquent souvent, et augmenterait la vigueur et la prompte croissance de nos bois de charpente et de chauffage : c'est une grande et belle expérience à tenter.

Du pin cultivé (pinus).

Ce pin, commun dans le midi de l'Europe, donne une petite amande très agréable au goût.

Jusqu'à quel point la culture a-t-elle pu ou pourra-t-elle la perfectionner?

On sait qu'aujourd'hui la greffe en herbe se pratique avec succès sur les arbres conifères.

Du mûrier noir et du mûrier blanc (morus nigra et M. alba).

Le mûrier noir nous produit un fruit excellent, à mon avis; je ne pense pas que ses variétés soient très nombreuses : il pourrait être amélioré sous le rapport de la qualité et de la grosseur. Il y a des localités où la feuille du mûrier noir est employée à la nourriture du ver à soie.

Mais c'est principalement sous ce dernier rapport qu'on cultive le mûrier blanc; l'éducation des vers à soie n'a pu, jusqu'ici du moins, avec un certain succès, dépasser une certaine latitude. A quoi cela tient-il? Il faut au ver à soie une température appropriée à sa nature, ne peut-on pas la lui procurer artificiellement? En croisant, par le moyen de l'art, ses espèces ou variétés, ne parviendrait-on pas à l'acclimater?

D'un autre côté, on a avancé, et réellement il est possible, qu'un degré de chaleur ou de température déterminé soit nécessaire pour le perfectionnement de la qualité de la feuille du mûrier et, par une conséquence nécessaire, de la qualité de la soie. A cet égard, que pouvons-nous faire? Nous ne pouvons rendre chauds et secs les climats froids et humides; mais il ne nous est pas impossible d'obtenir des espèces et des variétés de mûriers plus hâtives, plus vigoureuses que celle que nous avons : l'incision annulaire, la greffe sur des espèces rustiques, le semis, etc., et autres procédés déjà indiqués, nous offrent leur secours. L'hybridation entre le mûrier blanc et le mûrier noir, probablement possible, ainsi que celle entre les diverses variétés; l'importation des espèces cultivées dans les parties les plus septentrionales possible, sont particulièrement des moyens d'acclimatation et d'amélioration. La chose en vaut la peine, j'essaierai de m'en occuper.

De l'olivier (olea).

Je connais peu l'olivier; mais cet arbre est d'une telle importance, que je hasarderai à son égard quelques conjectures.

L'olivier est cultivé depuis long-temps dans quelques parties méridionales de la France. S'y est-il acclimaté? nullement, au point même que l'on craint d'y voir quelque jour sa culture abandonnée, tout avantageuse qu'elle est. Y a-t-il quelque moyen de prévenir ce malheur? (Voyez le chapitre de l'*Acclimatation*.)

On a cité un olivier de la Crimée qui résistait

à de très fortes gelées, il faudra voir. Entre les espèces botaniques d'oliviers y aurait-il possibilité d'hybridation? La greffe sur espèce rustique rendrait-elle l'olivier plus fort? (Voyez le chapitre sur la *Greffe*.)

Pour se procurer du plant d'olivier vigoureux, le semis est sans contredit le moyen de multiplication le plus efficace; c'est aux noyaux des plus fortes espèces qu'il faut s'attacher, sauf à greffer sur ces sujets des espèces plus délicates et plus recherchées. Voyez, à cet égard, ce que j'ai déjà exposé sur le noyer, sur le mûrier, etc.

Notre expédition dans la Morée nous donne l'occasion de nous procurer des oliviers, des mûriers peut-être préférables aux nôtres, ainsi que des cépages de vignes, et M. Bory Saint-Vincent s'est chargé, sur l'invitation de la Société royale et centrale d'Agriculture, de ces recherches, et, en échange, il a porté aux Grecs des graines de pommes de terre, dont le semis offre un moyen prompt et économique de propagation. Espérons tout de l'avenir.

MM. Soulange Bodin et des Michels ont, d'après divers indices, conseillé, pour remplacer l'olivier, la culture du *camelia oleifera*. Je renvoie à leurs notices, insérées dans les *Annales d'horticulture*, tome Ier., page 240, et tome IV, pages 147 et 217.

Des orangers et citronniers (medica citrus et M. aurantium).

Ma position ne m'a pas permis de cultiver ces beaux arbres. Des ouvrages importans sur ce sujet ont été publiés en Italie par M. le docteur Gallesio, et en France par M. Poiteau et autres. Je regrette de n'avoir pas été à même de les consulter. La lecture de ces traités devra cependant être utile à ceux qui s'occupent de la multiplication par semis. Il y a, dans les fruits de cette famille, des bizarreries et des monstruosités remarquables ; je ne sais pas si on connaît leur origine. J'ai exposé ailleurs ce que je pense de l'origine des monstres, dont le chou-raifort hybride m'a fourni un exemple, sur lequel je me suis fondé pour dire que cette origine pouvait être due à des fécondations entre espèces, qui, quoique voisines, sont cependant assez distinctes pour que les germes fécondés, tout en se joignant l'un à l'autre, ne puissent former une alliance intime et présenter un tout homogène.

Du grenadier (punica granatum).

Le grenadier est très anciennement cultivé; on le voit dans le midi de la France : il offre quelques variétés, cependant peu nombreuses et peu caractérisées, en raison de l'ancienneté de sa culture. Il y en a une variété à fleur double et une autre à fleur et à fruit jaunes, et, je crois, une autre espèce exotique. Il est à désirer qu'on lui applique les procédés d'amélioration connus, ou ceux que j'ai indiqués.

Du figuier (ficus).

Le figuier, cultivé très anciennement, même en France dans notre midi, et qui supporte assez bien les hivers du climat de Paris, au moyen des abris, a fourni un très grand nombre de variétés, dont peu réussissent ici. Qu'on lui applique donc tous les procédés de culture qui lui conviennent, et qu'on le multiplie par le semis. Ce moyen ne me semble pas employé, il paraît que ses graines réussissent rarement ; cependant cela n'est pas impossible.

De la vigne (vitis).

Les nombreux cépages que nous connaissons sont-ils des variétés d'une seule et même espèce primitive ? C'est ce qu'il est impossible de décider. Il y en a en Amérique plusieurs espèces ; mais la plupart sont dioïques, et par cette raison, ainsi que par plusieurs autres, elles ne doivent point lutter avec la nôtre. Olivier a rapporté de l'Asie une vigne dite d'Orient; je ne la connais pas : elle pourrait avoir quelque part dans l'origine de nos variétés. On trouve dans le midi de la France, et croissant sans culture, plusieurs vignes sauvages et à demi sauvages : sont-elles d'une espèce identique? J'ai vu, dans le Gâtinais, une vigne sauvage qui croît dans les haies et sur la lisière des bois, à petit fruit noir, qui pourrait aussi être le type de notre vigne. Il paraît cependant que les meilleurs raisins nous ont été très anciennement apportés d'Italie ou de Grèce. Je pencherais assez à croire que la vigne sauvage dont j'ai parlé pourrait être la souche de nos vignes communes, et que les variétés les plus perfectionnées auraient été très anciennement importées; peut-être, depuis ce temps, y a-t-il eu mélange entre elles. Au surplus, dans tout ce que j'ai vu, je n'ai point remarqué de traces d'hybridisme; mais cela n'est point une preuve rigoureuse, attendu que quand les espèces, quoique différentes, ont beaucoup d'affinité, ces traces, s'il y en a, échappent à nos sens. Je ne vois donc point de difficulté de regarder toutes nos variétés comme identiques, sauf meilleur avis.

Je ne m'étendrai point sur l'importance de la vigne, soit comme vinifère, soit comme fruit à manger; ce sujet n'est pas contesté : aussi sa culture est assez perfectionnée, quoique assurément il y ait encore beaucoup à désirer.

La récolte de vin est très précaire : à plusieurs années de disette peuvent succéder plusieurs années d'abondance, et cette abondance est d'autant plus fatale, qu'elle est de plus mauvaise qualité, et c'est le cas où nous nous trouvons : il est bien permis de se plaindre; mais à quoi bon, et à qui la faute? Nous avons trop planté, nous avons détruit ou détérioré nos meilleures vignes. Il faut donc diminuer la quantité, augmenter la qualité, et surtout chercher à nous assurer un produit moyen, mais bon et égal. Cela peut avoir ses difficultés et ses longueurs; mais cela n'est pas impossible.

Les ordres religieux étaient propriétaires des meilleurs vignobles de France : ils étaient fort bien entre leurs mains. Les cépages distingués, les vins fins y étaient conservés, soignés, je pourrais dire avec un saint respect; cela faisait honneur à leur goût et à leur politique, et ces noms antiques et consacrés de doyenné, de bon-chrétien, donnés à nos meilleures poires, dénotent aussi une origine respectable, et je puis dire qu'on trouvait dans les couvens bon vin, bonne poire et bon accueil. Je ne m'épancherai point en regrets sur la destruction des couvens; mais il faut être juste, il faut rendre à chacun ce qui lui appartient. Les amis de la civilisation ne devront point oublier que c'est autour des couvens, que c'est au sein de ces tranquilles demeures, qu'ont trouvé pendant long-temps un asile les sciences, et l'agriculture, le premier et le plus utile des arts.

Améliorons donc la qualité de nos vins; conservons précieusement nos bons et vieux cépages; soyons, je n'ose dire, moins gourmands, mais plus gourmets, et si nous voulons rendre ou conserver à nos vins leur réputation et leur supériorité justement acquises; si nous voulons qu'ils soient estimés, estimons-les nous-mêmes : ce serait une résolution honorable en même temps pour notre industrie agricole et notre politique.

L'amélioration des variétés de raisin et de vin devra être l'objet de recherches spéciales; je ne suis point appelé à la traiter, et j'en dirai seulement deux mots.

Il est probable que les variétés nombreuses de raisins sont dues en partie au semis, nous n'employons pas volontairement ce mode, et il a souvent été dû au hasard; je m'en étais occupé, mais diverses circonstances m'ont fait perdre le fruit de mon travail. Je possède cependant encore quelque semis de raisins muscats et d'Alexandrie, dont j'attends la fructification. J'ai un pied de chasselas qui a déjà rapporté et rendu son espèce franche, au bout d'environ sept ans. Je pense que, dans le midi, ce terme serait beaucoup plus rapproché; faisons donc des semis de nos meilleures espèces, même du raisin de la Madeleine, comme précoce; rapprochons les unes des autres nos meilleures variétés, pour qu'elles se mêlent par une fécondation spontanée, et, encore mieux, aidons nous-mêmes à cette fécondation; essayons-la avec les meilleures vignes d'Amérique; en un mot, par l'augmentation de la bonne qualité et de la certitude du produit, mettons-nous à même de restreindre la plantation de nos vignes, et n'y consacrons que les terres que la nature paraissait lui avoir destinées et réservées.

Du cornouiller (cornus).

On connaît fort peu à Paris le fruit du cornouiller; la cornouille mûrissant au mois de septembre, dans un moment où les bons fruits abondent, est peu commune, et cependant l'analogie qu'elle a avec ce que nous appelons les fruits rouges, qui sont rares à cette époque, lui donne un certain mérite, et la saison fiévreuse devrait la faire rechercher. On en connaît deux variétés, l'une à gros fruit, l'autre à fruit blanc. Sa culture est à perfectionner.

Des groseilliers, framboisiers, fraisiers, etc.

Les groseilles, à mon avis, sont un de nos plus sains et un de nos meilleurs fruits : nous en avons plusieurs variétés perfectionnées, mais encore bien au dessous de ce qu'elles pourraient l'être ; il y en a un grand nombre d'espèces botaniques étrangères, assez distinctes pour devoir faire l'objet d'une culture particulière, et qui pourraient promptement être civilisées par leur hybridation avec les nôtres. Le cacis mériterait aussi d'être amélioré.

Le groseillier épineux, dit *à maquereaux*, fournit aussi quelques belles variétés. Je pense que c'est lui qui fait en Angleterre l'objet d'une culture très distinguée. Je crois néanmoins que le mérite qu'il y acquiert tient beaucoup plus à la grosseur et à la beauté du fruit qu'à sa saveur : notre climat nous permettrait, sous ce dernier rapport, de plus grands succès, et nous pourrions rendre à l'Angleterre ses fruits aussi gros et beaucoup meilleurs. J'ignore si la greffe et l'incision annulaire ont été pratiquées sur les groseilliers. (Voir la *Monographie du genre Groseillier*, par feu M. Thory.)

Le framboisier fournit aussi plusieurs variétés distinguées, et il y en a aussi plusieurs espèces botaniques. On pourrait probablement lui faire l'application d'une partie de ce que j'ai dit relativement aux groseilliers : le semis est, pour tous ces arbustes, le principal moyen d'obtenir des variétés améliorées; je crois qu'on s'y est très peu livré, et on a eu grand tort.

Les fraisiers, à commencer par le fraisier commun, dont le fruit est peut-être un des meilleurs, ont été l'objet en France, et surtout en Angleterre, d'une culture recherchée. M. Duchesne les avait pris pour sujet d'un travail important; je pense qu'en Angleterre on a profité de ses travaux, et qu'on a pu aller plus loin. Je ne me suis jamais occupé particulièrement de la culture des fraisiers, et je ne pourrais, à leur égard, que répéter ce que d'autres en ont dit, ou ce que j'ai pu dire ailleurs moi-même relativement aux procédés d'amélioration qui leur seraient applicables.

Des cucurbitacées et du melon en particulier.

J'ai déjà parlé de mes nombreuses expériences sur les cucurbitacées et des mémoires où je les ai consignées, on pourra les consulter. J'ai déterminé jusqu'à quel point les diverses espèces de cette nombreuse et intéressante famille pourraient se joindre par la fécondation, et j'ai cherché à dissiper les erreurs absurdes répandues sur les alliances ridicules qu'on leur supposait possibles, particulièrement pour le melon, qu'on prétendait se détériorer par la fécondation des citrouilles, des concombres, etc.

Les pepons proprement dits, savoir : le potiron, le giraumont, le potiraumon, le malabaric, ne s'allient pas même entre eux. Les trois premiers fournissent d'assez nombreuses variétés, qu'il faut cultiver seules pour les conserver franches.

Le pastisson ou bonnet-d'électeur est une race de giraumont très remarquable. Ses fibres, ligneuses et corticales, sont contractées et retirées sur elles-mêmes, de telle manière que ses rameaux, au lieu de s'allonger et de courir sur terre, comme les autres plantes de la même famille, forment une plante à tiges droites et courtes, dont les bourgeons rameux se touchent presque. Le fruit et les graines sont également contractés, et ce fruit ressemble un peu au bonnet-d'électeur : c'est en raison de la contraction de ces graines, et de l'espèce de monstruosité qu'offre toute la plante, qu'on s'est cru autorisé à conclure qu'en général les graines bizarres pouvaient produire dans tous les végétaux des individus monstrueux ; en allant du connu à l'inconnu, et procédant par analogie, cela devait être ainsi; mais cela ne s'est pas toujours confirmé, et au fait cette analogie n'est pas toujours et réelle ni constante. Il y a des variétés de giraumons à branches contractées, dont les fruits et les graines ne le sont pas du tout et sont très réguliers. Cette conformation contractée est d'ailleurs très utile en horticulture, attendu l'économie d'emplacement qu'offre le pastisson, comparé à ses congénères, dont l'étendue sur terre est rarement proportionnée à leur produit; tandis que le pastisson, sur un local resserré, produit beaucoup de fruits. Est-ce l'art, est-ce le hasard qui a produit le pastisson? Il serait bien avantageux pour nous de faire participer à cette propriété le potiron, le melon, etc.; leur culture en serait bien plus commode.

Dans aucune espèce ou variété de pepons ou de courges, je n'ai rencontré de fruit mangeable dans l'état de crudité : dans cet état, presque tous ont une odeur et une saveur repoussantes, qu'on caractérise assez ordinairement de goût de citrouille, sans se rendre bien compte de ce que c'est qu'une citrouille. La culture pourra-t-elle quelque jour amener la citrouille à cet état d'amélioration, d'être mangeable crue? Voyez ce qui va être dit de la pastèque.

La pastèque, ou melon d'eau, offre plusieurs variétés; on en fait peu de cas à Paris, où ce fruit acquiert rarement sa perfection; il mériterait cependant que l'horticulture s'en occupât. Dans les variétés nombreuses de pastèques, il y en a de très bonnes à manger crues, et c'est le plus grand nombre; mais il y en a aussi qui ne sont bonnes que cuites ou confites. Quel est donc le type primitif? Est-ce en dedans ou en dehors qu'a agi la culture? Ordinairement elle améliore. Dans tous les cas, je ne vois pas pourquoi les pepons ne participeraient point à la même faveur. Espérons donc que nous verrons, quelque jour, sur nos tables un beau potiron de cent cinquante livres pesant flatter également et l'odorat et le palais des convives.

Le melon n'est pas, comme on l'a ridiculement avancé, susceptible d'être influencé par la fécondation d'aucune espèce de citrouilles, pas même par celle du concombre, avec lequel Linnée l'avait réuni; mais il s'allie très aisément avec les melo flexuosus, chaté et dudaïm. J'ai ainsi formé plusieurs espèces très intéressantes qu'il serait à désirer qu'on pût suivre. J'ai réuni et cultivé, pendant plusieurs années, avec succès toutes les variétés connues de melons, et tant de ces espèces naturelles que de mes espèces hybrides, il en était résulté une quantité prodigieuse de variétés, qui se serait élevée probablement à plusieurs milliers, si j'avais pu continuer cette culture en grand. Mais cette grande quantité de variétés a beaucoup d'inconvéniens par elle-même, et elle m'aurait occasioné trop de dépense.

La facilité avec laquelle les variétés de melons se mêlent est un obstacle à leur culture. Leur réunion est donc impossible à un particulier; je possède un fonds de collection assurément très intéressant; mais, après moi, il sera perdu, à moins qu'une Société d'horticulture ayant à sa disposition un terrain convenable ne puisse l'héberger. Il est étonnant que, dans une ville riche et peuplée comme Paris, la culture commerciale des melons se borne à trois ou quatre variétés; celle des melons à chair verte et encore plus celle des melons d'hiver sont cependant bien importantes.

De la patate (convolvulus batatas).

La patate est peu cultivée à Paris; elle n'y donne que des produits coûteux de qualité médiocre. J'ai recommandé le semis de ses graines comme moyen de s'en procurer une variété hâtive et acclimatable. (Voyez *Annales d'Agriculture*, 2e. série, tome XLIV.)

M. Vallet, dans le département du Var, s'occupe de cette culture avec succès. La patate fleurit et grène rarement. M. Vallet a obtenu sa fleur, et il est à désirer qu'il obtienne sa graine.

De la pomme de terre (solanum tuberosum).

Cette plante, que nous devons à l'Amérique (ainsi que le maïs, le topinambour et le tabac), est aujourd'hui pour nous d'une importance majeure; je ne dois cependant en parler que dans l'intérêt du sujet que je traite, et sous trois points de vue peu considerés jusqu'ici, et je n'en dirai que deux mots.

Premier chef. *École de variétés en général ou aiologie.*

Deuxième chef. *Preuve frappante de la puissance de la culture.*

Troisième chef. *Semis fait en vue de direction dans la création des variétés.*

Premier chef. Les nombreuses variétés fournies par la pomme de terre, que j'ai étudiées avec grand soin, m'ont paru provenir de deux races assez distinctes, rouges, rougeâtres, et même blanches, tachées de rouge, et, d'autre part, jaunes pures, jaunes tachées de violet, violettes, etc. Ces deux races sont-elles le produit de la même espèce primitive, la pomme de terre sauvage que je possède actuellement, et que

M. Vilmorin m'a procurée? Cela est rigoureusement possible. Si cela est ainsi, on ne peut désirer une preuve plus frappante des effets de la culture, c'est à dire des efforts de l'art et de la culture réunis.

Car la pomme de terre sauvage, dont l'apparence d'ailleurs se rapproche beaucoup de la nôtre, fournit, comme elle, un grand nombre de filets souterrains qui s'allongent indéfiniment, mais qui, comme elle, produisent dans leurs extrémités des tubercules exigus, informes et incolores, et qu'on soupçonnerait jamais avoir donné l'origine aux beaux tubercules que nous récoltons aujourd'hui.

Deuxième chef. Il y a trente-six ans, pour la première fois, que je me suis occupé de multiplier la pomme de terre par le semis, et dès lors ayant récolté les graines de toutes les variétés que j'avais pu me procurer, je multipliai ces variétés en nombre indéfini; cependant, à travers ces variations grandes et très marquées, je remarquai avec intérêt dans chaque lot des nuances caractéristiques d'origine appartenant à la variété mère. Cette étude m'a paru intéressante, et l'analogie porte à croire qu'il en est à peu près de même dans toute obtention de variétés. En conséquence, je propose le semis de pomme de terre comme une école d'aiologie.

Troisième chef. La multiplication de la pomme de terre par semis ne présente pas les longueurs et les difficultés qu'on lui a gratuitement attribuées : c'est un moyen économique de propagation au loin, et je désire que la Grèce ait profité de l'envoi de graines que lui a fait la Société royale et centrale d'agriculture. Quant à nous, nous ne manquons pas de tubercules pour la plantation, et cependant, dans l'intérêt de l'agronomie, nous avons cherché à nous procurer de nouvelles variétés, non pas pour le plaisir d'en augmenter le nombre déjà très considérable, mais en vue d'en obtenir des produits plus abondans, plus perfectionnés, plus caractérisés en saveur et en qualité ; ce qui pourrait arriver par le croisement des races et des variétés, en suivant à cet égard, avec discernement et avec persévérance, une direction convenable. Je traiterai ce sujet une autre fois, et je le crois important.

P.-S. J'en ai fait, cette année 1829, un semis assez étendu, dont le produit paraît devoir être assez considérable, je m'attends à trouver plusieurs centaines de variétés nouvelles. J'en ferai part aux Sociétés d'agriculture et d'horticulture, et aux amateurs qui viendront les prendre chez moi. (M. le comte de Murinais et M. le chevalier Soulange Bodin ont bien voulu se charger de planter chez eux cette collection, ainsi que celle de la Société royale et centrale d'agriculture.)

Du topinambour (helianthus tuberosus).

Le topinambour n'est point répandu autant qu'il le mérite. M. Yvart l'avait cultivé en grand pour la nourriture des moutons. M. Vilmorin, qui le cultive dans le Gatinais, et qui se plaint avec raison de la forme irrégulière de ses tubercules, qui est un obstacle à sa saine récolte, en a fait des semis dans la vue d'en avoir des tubercules plus avantageusement conformes, et il y a lieu d'espérer qu'il pourra y parvenir. Il a déjà obtenu quelques variétés à fruit jaune et blanc.

On n'a pu jusqu'ici faire grener le topinambour dans le climat de Paris : c'est une difficulté que devra lever l'horticulture.

Du maïs (zea maïs).

Le maïs, originaire d'Amérique, ainsi que le prouve sa figure, représentée dans les bas-reliefs de Palenque (voyez *Antiquités d'Amérique*, par M. Warden), fait l'objet d'une culture importante dans les parties méridionales de la France : on en connaît un assez grand nombre de variétés.

Tout récemment, M. Bossange vient d'offrir un prix pour la culture de cette plante dans le climat de Paris, je lui souhaite un plein succès, mais j'y compte peu : *Malheur à l'étranger aventureux qui ose dépasser la ligne fatale tracée par Arthur Young !* Ce n'est pas tout que d'obtenir le produit d'une plante, il faut pouvoir la récolter sainement. (Avis applicable à la culture du coton.)

Toutefois, il ne faut désespérer de rien; nous avons quelques variétés hâtives du maïs, le maïs quarantain et le maïs à poulet : peut-être sont-ils de peu de produit; créons-en une variété en même temps hâtive et productive.

Du tabac (nicotiana tabacum).

Si je ne consultais que mon goût, je ne parlerais point du tabac; mais il fait l'objet d'une culture et d'un commerce importans. Il y a plusieurs espèces de tabac, et il y a plusieurs variétés de l'espèce dont il est ici question. (J'ai entendu dire que le tabac de Latakie était fabriqué avec le *N. rustica.*)

Kœlreuther avait fait sur l'hybridation des tabacs les uns par les autres une multitude d'expériences, et il avait créé de nombreux hybrides. Cette famille paraît s'y prêter ; j'ai répété une partie de ces expériences ; j'ai obtenu aussi plusieurs hybrides, notamment un très joli *nicotiana tabaco-undulata*, sur lequel j'ai donné une notice, insérée dans les *Annales de l'Agriculture française*. M. Thoüin en a conservé un individu pendant plusieurs années au Jardin du Roi.

Il reste à faire plusieurs expériences sur cette famille.

Du café (*coffea arabica*).

Autant le tabac me répugne, autant le café m'est agréable. Ce n'est cependant pas une production française ; mais il y a des choses qui sont de tout pays. Ai-je le goût moins fin qu'autrefois, ou le café a-t-il perdu de son ancien parfum ? Est-il donc déchu en quittant l'Arabie-Heureuse ? Dieu veuille qu'il n'en soit rien. En est-il de lui comme de la vigne ? A-t-on étendu sa culture à des terres trop riches ? a-t-on trop renouvelé ses plantations, ou le boit-on trop nouveau ? Je ne sais qu'en penser.

Là où la nature a beaucoup fait pour l'homme, l'homme n'a rien fait pour elle ni avec elle. Y a-t-il des Sociétés d'horticulture au delà du tropique ?

Le café, j'aime à le croire, doit, comme bien d'autres, avoir ses chances et ses degrés de perfectibilité ; il doit être productible de variétés plus fines et plus délicates. Quels procédés de culture améliorante lui seraient applicables? Je lègue ces méditations aux futurs horticulteurs des contrées équatoriales.

CHAPITRE XI.

RÉSUMÉ.

J'avais eu d'abord l'intention de résumer ici brièvement tous les moyens d'amélioration, de fructification exposés dans le cours de ce Traité : c'eût été sans doute une chose commode pour les lecteurs, qui, malgré toute l'attention dont ils sont susceptibles, peuvent difficilement se rappeler et classer les nombreux procédés que j'ai indiqués ; mais j'ai réfléchi depuis que, dans le nombre de ces procédés, s'il y en avait de bien éprouvés, de bien constatés, il y en avait peut-être un plus grand nombre d'incertains et de conjecturaux. Je crois donc plus prudent de remettre ce résumé à un autre temps, quand l'expérience aura fourni les lumières nécessaires.

Je vais cependant, dès à présent, présenter un tableau de domesticité (ou plutôt de domestication) pour quelques arbres encore sauvages et à demi sauvages. Cette application, toute particulière qu'elle paraisse être, pourrait servir également à d'autres espèces.

Ce tableau, tout imparfait qu'il soit, suppléera, autant que possible, au résumé que je m'étais proposé. Les exemples ont été pris dans trois familles différentes.

Tableau de domesticité pour le prunier de Briançon (prunus brigantiaca).

Le prunier de Briançon n'est connu que depuis peu de temps; il est probable qu'il n'a point encore fourni de variétés; s'il y en avait, ce serait sur elles qu'il faudrait opérer de préférence.

Le fruit de cet arbre est de moyenne grosseur, de couleur jaune, à peu près semblable à la prune de reine-claude; sans qu'on puisse précisément caractériser son goût désagréable, il n'est pas mangeable, tant il est fade : il semble donc qu'en le mariant par la fécondation avec nos pruniers, même les plus sauvages et les plus acides, ou en le greffant sur eux, il ne pourrait qu'y gagner; ce sont des expériences à tenter: voici donc ce que je proposerais.

1°. An 1829. Greffer le prunier de Briançon sur nos meilleures espèces de prunes, entre autres sur le prunier de Monsieur et sur quelques autres pruniers plutôt acides que doux. Comme il est probable que le Briançon peut être greffé sur amandier, pêcher, abricotier, etc., il ne faudra pas négliger ces greffes, ainsi que sur l'abricot du pape, et l'amandier de Perse qui pourrait fournir des nains.

2°. An 1830. Sur le Briançon greffé, pratiquer l'incision annulaire sur plusieurs branches, pour en obtenir du fruit et des bourlets pour faire des boutures.

3°. 1831. Faire des boutures, semer les noyaux des fruits annelés.

4°. Dès cette même année, prendre des écussons sur ce semis, et les reporter par la greffe sur ces boutures.

5°. 1832. Traiter ces greffes par le pincement, pour déterminer promptement leurs degrés de ramification nécessaires à la mise à fruit.

6°. 1833. Pratiquer l'incision annulaire sur celles de ces greffes destinées à fructifier, et en faire quelques boutures.

7°. 1834. Semer les noyaux de ces prunes annelées.

8°. Prendre sur eux des écussons et les placer sur plusieurs espèces de bons pruniers déjà greffés eux-mêmes.

9°. 1835 et années suivantes. Recommencer

à anneler les greffes, ressemer les produits, les reporter par la greffe, soit sur leurs propres boutures, soit sur de bons pruniers déjà greffés eux-mêmes, regreffer les produits sur eux-mêmes, etc.; enfin, combiner et continuer les opérations indiquées, jusqu'à ce qu'on obtienne les résultats désirés.

Domesticité du marronnier d'Inde (esculus hippocastanum).

Le marronnier d'Inde n'est plus absolument un arbre sauvage; il a, je crois, deux variétés, l'une panachée, et l'autre à fleur rouge. On pourra les préférer pour commencer.

C'est la graine de l'amande du marronnier d'Inde qui forme la partie essentielle de son fruit, j'ai fait voir que cette partie diminuait de volume par l'incision annulaire; c'est pour cette raison-là même que je le choisis pour exemple particulier, et je suppose en outre que les effets de l'amélioration n'en sont que plus efficaces.

1°. An 1829. Pratiquer l'incision annulaire sur le marronnier d'Inde en état de fructifier de préférence sur ses variétés, ou du moins sur des individus présumés déjà acclimatés, ou domestiques, par une longue suite de générations.

2°. An 1830. Semer les marrons provenans de branches annelées.

3°. Prendre, sur ces jeunes marronniers en provenant, des écussons, et les placer sur un *pavia esculenta*, de préférence, si l'on peut, sur une variété de cet arbre, s'il y en a, ou sur un individu déjà regreffé sur lui-même, si on a pu d'avance s'en préparer un, soit sur une bouture de lui bien reprise.

4°. 1831. Pratiquer sur ces nouvelles greffes, s'il est possible, le pincement et les autres moyens fructifians, pour avancer la mise à fruit, et les continuer jusqu'à qu'elles soient en état de fructifier.

5°. Pratiquer sur les branches fructifiantes l'incision annulaire; en semer les produits, les reporter par la greffe sur des *pavia esculenta*, recommencer, continuer et combiner les opérations jusqu'à un résultat satisfaisant.

Domesticité du maclura aurantiaca.

Cet arbre intéressant (sur lequel M. Soulange Bodin a publié une notice que je conseille de lire préliminairement, *Annales d'horticulture*, tom. Ier., page 181) sort tout nouvellement des mains de la nature; je ne sais s'il a des analogues sur lesquels on puisse le greffer. Le pomiculteur sera donc, dans ce cas, réduit à ses propres forces, et aura besoin de toute son industrie. Au surplus, je ne le donne que comme un exemple ; et si l'on ne pouvait se le procurer, ou qu'on désespérât d'en faire quelque chose, il serait possible d'en faire l'application *à tout autre arbre analogue.*

1°. An 1829. Greffer et regreffer sur eux-mêmes, soit un *maclura* franc de pied, soit de préférence ses boutures.

2°. Lorsqu'on en aura un, soit greffé, soit non greffé, en état de fructifier, pratiquer sur lui l'incision annulaire.

3°. 1830. Semer les graines des fruits annelés et les reporter par la greffe, s'il est possible, sur des boutures déjà greffées et regreffées.

4°. Faire, s'il est possible, des boutures prises sur les boutures regreffées.

5°. 1831. Pratiquer les opérations fructifiantes de pincement et autres sur les greffes provenues de semis.

6°. Faire des boutures de ces mêmes greffes.

7°. 1832 et années suivantes. Lorsque ces greffes provenant de semis annelés seront en état de fructifier, il faudra les anneler, en semer les produits, les regreffer sur de nouvelles boutures, toujours prises aussi sur les greffes, et ainsi continuer d'année en année, jusqu'à l'obtention des résultats.

Un pomiculteur intelligent, et qui se sera bien pénétré des principes que j'ai développés dans le cours de cet ouvrage, trouvera aisément à les mettre en pratique, à les varier et à les combiner de manière à arriver à son but le plus promptement possible, et se souviendra toujours que c'est sur les derniers produits, les plus nouveaux, les plus compliqués de greffe et de bouturage et d'annelage, qu'il faudra opérer de préférence; il faudra qu'il se souvienne aussi qu'il ne doit pas rebuter les graines mal conformées, bizarres et mal mûres, à fleurs doubles, naines, plus hâtives, en un mot plus domestiques; quelques graines des premières recueillies devront aussi être gardées le plus long-temps possible, pour essayer plus tard les effets provenant de leur vieillesse. Il sera encore essentiel de faire attention que plus la ramification sera parvenue à un haut degré, soit sur greffe, soit sur bouture, plus on sera fondé à espérer du fruit amélioré, soit sur les graines, soit sur les greffes ou boutures produites par ce haut degré.

Le *maclura aurantiaca* et autres arbres qui n'ont pas d'analogues pour être greffés devront être essayés à souder par les greffes en approche avec les arbres qui auraient avec eux le plus d'analogie; et ces derniers devront, après la soudure, avoir la tête coupée, suivant l'exemple que j'en ai donné à l'article du *pêcher accolé à l'a-mandier.*

Aussitôt qu'on aura obtenu quelques variétés, il sera expédient de chercher à les joindre par des fécondations naturelles, et d'y joindre les opérations par divers procédés que j'ai indiqués pour retarder ou avancer les produits.

J'ai rempli la tâche que je m'étais imposée. Que ceux qui s'intéressent à la pomologie rivalisent d'efforts avec moi pour concourir à son perfectionnement. Si cet ouvrage est agréé, je lui donnerai une suite, ou j'y ferai quelques changemens.

Faisons des vœux pour que l'amélioration des fruits et celle de l'ouvrage marchent d'un pas égal.

FIN.

SUR LA

TAILLE DES ARBRES A FRUIT.

Les considérations que je présente ici sur la taille des arbres fruitiers ne sont pas le résultat d'une longue pratique de cet art, elles m'ont tout simplement été suggérées par les observations que j'ai eu occasion de faire sur leur végétation. Occupé, depuis quelques années, d'expériences particulières sur ces arbres et sur plusieurs de leurs espèces et variétés, dans un tout autre but que celui qu'on se propose ordinairement dans leur culture, je n'ai pu me livrer à ces expériences sans examiner de très près le mode de leur végétation et de leur fructification, et j'ai été très étonné de les trouver absolument en contradiction avec la méthode de taille pratiquée le plus ordinairement.

C'est du poirier et du pommier que je me suis le plus occupé; c'est d'eux seuls que je vais parler ici. Je pense néanmoins que, de ce que j'ai à dire sur eux, il sera possible de tirer quelques inductions relatives à la taille de plusieurs autres espèces d'arbres.

Je dois faire observer que, pour le moment, je ne m'occuperai nullement de la taille considérée dans ses rapports avec la direction des arbres, soit en espaliers, soit soumise à toute autre forme, d'usage, de mode ou de caprice, bien ou mal raisonnée, comme contre-espalier, buisson, quenouille, pyramide, etc. : je n'entends parler que de la taille en elle-même, c'est à dire de l'arbre taillé simplement dans la vue de lui faire porter son fruit, et contrarié le moins possible dans sa forme et dans son port naturels.

Je sens bien qu'on m'objectera qu'il est impossible de considérer les arbres à fruits, ceux du moins qui sont dans nos jardins, abstraction faite de leur forme, de la direction quelconque à laquelle on ne peut guère s'empêcher de les assujettir, ne fût-ce que pour la régularité; qu'on me dira qu'un arbre, tel que je veux me le figurer, serait un être idéal, dont il ne pourrait se trouver de modèle que dans l'état sauvage : il me semble cependant que, mon intention étant de considérer la taille en elle-même, et seulement sous le rapport de la production des fruits et du bois qui doit en être le support, ce qui est son premier et son plus essentiel but, je ne puis me dispenser de la considérer isolément, pour ne pas compliquer mon sujet, sauf à revenir une autre fois sur la direction, s'il y a lieu, en passant du simple au composé.

En effet, dans la taille des espaliers, le but n'étant pas seulement de se procurer des fruits pour le moment, mais de prévoir à l'avance les moyens de tenir toujours le mur garni, et les branches à bois et à fruits qui doivent le tapisser toujours également exposées à l'action bienfaisante de l'air et du soleil, cette taille devient un art très compliqué; et dès que l'on veut assujettir un arbre à une forme quelconque, qui n'est pas la sienne propre, il est évident que, dès le premier pas que l'on fait pour y parvenir, il faut dévier des principes et commencer par contrarier sa manière d'être : il devient donc dès lors très difficile, sinon impossible, de juger ce qui serait arrivé s'il eût été abandonné à lui-même, comme il est impossible aussi, une fois que sa manière d'être est dérangée, d'y revenir, ou même de s'en rapprocher : c'est à quoi on n'a guère pensé.

Un travail préliminaire, essentiel à tous ceux

qui s'occupent soit de la pratique de la taille, soit d'en donner des leçons, eût donc été d'étudier auparavant la végétation des arbres naturels en premier lieu, puis celle des arbres soumis à la culture, modifiés par la transplantation, la greffe, le semis; de suivre la végétation de ces derniers, lorsque, après avoir subi une ou plusieurs de ces opérations, ils sont abandonnés à eux-mêmes, comme dans nos vergers: c'eût été le moyen de se mettre en état de juger de l'influence de la taille sur eux, et des contrariétés plus ou moins grandes qu'elle oppose à leur manière d'être, des modifications que ses principes généraux doivent subir en raison des différences que ces arbres présentent, afin d'être en état d'éviter, autant que possible, de contrarier la marche particulière à chacun d'eux, et la marche générale à l'espèce entière, soit par l'opération de la taille elle-même, soit dans la direction à laquelle on se propose de les assujettir (1).

Cette étude préliminaire a-t-elle été faite par un grand nombre d'auteurs ou de praticiens?

---

(1) Celui qui n'a vu que les arbres de son jardin n'a rien vu. La végétation d'un arbre taillé ne donne aucune idée de la végétation qui lui est naturelle; c'est la nature qu'il faut étudier.

Cela est fort douteux; car, à quelques exceptions près, la plupart n'ont été que copistes ou imitateurs. Parmi les praticiens, combien d'entre eux croiraient n'avoir point taillé, s'ils n'avaient touché indistinctement à toutes les branches! Combien d'entre eux n'ont-ils pas une si grande habitude de rogner et de raccourcir, que la branche même la mieux faite, la mieux placée, réunissant enfin toutes les qualités convenables, ne peut échapper à leur serpette! La taille, dans leurs mains, au lieu d'être le retranchement des branches mortes, malades, mal placées, mal faites, ou se gênant mutuellement par leur trop grand nombre; la suppression même des gourmands qui, dans plusieurs cas, attirant toute la sève à eux, peuvent être nuisibles; la taille, dis-je, exécutée par des gens éclairés, remplirait sans doute une partie de ces fonctions, tandis que, pour eux, elle n'est que le raccourcissement universel de toutes les branches, raccourcissement bien ou mal raisonné, mais toujours rigoureusement exécuté, de telle sorte qu'il semblerait qu'à leur compte la nature n'a pu rien faire de bien, et qu'il faut, pour être parfait, que tout ait passé par leurs mains.

Mais pour celui qui a étudié la marche naturelle de la végétation et de la fructification du poirier et du pommier, et qui a sous les yeux deux arbres voisins, de structure et d'espèce pareilles, dont l'un vient d'être taillé, et l'autre reste à tailler, la première idée qui se présente est celle-ci :

Il remarque d'abord que, quelles que soient l'habileté et les connaissances pratiques ou raisonnées du jardinier, presque toutes les parties retranchées de l'arbre taillé sont celles sur lesquelles les plus belles rosettes et lambourdes se seraient manifestées dans le printemps succédant à la taille. La chose deviendra pour lui de la dernière évidence, s'il veut bien comparer, l'année suivante, ces deux mêmes arbres, l'un taillé, l'autre non taillé, placés à côté l'un de l'autre.

Par une conséquence inévitable, il est également évident que la même taille ayant eu lieu précédemment, et devant successivement avoir lieu tous les ans de la même manière sur cet arbre, ses effets ont été, sont et seront toujours les mêmes, et qu'il en résultera constamment le retranchement des parties sur lesquelles se seraient annuellement formées les plus belles rosettes, et conséquemment les plus beaux fruits.

Il remarque en outre qu'à chaque année la taille ayant raccourci toutes les branches, à l'extrémité de la partie restante de chacune d'elles s'est formé un coude : en sorte que si un tel arbre a vécu cent ans, ou a cent ans à vivre, autant il s'y trouvera de coudes et de nœuds multipliés par le nombre de ses branches, comme également autant de fois le support naturel de ses plus belles rosettes aura été retranché.

Ces réflexions sont pénibles, sans doute; elles sont cependant de la plus exacte vérité. Est-il donc bien possible qu'il n'y ait aucun inconvénient à contrarier perpétuellement, pendant cent ans et plus, la marche naturelle de la végétation ? Qu'est-ce que c'est donc qu'un art tant perfectionné, tant vanté, par lequel on se crée des difficultés pour avoir le plaisir de les vaincre, et qui n'est au fait qu'une lutte perpétuelle de l'art contre la nature ? Cependant me dira-t-on avec quelque apparence de raison : par cette méthode on a de beaux arbres, on se procure de beaux et bons fruits; mais qu'est-ce que cela prouve? Que, malgré cette perpétuelle contrariété, les forces de la nature sont si grandes et ses ressources si variées, qu'avec la taille, ou plutôt malgré la taille, elle répare promptement les outrages qu'on ne cesse de lui faire.

Du but de la taille.

Le but de la taille est de faire porter aux arbres de beaux et bons fruits, en quantité modérée et à peu près égale chaque année, en conservant toutefois l'arbre en bon état de vigueur et de santé. Voilà donc trois conditions à remplir :

1°. Production de beaux et bons fruits ;

2°. Production de fruits en quantité modérée et égale à peu près chaque année ;

3°. Maintien de l'arbre en bon état de vigueur et de santé.

La taille remplit-elle exactement ces trois conditions ? Existe-t-il d'autres moyens d'arriver plus directement, ou au moins de coopérer au même but, et quels sont-ils ? Ces moyens une fois trouvés, sera-t-il possible de les combiner avec la taille ?

Je ne chercherai point à résoudre chacune de ces questions en particulier ; elles se trouveront discutées dans le cours de cet ouvrage : je vais exposer d'abord mes idées sur quelques moyens auxiliaires de la taille, et sur la marche de la végétation et de la fructification du poirier et du pommier, marche sur laquelle ont dû se fonder ses principes.

Moyens auxiliaires de la taille.

Entre les principaux moyens auxiliaires de la taille dans la conduite des arbres, tant pour la production du bois que pour celle des fruits, moyens dont on n'a peut-être pas encore tiré tout le parti possible, sont l'incision annulaire, l'arqûre, le cassement de l'extrémité des branches, le pincement, l'ébourgeonnement, la greffe, la transplantation, le recépage, l'éborgnement, etc.

Par l'incision annulaire, on peut mettre à fruit les boutons terminaux et latéraux situés au dessus du point circoncis; par l'arqûre, on obtient une partie des mêmes effets, et l'on détermine assez ordinairement (je dis ordinairement, parce que cette sortie peut être modifiée par l'époque de l'opération), dans la partie arquée, la sortie de rosettes au lieu de branches à bois; par ces deux mêmes opérations, on détermine ordinairement aussi la sortie de branches à bois au dessous de la partie circoncise ou arquée; par la greffe exécutée suivant certaines modifications, on obtient à volonté branches ou boutons à bois, branches ou boutons à fruits; par la transplantation, le cours de la sève se trouvant modéré, au lieu de boutons à bois il sort quelquefois des boutons à fruit; enfin, par le cassement, on obtient quelquefois un bouton à fruit terminal au lieu d'un bouton à bois, et l'on détermine aussi l'avancement des boutons placés plus bas par le pincement.

J'ai commencé, sur ces diverses opérations, plusieurs expériences; je ne me trouve pas encore assez avancé pour rendre compte de toutes : je dirai seulement plus bas quelque chose du cassement et du pincement.

De la végétation et de la fructification du poirier et du pommier, et de la division établie par les auteurs entre leurs branches.

Ceux qui ont écrit sur les principes de la taille ont cru devoir établir, dans les branches des poiriers et pommiers, trois principales divisions :

1°. Branches à bois ;

2°. Brindilles (par brindilles on entend de petites branches à bois qu'on appelle aussi branches à fruit, parce que, dit-on, elles ne fournissent que des rosettes ou lambourdes);

3°. Branches à fruits véritables, ou rosettes ou lambourdes, qu'on appelle aussi boutons à fruits.

Mais ces trois divisions sont-elles bien dans la nature ? Sont-elles bien réellement distinctes les unes des autres? Y a-t-il entre elles une véritable ligne de démarcation? N'y a-t-il pas, au contraire, fusion des unes dans les autres? N'ont-elles point été imaginées pour faciliter la pratique de la taille? ou si elles sont véritablement fondées, doit-on les admettre généralement, eu égard à l'espèce entière, ou seulement relativement à l'individu qu'on a sous les yeux, c'est à dire à partir des pommiers et poiriers sauvages, et se rapprochant par degrés de nos espèces plus ou moins domestiques? Dans ces rapprochemens, les caractères prétendus distinctifs de ces trois sortes de branches ne perdent-ils rien de leur essence? Voilà bien des choses à considérer, et auxquelles on n'a pas assez réfléchi.

M. Du Petit-Thouars, qui a examiné ces arbres avec beaucoup d'attention, avec l'observation seule pour guide, n'admet point cette distinction de branches, et il me paraît être bien fondé; et véritablement les rosettes ou lambourdes peuvent être seules regardées comme distinctes, et encore avec quelques restrictions. Les expressions de branches à bois et branches à fruits peuvent bien être permises au jardinier, qui a le droit de les nommer ainsi, suivant qu'il attend d'elles ou du bois ou du fruit; mais, dans le fond, ces expressions ne peuvent être que relatives, la qualification applicable à toute branche me paraissant dépendre bien moins de sa nature intime que de sa position et de la qualité de l'individu dont elle dépend, et même de la saison, du climat ou du terrain, d'autant plus que l'art où le hasard (j'entends par ce dernier mot les circonstances environnantes dont il n'est pas toujours permis d'apercevoir ou d'apprécier l'influence) peut faire varier et changer leur dénomination, en changeant l'état des choses sur lesquelles cette dénomination paraissait fondée.

Examinons en effet la végétation des poiriers et pommiers, et prenons pour guide M. Du Petit-Thouars dans son ouvrage intitulé : *Recueil de rapports et de mémoires sur la culture des arbres fruitiers*, page 77 et suivantes, à Paris, chez l'auteur, rue du Roule, n°. 20, en y joignant les passages de Butret, qu'il y a cités.

« Les arbres à pepins, comme les poiriers et pommiers, rapportent leurs fruits sur de petites pousses appelées lambourdes, qui sont ordinairement trois ans à se former (*nota des trois ans*), et souvent plus ; elles viennent principalement sur de petites branches longues de cinq à six pouces, nommées brindilles : c'est pourquoi les brindilles et les lambourdes sont les vraies branches à fruits dans ces sortes d'arbres ; les autres sont branches à bois, et fournissent les brindilles et lambourdes. » *Butret,* pages 7 et 8.

« Il y a une exception à faire sur la règle générale pour les pommiers greffés sur paradis, qui rapportent souvent des fruits sur les branches d'un an ; ces bois développent, au mois d'avril, des lambourdes qui fleurissent et donnent du fruit dans leur saison. » *Butret.*

« Dans les arbres à fruits à pepins, *ordinairement* le bouton terminal des jeunes branches de l'année précédente, ou ce que je nomme le bourgeon, s'allonge tout de suite en une branche semblable à celle qui la portait, c'est à dire que toutes ses feuilles sont distantes les unes des autres ; les autres bourgeons donnent souvent la même quantité de feuilles ; mais comme elles sont très rapprochées, elles forment une rosette ; mais, si l'on coupe une portion de la branche, le bourgeon, qui sera rendu terminal par cette opération, s'allongera tout de suite en branche dite à bois, en sorte que je ne crois pas qu'il y ait dans la nature de caractères certains qui puissent faire distinguer les différentes espèces de branches annoncées dans les ouvrages sur la culture. » (M. *Du Petit-Thouars,* p. 78.)

J'ai vu les choses comme M. Du Petit-Thouars, et, en conséquence, je suis de son avis. J'ajouterai néanmoins quelques observations qui peuvent bien ne pas lui être échappées, mais dont il n'est pas mention dans son ouvrage, et dont l'exposition est nécessaire au sujet que je traite.

Il y a, suivant moi, plusieurs circonstances qui influent sensiblement, quoiqu'à divers degrés, sur le développement des yeux, soit à bois, soit à fruits, et sur la formation, sur la position, sur le nombre des rosettes, ainsi que sur le temps qu'elles mettent à se perfectionner pour être en état de fleurir et de fructifier.

N'ayant pas à ma disposition les divers ouvrages publiés sur la culture des arbres, et ne me souciant pas d'ailleurs d'y faire de longues recherches, je ne puis m'assurer si *toutes* ces circonstances ont été examinées par leurs *auteurs*; je vais donc parler d'après mes propres idées, discuter leur influence probable, et sur les arbres, et, par suite, sur la manière de les tailler et de les diriger en conséquence.

Reprenons encore ici M. Du Petit-Thouars pour guide, et voyons avec lui ce qu'il a exposé sur le mode de leur fructification.

« Dans les arbres à fruits à pepins, *ordinairement* le bouton terminal des jeunes branches de l'année précédente s'allonge tout de suite en branche à bois; mais les boutons latéraux forment des rosettes, etc. » Remarquons que M. Du Petit-Thouars dit *ordinairement*; j'ai exprès souligné ce mot, et, dans le fait, c'est ainsi que cela arrive le plus ordinairement dans les arbres adultes et portant fruit ; mais entrons dans quelques détails, et voyons les différences qui se manifestent sur les arbres à raison de leur espèce, de leur âge, etc.

Divisions artificielles proposées entre les arbres d'âge et de force différens.

Pour me faire mieux comprendre, je vais établir une division artificielle entre ces arbres : je placerai au premier ordre les plus vigoureux ou les plus jeunes, et je descendrai par degrés aux arbres adultes de force moyenne, et de là aux arbres vieux et faibles.

Premier ordre.

Dans les arbres doués de la plus grande vigueur, le bouton terminal des jeunes branches de l'année précédente, au lieu, comme dans l'exemple précité *ordinairement*, etc., de ne donner qu'un jet unique, développe par anticipation sur les années subséquentes, en même temps et à mesure qu'il s'allonge, tout ou partie de ses yeux latéraux ; soit en branches à bois, soit en rosettes (soit même en épines, dans les arbres sauvages ou demi-sauvages). Ce développement se fait d'une manière assez remarquable, et qui exige quelques détails, sur lesquels nous reviendrons ailleurs.

Deuxième ordre.

Dans les arbres assez vigoureux, tels que peuvent être de jeunes arbres de semis, des arbres prêts à porter fruit, des arbres recépés, une greffe placée sur un fort sujet, *le bouton terminal des jeunes branches de l'année précédente s'allonge tout de suite en branche à bois;* mais tout ou partie des boutons latéraux, à commencer par ceux placés à la partie supérieure, se développe en branches à bois : quelques uns seulement, en petit nombre, placés dans la partie très inférieure, donnent quelques rosettes, ou, beaucoup plus souvent, avortent ou dorment.

Troisième ordre.

Dans ce troisième ordre, composé d'arbres portant fruit, et déjà très modérés dans leur croissance, *le bouton terminal des jeunes branches de l'année précédente s'allonge tout de suite en branche à bois;* mais dans les boutons latéraux, quelques uns seulement, placés à la partie supérieure, se développent en branches à bois : quelquefois même il n'y en a qu'un seul; les boutons latéraux, placés immédiatement au dessous, donnent d'abord naissance à quelques fausses rosettes ou rosettes allongées, puis à de véritables rosettes ; et enfin les inférieurs ne produisent que des rosettes mal formées, ou avortent ou dorment.

Quatrième ordre.

Dans cet ordre, dont les arbres vont en s'affaiblissant, *le bouton terminal des jeunes branches de l'année précédente s'allonge tout de suite en branche à bois ;* mais les boutons latéraux ne donnent plus naissance à aucune branche à bois, mais seulement à des rosettes, dont les plus belles sont toujours à la partie supérieure : le reste des boutons avorte en grand nombre.

Cinquième ordre.

Enfin, dans ce cinquième et dernier ordre, qui comprend les arbres les plus faibles et les plus âgés, *le bouton terminal des jeunes branches de l'année précédente s'allonge tout de suite en branche à bois* (il lui arrive cependant quelquefois de porter fleur au lieu de s'allonger); mais, à l'exception d'une ou deux rosettes qui s'y forment, quoique rarement, les boutons latéraux avortent ou dorment.

Ces divers effets ont lieu non seulement sur les branches dites à bois, mais aussi sur celles dites brindilles : à la vérité, ces dernières, que leur position, leur direction inclinée mettent à l'abri de la grande force d'ascension ou du cours direct de la sève, sont, eu égard à cette circonstance, beaucoup moins portées à se développer à bois, et beaucoup plus à ne porter que des rosettes, quoiqu'il soit aisé de voir qu'elles ne diffèrent des autres que par le plus ou le moins, et que c'est à leur position et non à leur essence qu'elles doivent cet avantage.

Cela est si vrai, qu'en employant tour à tour les moyens fortifians ou débilitans, on change à volonté leur destination.

Ainsi, en arquant une branche dite à bois, en la mettant dans une position à peu près pareille à celle de la brindille, elle en acquiert sur-le-champ les propriétés.

(Elle produit donc alors des rosettes au lieu de branches à bois, parce que l'arqûre l'a affaiblie. On peut, au surplus, lui rendre sa vigueur en lui laissant reprendre sa direction naturelle aussitôt que les rosettes sont formées.)

Si on supprime toutes les branches à bois, et qu'on ne laisse que les brindilles, qu'on éclaircisse celles-ci, qu'on les mette à l'air, qu'on les redresse, qu'on les dispose comme branches à bois, elles en acquerront sur-le-champ toutes les propriétés.

Que si, enfin, on supprime toutes les branches à bois et les brindilles, qu'on ne souffre sur aucune partie de l'arbre le percement d'yeux qui voudraient y suppléer, qu'on n'y laisse enfin que des rosettes et en petit nombre, du cœur de celles-ci, du milieu de leurs fleurs et de leurs fruits s'élancent des bourgeons qui se développent en branches à bois et en acquièrent toutes les propriétés : il arrive alors qu'on voit des fruits à la base de ces nouvelles branches à bois. Au fait, cela n'a rien d'étonnant ; la brindille n'est qu'une faible branche à bois, la fausse rosette n'est qu'une brindille qui commence à se développer ; de fausse rosette à la vraie rosette il n'y a qu'une nuance, et la rosette elle-même n'est qu'un faisceau de boutons à bois et de boutons à fruits réunis, dont les uns et les autres peuvent se développer isolément ou simultanément, bien que, dans les cas ordinaires, les boutons à fruits seuls s'y développent au détriment des autres.

Ainsi l'incision annulaire, la greffe, le cassement, le pincement, l'arqûre, et notamment la taille, comme tout le monde sait, changent la nature et la destination des diverses sortes de branches; ou plutôt chacune de ces opérations contribue, à sa manière, à développer de préférence leurs germes à bois, ou leurs germes à fruits. Autant en fait la transplantation, ainsi que la coupe de fortes racines; et je puis citer, à cet égard, un fait remarquable. J'ai vu, au printemps dernier, un gros poirier couché par le vent sur terre, et y tenant encore d'un côté par ses racines; il a continué sa végétation, et elle n'a rien présenté d'extraordinaire dans la partie tenant à la terre; mais dans la partie de sa tête, correspondante aux racines arrachées, il n'a poussé aucune branche à bois : il ne s'y trouve que des rosettes, et tous ses boutons terminaux sont à fruits.

Au moyen d'un léger coup de serpette ou d'une petite incision à l'écorce au dessus d'un œil qui dort, on peut déterminer sa sortie, et au dessus d'un œil poussant la sortie d'une branche à bois au lieu d'une rosette; une incision pareille, mais faite au dessous d'un autre œil, l'empêchera de se développer, ou bien l'arrêtant, et le retardant dans son essor, le forcera à se mettre à fruit, bien qu'il parût d'abord destiné à former branche à bois. Une lésion quelconque, la piqûre d'un insecte, un coup d'air, suivant le lieu où s'exerce leur influence, peuvent produire de pareils effets; effets d'autant plus imprévus, que souvent on n'en peut reconnaître la cause, et qu'à défaut de mieux on attribue au hasard, ou que plus mal à propos encore on regarde comme des exceptions.

Au surplus, la taille elle-même ne paraît rien changer à l'ordre des évolutions des branches et boutons à bois et à fruit, tel que je l'ai établi ; elle ne paraît que changer le lieu de ces évolutions, c'est à dire qu'elle le rabaisse d'autant de degrés qu'elle supprime d'yeux : par là, les boutons à bois et à fruit qui naissent au dessous du raccourcissement de la branche sont placés plus bas, mais conservent toujours entre eux la position respective qu'ils auraient eue sans la taille (tête de saule, distance des yeux). On peut croire seulement que la taille donnant ordinairement (car il y a des exceptions que j'ai fait connaître) plus de vigueur à la branche raccourcie, en diminuant le nombre des yeux qu'elle a à nourrir, augmentera la proportion des branches à bois, comparativement à celle des branches à fruit; changement de proportion qui, comme on le voit bien, n'est pas du tout à l'avantage du cultivateur. Il est d'ailleurs assez connu que les arbres non taillés donnent plus de fruit que les arbres taillés ; et le moyen de mettre un arbre à fruit, c'est de le laisser s'allonger à discrétion. (*Note sur ce trop grand allongement.*) (La vigne venue de pepin se met plus tôt à fruit lorsqu'on ne la taille pas ; et c'est toujours sur les yeux de l'extrémité que paraissent les grappes, et même les plus belles grappes : au surplus, je n'entends rien inférer de ceci contre la taille de la vigne.)

Il n'y a donc, je le répète, entre ces trois sortes de branches, aucune différence réelle; il n'y a que des nuances, puisque, selon leur vigueur, selon leur position, selon la nature des opérations qu'on leur fait subir, il se présente des boutons à fruits là où on attendait des boutons à bois, et des boutons à bois là où on attendait des boutons à fruits ; et que les branches qui restent après la taille ou un retranchement quelconque, quelles qu'elles soient, reprennent la place de celles retranchées ; et qu'en dernière analyse la nature finit toujours par reprendre ses droits, c'est à dire développe dans le premier âge les élémens du bois, dans l'âge adulte les élémens du bois et du fruit simultanément, et dans la vieillesse ceux du fruit seulement, signe de décrépitude, annonçant la fin prochaine du végétal : aussi ne balancerai-je point à avancer ces trois propositions :

1°. Dans les arbres très jeunes et très vigoureux, tous boutons et branches sont boutons et branches à bois ;

2°. Dans les arbres adultes et de moyenne force, il y a des boutons et des branches à bois, il y a des boutons et des branches à fruits, ou, pour parler plus régulièrement, tous boutons et branches sont en même temps, à volonté, boutons et branches et à bois et à fruits;

3°. Dans les arbres faibles et vieux, tous boutons et branches sont boutons et branches à fruits.

Voyons présentement ce que la taille ordinaire opère sur les arbres de chacune de ces trois divisions, et en quoi il me paraît qu'elle devrait éprouver des modifications. (J'avais d'abord pensé à établir un plus grand nombre de divisions; mais j'ai cru ensuite pouvoir me réduire à trois : je pense que cela peut suffire pour me faire comprendre.)

1°. *Arbres très jeunes et très vigoureux. — De l'effet que fait et devrait faire la taille sur les arbres de cette première division.*

Dans ces jeunes arbres, surtout dans ceux venus de semis, tout est, comme je l'ai déjà dit, boutons et branches à bois. Ce n'est pas que sur les branches inférieures, horizontales, inclinées, on ne puisse apercevoir quelques rudimens de rosettes; mais ces rosettes, qu'on jugerait devoir être très long-temps à se former et à fructifier, finissant en général par s'oblitérer, on ne peut en faire aucun cas; tant qu'elles ont subsisté, elles n'ont fourni que des feuilles : je n'en tiendrai donc aucun compte, et je regarderai toutes les branches de cet arbre comme branches à bois. La taille sur ces jeunes arbres ne devrait donc avoir lieu que pour les régulariser, en supprimant les branches trop nombreuses, confuses ou mal placées. Toute taille de raccourcissement ne tendrait qu'à augmenter la confusion, en multipliant la ramification déjà trop abondante, et à retarder d'autant leur accroissement quant à la fructification. (*Note subséquente.*) Il ne s'agit que de pourvoir à leur éducation : la taille qui leur convient pourrait donc s'appeler taille d'éducation ou de régularisation. Je ne m'étendrai pas davantage sur cette première division.

2°. *Arbres adultes, commençant à porter fruits, ou en pleine fructification. — De l'effet que fait et que devrait faire la taille sur cette seconde division.*

Dans cette division d'arbres, qui est sans contredit la plus nombreuse et la plus intéressante, puisqu'à la force et à la vigueur elle réunit le produit, je range les arbres dont M. Du Petit-Thouars a décrit la végétation, ainsi que je l'ai cité plus haut (page 452). Ce sont les plus communs dans les jardins; c'est aussi d'eux que j'ai avancé qu'en comparant l'arbre taillé avec l'arbre non taillé, les plus belles rosettes devaient se trouver naturellement sur les parties retranchées par la serpette : c'est un fait qu'il est impossible de nier; toutes les branches d'un tel arbre étant raccourcies, et ses rosettes naturelles supprimées, il faut qu'il s'en forme d'autres artificiellement; il faut que ce qui était à bois devienne à fruit, et que ce qui était à fruit devienne à bois, et cela sans nécessité démontrée, au moins généralement parlant. Je veux bien convenir que, par le raccourcissement des branches, les yeux qui restent poussent plus vigoureusement; mais sans les raccourcir on obtiendrait le même effet, en en supprimant quelques unes dans leur entier; et celles qui restent ne seraient, au moins, pas mutilées. On peut me dire aussi qu'en raccourcissant les brindilles, la quantité de rosettes qu'elles doivent produire en diminuera d'autant, et que celles qui resteront prendront d'autant plus de force; mais je répondrai qu'on peut aussi parvenir au même but, soit en retranchant dans leur entier une partie des brindilles, soit en les laissant toutes et éborgnant une partie de leurs yeux, afin qu'il n'en reste que la quantité convenable. La même opération d'éborgnement pourrait être faite sur toutes les branches à bois conservées dans leur entier : il en résulterait l'avantage de ne mutiler aucune branche conservée, d'éviter les coudures que produit la taille, et la confusion de branchage qu'elle occasione ; d'éviter aussi l'ébourgeonnement subséquent qu'elle rend nécessaire, et qui, quoi qu'on en dise, ne peut manquer d'épuiser les arbres.

C'est dans cette même division que se trouvent les arbres qui fournissent le plus régulièrement les branches à bois et à fruits ; c'est elle qui fait l'espoir et la richesse du cultivateur. Je nommerai taille à fruit ou de fructification la taille modifiée, ainsi que je l'ai exposé, à laquelle elle devrait être soumise, parce que, sans négliger la production du bois, c'est celle du fruit que l'on a principalement en vue.

3°. *Arbres vieux et faibles.* — *De l'effet que fait et que devrait faire la taille sur cette troisième division.*

C'est cette troisième classe que j'ai représentée comme n'ayant que des branches et des boutons à fruits, sur laquelle je regarde la production du bois comme rare, et cependant comme très essentielle. C'est donc ici à la production du bois que doit tendre l'art du cultivateur ; aussi nommerai-je la taille que je voudrais voir pratiquer sur ces arbres taille à bois.

Cette troisième classe d'arbres, qui, quoique sur le déclin, présente encore beaucoup d'intérêt, dont on pourrait prolonger le produit et la vie par une conduite mieux entendue, me paraît être, entre toutes, la plus maltraitée par la taille actuelle. En effet, affaiblie par l'âge, il lui est difficile de réparer les outrages sans nombre qu'on lui a faits depuis sa naissance, et de lutter encore contre ceux qu'on ne cesse de lui faire. Je vais donc entrer, à son égard, dans des détails plus étendus.

Quel spectacle, en effet, présentent ces arbres? Des individus contrefaits, rabougris, offrant une succession non interrompue de coudes et de nœuds depuis leur pied jusqu'à leur sommet; des branches à moitié mortes, couvertes de chancres, d'écorce mousseuse, crevassée, remplie d'insectes, etc., symboles de la décrépitude, et tableau complet, mais hideux, des effets de l'interruption du cours direct de la sève, peu propres assurément à concilier des partisans aux fauteurs de ce système. Car si, comme je l'ai déjà fait observer, un de ces arbres a cent ans, il a cent coudes et cent nœuds multipliés par le nombre de ses branches : et qu'en résulte-t-il ? Production de fruits mal conformés, petits, pierreux, savoureux à la vérité, mais qui rachètent cette qualité par mille autres défauts. En définitif, ces vieux arbres, quoique chargés de brindilles, accablés de nombreuses rosettes, se couvrant même de milliers de fleurs, n'en donnent pas toujours pour cela plus de fruits, parce qu'ils n'ont pas les moyens de les nourrir, parce qu'ils manquent de jeune bois et de feuilles nécessaires à l'aspiration et à l'élaboration de la sève, le cours de celle-ci étant interrompu par une déviation continue, causée par des milliers de coudes et de nœuds, et cela à tel point, qu'il arrive même que les rosettes, quoique ayant en elles les germes des fruits, avortent et ne produisent que des feuilles. On objecterait en vain que ces coudes et ces nœuds sont précisément la cause de la saveur supérieure des fruits, se fondant sur un exemple frappant, savoir : que dans les vignes ce sont les ceps les plus vieux, les plus coudés qui donnent les vins de meilleure qualité; mais il faut faire attention : 1°. que la végétation de la vigne est d'un genre particulier ; 2°. qu'il n'y a aucune comparaison à faire entre la saveur d'une poire produite par un vieil arbre, relativement à la saveur d'une autre poire, et celle du raisin produit par un vieux cep, dont le goût, quoique supérieur en qualité, n'est nullement en proportion avec la qualité qu'il donne au vin qu'on en retire; qualité, d'ailleurs, qui, quoique très estimable, est estimée souvent au dessus de sa valeur réelle, soit par sa rareté, soit par sa réputation, ou toute autre raison qui ne peut être ici que de très faible considération.

Ces vieux arbres n'ayant donc que peu de branches à bois, terminées souvent par un bouton à fruit, et qui, étant assez faibles, pourraient plutôt passer pour brindilles, couverts, au contraire, d'une multitude infinie de rosettes, justifient bien ce que j'ai avancé, que sur eux tout était boutons et branches à fruit. Rendre de la vigueur à ces arbres, en leur faisant produire du bois, puisqu'ils se mettront d'eux-mêmes assez à fruit, quoiqu'ils n'aient pas toujours la force de le nourrir, devrait être, sur ces arbres, le but principal de la taille.

Raccourcir sur eux les branches à bois, comme on le fait ordinairement, est, suivant moi, un très mauvais procédé : en taillant court, dit-on, on diminue le nombre des yeux, et, conséquemment, la sève en ayant moins à nourrir, ceux qui restent prennent plus de force.

Un principe généralement vrai, c'est que plus une branche est taillée court, plus un arbre est recépé bas, plus il repousse vigoureusement; mais ce principe souffre des exceptions : j'en vais donner plusieurs exemples, et je ne doute pas qu'on ne les trouve très applicables au cas présent.

J'ai fait, à différentes fois, des milliers de boutures de plusieurs espèces d'arbres, notamment de peupliers suisses et autres. L'usage assez constant est de les recéper rez terre ou à un ou deux yeux au plus au dessus ; j'ai cependant remarqué que les boutures auxquelles je laissais leur bouton terminal avaient dans certains cas, sur les autres, une grande avance. Il m'a paru que leur bouton terminal leur était d'autant plus avantageux, que les boutures étaient plus faibles, et que leurs yeux inférieurs étaient moins apparens ou moins développés.

J'ai vu des greffes restées faibles, la première année de leur pousse, par différentes causes, notamment par le peu de convenance des deux sujets, périr lorsqu'on les raccourcissait; j'ai vu les mêmes greffes réussir lorsqu'on n'y touchait pas. (Je ne pense pas qu'on ait jamais fait cette remarque, qui est cependant essentielle pour ceux qui s'occupent de greffes difficiles.)

J'ai vu, et c'est un fait bien connu, que, dans certains cas, on se gardait bien de recéper de jeunes plants d'arbres, dès la première année de leur replantation, mais qu'on attendait la seconde, dans la crainte que, leur bouton terminal étant supprimé, les yeux latéraux ne fussent point assez forts pour aspirer la sève.

J'ai observé (dans le département du Loiret) que, sur les trognes ou têtards, soit d'ormes, soit plus particulièrement de chênes, l'on avait attention, autant que faire se pouvait, de laisser, à l'extrémité recépée ou étronçonnée, un jet ou un rameau plus ou moins fort, dans la vue, m'a-t-on dit, d'attirer la sève dans cette partie, et d'y faire produire de nouveaux jets. Sans cette précaution, m'a-t-on ajouté, il pourrait arriver que, faute de points aspirans, la sève n'y montât que fort tard, et que l'arbre fût en danger de périr.

J'ai vu des arbres recépés trop bas périr ou languir, faute d'yeux disposés à pomper la sève et à repercer (il est vrai que le froid et l'humidité du sol pouvaient y être pour quelque chose).

Il est bien prouvé par ces faits qu'en certaines circonstances il peut être dangereux de raccourcir une branche faible, et d'autant plus dangereux que la moindre déperdition de sève peut l'affaiblir encore, et que ses yeux inférieurs sont moins formés et moins prêts à aspirer la sève, et qu'au contraire il peut être avantageux de laisser les plus forts yeux, et encore mieux un bouton terminal, qui, ayant reçu, même pendant l'hiver, une première impulsion de sève, quoique latente, a sur tous les autres une grande avance. Il est bien vrai que tout sujet vigoureux auquel on le retranche a, pour y suppléer, des yeux qui, mis en mouvement par une sève énergique, l'ont bientôt rattrapé, et peuvent même le surpasser; il est bien vrai aussi que, dans les arbres qui craignent la gelée, il y est plus exposé que les autres, qui, par eux-mêmes, sont plus tardifs, et sont encore retardés par l'effet même de la taille; mais je n'en insisterai pas moins sur la conservation du bouton terminal dans les sujets faibles, et dans certains cas que l'expérience apprendra à discerner.

Me fondant sur ces faits et sur les considérations qui en résultent, je pense donc qu'au lieu de raccourcir les faibles branches à bois et brindilles de nos vieux arbres, il vaudrait mieux laisser dans leur entier un certain nombre d'entre elles, et en supprimer quelques autres, afin de donner plus de force à celles qui resteraient. On pourrait même sur ces dernières, si l'on craignait d'y faire des plaies et risquer ainsi d'occasioner une perte de sève, éborgner avec discernement et avec précaution une partie des yeux, si l'on jugeait qu'il y en eût trop. Quant aux rosettes ou lambourdes, si l'on jugeait aussi que leur quantité fût trop grande, on en pourrait supprimer quelques unes, tant sur les branches nouvelles que sur le vieux bois. Parmi ces rosettes, on retrancherait, comme de raison et de préférence, les plus anciennes, les plus difformes, celles qui resteraient devant profiter de la nourriture destinée à celles supprimées; car il arrive souvent, comme je l'ai déjà fait observer, que les rosettes en trop grand nombre, ou ne donnent que des feuilles, ou n'amènent à bien qu'une très petite quantité de fruits, relativement à la grande quantité de fleurs dont elles s'étaient couvertes.

Du recepage.

A ce système de retranchement de branches et de rosettes, peut-être devrait-on en substituer un autre, et j'ai quelque raison de croire qu'il lui serait préférable : ce serait le recepage total ou partiel de l'arbre lui-même.

Le recepage est un moyen connu, mais pas assez employé, ou du moins employé trop souvent à la dernière extrémité : on l'a réduit en système pour la conduite de l'Orangerie de Versailles, et avec beaucoup de succès : pourquoi ne l'appliquerait-on pas également aux arbres à fruits? Par l'emploi de cette méthode nouvelle, applicable même à des arbres moins âgés, disparaîtraient tout à coup ou n'auraient plus lieu dorénavant les coudes, les nœuds, les plaies, etc., que j'ai reprochés aux vieux arbres. Il serait encore un moyen commode de se débarrasser des branches détériorées, par la pratique de l'arqûre, de l'incision annulaire, etc.

On pourrait craindre que l'exécution trop rigoureuse du recepage total n'entraînât la perte des arbres, par la suppression universelle des boutons aspirans; on peut essayer de conserver quelques rameaux ; cette idée, déjà développée plus haut, me conduit naturellement à parler du recepage partiel.

Au lieu d'exécuter le recepage sur les branches dans leur entier, on pourrait ne retrancher que la partie supérieure de chacune d'elles, ou, ce qui me paraîtrait préférable, on pourrait retrancher quelques unes des branches de l'arbre dans leur entier, c'est à dire rez tronc et à leur naissance, et on laisserait les autres absolument sans y toucher. Ce recepage partiel aurait l'avantage de ne point priver entièrement de fruit, puisque les branches conservées continueraient d'en donner jusqu'à ce que les nouvelles pussent leur succéder. Il serait temps alors de receper à leur tour les anciennes conservées. Ce recepage s'exécuterait en alternant, c'est à dire en supprimant une branche et conservant la suivante, ou les deux suivantes, et ainsi de suite, selon que l'on voudrait l'exécuter par moitié, par tiers ou par quart, en une, deux ou trois années.

On pourrait craindre encore que l'exécution

de ce recepage partiel n'entraînât deux inconvéniens tout à fait opposés, et qu'il faut également prévoir, savoir : le premier, que les vieilles branches n'empêchassent de pousser les nouvelles, et le second, que ces nouvelles ne fissent périr les vieilles ; je ne le crois cependant pas, et je vais citer, à l'appui de mon opinion, un fait assez curieux que m'a rapporté M. Vilmorin.

Un grand amateur de fruits, curieux de nouveautés, possède un jardin dans lequel il s'est plu à rassembler toutes les variétés de poires qui sont parvenues à sa connaissance, et qu'il a pu se procurer. Il n'a pas pour cela autant d'arbres qu'il a d'espèces, et voici comment il s'y prend. Quand il en a obtenu une nouvelle, il coupe à sa base une forte branche d'un de ses poiriers, il y greffe sa nouvelle espèce : elle y pousse et réussit très bien. A mesure qu'il parvient à s'en procurer d'autres nouvelles, cette opération est par lui répétée successivement sur toutes les branches du même arbre. Ces nouvelles espèces sont, à leur tour, supprimées et remplacées par d'autres plus nouvelles encore. Ses poiriers, d'ailleurs très forts et très vigoureux, ont ainsi rapporté et rapportent simultanément et alternativement une multitude infinie d'espèces de poires.

Des ressources que la taille offre ou devrait offrir contre l'alternat des arbres à fruits a pepins.

Y a-t-il des moyens de remédier à l'alternat ? quels sont ces moyens ? la taille peut-elle en faire partie ?

Je doute que les ressources de la taille soient très efficaces contre l'alternat ; je ne pense pas qu'on ait tenté beaucoup de recherches sur ce point, je m'en suis déjà occupé dans un mémoire inséré dans les *Annales d'Agriculture*. (*Voy.* le Mémoire suivant.) J'ai recherché quelles pouvaient être les causes de l'alternat, j'en ai indiqué plusieurs ; mais je vais m'occuper ici d'une nouvelle cause qui ne m'avait pas paru d'abord aussi fréquente et aussi importante que je l'ai jugé depuis. Avant d'y procéder, je suis obligé de passer de nouveau en revue les divers modes de fructification, de formation de boutons à fruit, et de déterminer le temps qu'ils emploient pour leur complément. Il semblerait que cet article eût été mieux placé plus haut, à l'endroit où je me suis déjà occupé de la manière de fructifier des arbres, il est certain que c'était sa vraie place ; mais j'aurais été encore obligé d'y revenir, dans la crainte qu'on ne l'eût perdu de vue ;

d'ailleurs, je m'en étais occupé sous le rapport de la dénomination bien ou mal fondée des diverses espèces de branches ; et ici c'est sous le rapport du temps que mettent à leur complément parfait les boutons à fruit dont j'avais alors seulement examiné la position.

Bien que les auteurs aient avancé qu'il fallait, surtout au poirier, deux ou trois ans, et même plus, pour la formation complète de ses boutons à fruits, cela ne doit ou ne devrait s'entendre que des rosettes ou lambourdes ; car, comme l'a fort bien fait remarquer M. Du Petit-Thouars (*cité plus haut*), au bout d'un scion ou branche de l'année, il se trouve souvent des bouquets de fleurs ; il peut même arriver que des rosettes fleurissent l'année qui suit leur formation ; et, sur le pommier-paradis, tous les yeux d'une jeune branche peuvent également fleurir.

Ainsi le cassement opéré en temps utile fait développer un scion terminé par un bouton à fleur qui s'épanouit le printemps suivant ; le pincement, l'incision annulaire, la ligature même, et l'arqûre, paraissent avoir la propriété de faire mettre à fruit sur-le-champ tout ou partie des boutons latéraux ou terminaux. La greffe modifiée, ainsi que je l'exposerai dans un mémoire particulier, peut produire des effets analogues ; mais ces effets peuvent être attribués à la culture, qui peut ou les produire, ou du moins les rendre beaucoup plus sensibles; on en voit des exemples par la greffe sur cognassier ou sur paradis : il en est de plus frappans encore, tels que le cerisier de la Toussaint et un nouveau calville (calville-micoux), qui ont la faculté de fleurir perpétuellement, ou plutôt de développer leur fleur aussitôt que le bouton est formé.

Je possède moi-même en ce genre des individus très remarquables. J'ai actuellement de jeunes pommiers venus de semis, non transplantés, non greffés, non taillés, sur lesquels je n'ai pratiqué aucune opération particulière de culture, au moins depuis leur naissance, et qu'on pourrait regarder comme absolument abandonnés à eux-mêmes depuis cette époque, qui fleurissent et fructifient avec ou sans rosettes, sur leurs boutons terminaux, et, ce qui est plus singulier encore, sur les yeux et boutons latéraux de leurs jeunes branches, bien qu'avant l'épanouissement de leurs boutons à fleur rien n'annonçât leur existence.

Ces pommiers très vigoureux, à d'autres avantages que je ne mentionnerai point ici, parce que cela m'écarterait de mon sujet, sur lesquels je donnerai d'ailleurs un mémoire particulier, réunissent celui de ne point alterner; et en effet, puisqu'ils fleurissent et fructifient avec et sans rosettes, et sur les boutons terminaux et latéraux du jeune bois (à peu près comme sont les arbres à noyau), il est comme impossible qu'ils ne se couvrent tous les ans d'une grande quantité de fleurs et de fruits. Il est évident que si l'on soumettait ces arbres à la taille, elle devrait sur eux être dirigée d'après des principes particuliers (1).

Suite des remarques sur la végétation et la fructification, et du temps nécessaire pour l'entière formation des boutons à fruit.

Mais laissons ces productions extraordinaires, et revenons-en à nos arbres communs. La nature emploie, comme je l'ai déjà fait observer, plusieurs moyens dans la formation des boutons à fruit; mais comme, en définitif, les rosettes sont le principal, examinons en détail la manière dont elles se forment.

---

(1) M. Olivier, de l'Institut, a prouvé, dans son *Mémoire sur la cause des récoltes alternes de l'olivier*, que c'est à la taille qui diminue le nombre des olives, et à la cueille anticipée de ces fruits, que les cultivateurs de la plaine d'Aix doivent l'avantage d'avoir une récolte tous les ans, lorsque les gelées, les sécheresses, les insectes, etc., ne s'y opposent pas. (*Note de M. Bosc.*)

M. Du Petit-Thouars, cité plus haut, nous a appris comment elles avaient lieu ordinairement; mais comme il y a, à cet égard, des variantes, il faut les connaître. C'est, comme il le dit, sur le bois de l'année précédente qu'elles apparaissent le plus souvent; mais il naît de temps à autre, soit sur le tronc principal, soit sur les mères-branches, des bourgeons adventifs, qui, lorsqu'ils poussent faiblement, deviennent rosettes, auxquelles on n'était pas fondé de s'attendre. Quel temps ces dernières mettent-elles pour leur complément? C'est ce que je n'ai pas observé.

Voilà donc des rosettes formées, 1°. pour la plus grande partie, sur le bois de l'année précédente, et 2°. sur le vieux bois. Il peut encore s'en faire sur les pousses de l'année et à mesure même qu'elles se développent, ou au moins très peu de temps après, et toujours dans la même saison où le développement des pousses a eu lieu; et voici comment cela se passe.

Lorsqu'un arbre ou une branche d'arbre pousse très vigoureusement, comme après un recepage, ou sur une greffe placée sur un fort sujet, le bouton terminal, en s'allongeant, développe en même temps les yeux qui se trouvent à l'aisselle de chacune de ses feuilles. Il arrive même que sur ces jets secondaires ou bourgeons axillaires, un nouvel et pareil effet ayant lieu, il s'y développe des jets tertiaires, de sorte que dans ce cas le développement de ces yeux anticipe d'une ou de deux années.

La disposition de ces jets secondaires, se développant sur le jet primaire et en même temps que lui, est remarquable; elle diffère absolument de celle qui a lieu sur le bois de l'année précédente. Nous avons vu plus haut (page 434), que, sur ce vieux bois, venaient d'abord les branches les plus fortes à l'extrémité supérieure, puis les fausses rosettes, puis au-dessous les rosettes : ici, c'est tout le contraire; les jets secondaires continuant à s'allonger à mesure que le jet primaire croît en hauteur, et étant suivis par de nouveaux à mesure que le jet primaire a continué sa croissance, l'avance que les premiers venus ont sur les derniers donne au tout une forme pyramidale, dont les premiers venus forment la base, et la tige principale le sommet. Près de ce sommet, les derniers bourgeons axillaires, au lieu de se développer en branches à bois, forment des rosettes, et enfin les derniers yeux dorment.

Lorsqu'il y a développement de branches tertiaires, elles forment à leur tour autant de petites pyramides particulières, desquelles l'axe fait angle avec celui de la pyramide principale;

mais cet effet ne se fait apercevoir qu'en y regardant de près; et au fait la forme pyramidale principale est la seule apparente, et je la nommerai pyramide simple, pour la distinguer d'une autre, qui a quelquefois lieu et que je vais aussi décrire, parce qu'il en résulte un effet particulier.

Il arrive quelquefois que les premiers bourgeons axillaires, qui devaient être la base de la pyramide, ne s'allongent point, et forment de véritables rosettes d'abord, puis ensuite de fausses rosettes ou rosettes allongées : les bourgeons axillaires qui suivent s'allongent un peu plus, et ainsi par degrés, jusqu'à ce qu'ayant atteint leur maximum de croissance, ils forment ainsi la base de la pyramide supérieure; mais il est résulté de la disposition particulière des premiers bourgeons axillaires une autre pyramide inférieure à celle précédemment décrite, à base commune avec elle, et dont par conséquent le sommet est dirigé vers la terre. Cette pyramide renversée, inférieure à la première, à base commune et égale, a ses côtés moins étendus, son axe étant plus court.

Ces deux dispositions, l'une simplement, l'autre doublement pyramidale, n'auraient rien de bien intéressant, si elles ne donnaient lieu, la première à la production de rosettes à la partie supérieure seulement, et l'autre à la production de rosettes, tant à la partie inférieure qu'à la partie supérieure.

Cette formation de rosettes, simple dans le cas de la pyramide unique, double et alternative dans le cas des deux pyramides, donne la confirmation de ce que j'ai avancé, que la formation des rosettes est due absolument à l'action modérée de la sève, et que c'est cette action qui, suivant ses divers degrés d'énergie, donne naissance, dans sa plus grande force, 1°. aux branches à bois; 2°. aux fausses rosettes allongées; 3°. et enfin aux véritables rosettes, quand sa force s'affaiblit.

En effet, dans le premier cas de la pyramide simple, on voit que, dès son commencement, la sève, jouissant de toute son énergie, donne sur-le-champ la plus grande extension possible à ses premiers bourgeons axillaires, qui, dans ce cas, forment la base de la pyramide; on voit qu'au fur et à mesure qu'elle se modère, ses bourgeons prennent moins d'extension, jusqu'à ce qu'enfin la sève, sur son déclin, se réduit à former des branches de plus en plus courtes, puis des rosettes allongées, puis de véritables rosettes.

Dans le second cas de la pyramide double, on voit que la sève, très modérée d'abord, forme, par ses boutons axillaires, en premier lieu des rosettes, puis des rosettes allongées, puis enfin des branches dont l'extrémité croît de plus en plus, jusqu'à ce que la sève ait atteint son maximum de force; que cette force diminuant alors peu à peu, il en résulte des branches un peu plus courtes; et qu'enfin cette force, descendue à son minimum, il n'en résulte plus que des rosettes allongées, et enfin des rosettes : les derniers yeux dorment.

Lorsqu'au lieu de cette grande vigueur, nécessaire pour le développement de ses bourgeons secondaires et tertiaires, il ne se manifeste sur les jets nouveaux d'un arbre qu'une force très modérée, la plupart des yeux dorment, et c'est le cas le plus ordinaire, ou bien il peut s'y former une certaine quantité de rosettes. (Ces rosettes sont alors placées à peu près vers le milieu du jet.) Entre ces rosettes formées dans la même année, mais cependant à des époques ou dans des places diverses, y a-t-il quelque différence? C'est ce qui ne me paraît pas probable ; cependant je ne puis m'appuyer à cet égard sur aucune observation.

Tous ces faits prouvent jusqu'à l'évidence que la formation des rosettes, leur position, ainsi que la formation et la position des branches à bois et des brindilles, ne sont pas déterminées par la nature seule, mais qu'elles dépendent bien plus de l'état particulier des espèces, des individus, de la saison, du terrain et de la force plus ou moins grande d'ascension de la sève. On voit que, dans le passage des branches aux fausses rosettes, et de là aux rosettes, cette force diminuant par degrés, l'intervalle qui sépare les feuilles de chacune de ces parties diminue d'étendue sans que pour cela le nombre des feuilles soit moindre, jusqu'à ce qu'enfin, dans la véritable rosette, ces feuilles finissent par n'être plus séparées et par se toucher. Ces faits prouvent encore que, pour fructifier prochainement, les arbres ne doivent pas non plus être trop faibles, puisque, dans ce dernier cas, les yeux latéraux dorment, et qu'il n'y a en eux de développement même de rosettes que lorsque la sève a un degré de force moyen, soit en croissant, soit en décroissant.

Ces détails, un peu longs, complètent ce que j'avais à dire sur les divers modes de formation des rosettes, et sur les autres moyens de fructification naturels et artificiels : je vais m'occuper actuellement d'examiner quel est le temps nécessaire à leur formation, et comment ils acquièrent le complément de perfection suffisant pour fleurir et fructifier; mais comme tout ce que j'ai dit à ce sujet est épars, je vais remettre le tout sous les yeux au moyen d'un tableau.

Tableau des divers modes de fructification des poiriers et pommiers.

Rosettes.

1°. Rosettes se formant sur le bois de l'année, soit seules, soit supérieures et inférieures aux bourgeons axillaires (assez rares);

2°. Rosettes se formant sur le bois de l'année précédente (ce sont les plus communes);

3°. Rosettes se formant, ou formées à diverses époques, sur le vieux bois, soit sur le tronc, soit sur les anciennes ou maîtresses-branches.

} 3 variantes.

Boutons à fruits terminaux.

1°. Boutons à fruits terminaux au bout des jets de l'année (communs sur les vieux arbres);

2°. Boutons à fruits terminaux, sur les jets de l'année, produits par le cassement;

3°. Boutons à fruits terminaux d'ancienne ou de nouvelle formation, au bout des faibles branches, comme brindilles ou rosettes allongées.

} 3 variantes.

Yeux latéraux à fruits.

Yeux latéraux, sur le bois de l'année précédente, développant, sans y être attendus, des fleurs et des fruits (communs sur les pommiers-paradis).

} 1 variante.

TOTAL des diverses manières de fructifier.   7

Je n'ai point fait ici mention des différentes sortes de fructification que l'on pourrait obtenir par l'incision annulaire et par la greffe, parce que les expériences me manquent en partie, et parce qu'il est assez probable que ce qu'on en obtiendrait pourrait se ranger dans les variantes indiquées ; et, à vrai dire, pour ne pas être en contradiction avec moi-même, et éviter le reproche que j'ai fait aux partisans des divisions et subdivisions de branches, dans ma manière de voir, les boutons à fruits terminaux ne sont que des rosettes allongées ou portées au bout d'un jet un peu plus long ; et les brindilles ne sont elles-mêmes que des rosettes allongées, tout comme les yeux latéraux fructifians pourraient bien n'être regardés que comme des embryons de rosettes, ou des rosettes latentes, anticipant sur l'époque ordinaire de leur fructification, et définitivement les rosettes elles-mêmes ne seraient que des branches restées courtes, parce que la sève, moins active, n'aurait pas donné un entier développement aux intervalles qui séparent ordinairement les feuilles.

Entre ces sept manières de fructifier, la plus naturelle, la mieux caractérisée, la plus commune, et par conséquent la plus utile pour nous, est sans contredit celle des rosettes : comment se fait-il donc qu'elle soit précisément celle qui se trouve la plus irrégulière, relativement aux époques de sa floraison et de sa fructification, puisqu'il lui faut, dit-on, soit un an, soit deux ou trois, et même plus pour acquérir toutes ses facultés? Cet examen mérite d'autant plus de nous occuper, que, quoiqu'on puisse avoir de beaux et bons fruits sur diverses parties des arbres, il faut cependant convenir qu'en général, ou au moins dans la plus grande partie des espèces actuellement cultivées, c'est sur les rosettes véritables que s'obtient le plus grand et le meilleur produit.

J'ai distingué des rosettes de trois formations (voyez le tableau page 463); j'ai ajouté que d'ailleurs l'observation ne m'avait pas donné lieu de soupçonner qu'il y eût entre elles aucune différence.

Pourquoi donc ces rosettes ne fleurissent-elles pas toutes, et toujours l'année qui suit leur formation? Pourquoi y a-t-il, à cet égard, entre elles tant de diversité? Comment se fait-il enfin qu'un arbre, quoique chargé de rosettes, ne donne quelquefois ni fleurs ni fruits?

J'avais indiqué, dans le Mémoire réimprimé après celui-ci, plusieurs causes de l'alternat des arbres à fruits; j'avais avancé que le retour ou l'absence de la sève dite d'août et la qualité de cette sève, suivant la saison, devaient exercer une influence probable sur leur fructification prochaine ou éloignée ; et je renvoie à cet égard à mes observations : cependant, depuis, de nouvelles observations m'ont fait naître l'idée que non seulement les saisons, la variété d'espèces, l'exposition plus ou moins grande à l'air, au soleil, au cours direct de la sève, mais plus particulièrement encore le nombre des rosettes, devaient influer sur la durée de temps nécessaire à leur perfectionnement. Quand on considère en effet le nombre prodigieux des rosettes dont les arbres peuvent être chargés, soit sur la totalité de leurs branches, soit sur un point déterminé, ce qui est plus nuisible encore (car sur une seule brindille on en compte quelquefois plus de vingt, et chacune de ces vingt ayant elle-même une très grande quantité de germes à fleur), comment peut-on s'imaginer qu'il se trouve pour chacun d'eux une nourriture suffisante ? Aussi, dans les vieux arbres, ces rosettes, contre leur nature, contre la nature des choses, ces rosettes ne développent que des feuilles : est-il donc étonnant alors qu'au lieu d'une année il leur en faille une, deux, trois et plus, pour acquérir leur perfectionnement ?

Un arbre qui a été fatigué pour avoir trop rapporté de fruit peut, faute de sève, ne point former du tout de rosettes ; mais, s'il lui reste encore un peu de force, il peut, au lieu de branches à bois, former des rosettes, et s'il les forme en trop grand nombre, elles seront nécessairement faibles : il leur faudra donc aussi plus de temps pour se perfectionner.

Il arrive parfois aux arbres sauvages (qui par parenthèse ne sont jamais taillés, et dans lesquels par conséquent le cours direct de la sève n'est pas interrompu) de se charger d'une immense quantité de fruits; ils peuvent en être tellement affaiblis, que toutes les branches et les yeux à bois qu'ils devraient fournir se tournent en rosettes, de là donc aussi une immense quantité de rosettes : hors d'état de suffire à leur perfectionnement dans un court délai, ils les conservent pendant plusieurs années, sans qu'aucune d'elles fleurisse, leurs progrès, faute de nourriture, étant très lents. Pendant ce temps, les arbres, paraissant se reposer, alternent, dit-on, quoiqu'au fond ils soient surchargés de travail, en pure perte il est vrai, pour le cultivateur, du moins pour le moment.

Quelques praticiens ont prétendu qu'à l'inspection d'une rosette, soit à sa forme pleine et arrondie, soit encore plus au nombre de feuilles dont elle est couronnée, il leur était possible d'assigner au juste l'époque de sa floraison : il peut y avoir beaucoup de fondement à cette opinion ; on doit cependant y admettre quelques restrictions.

Si, comme je le pense, ce sont les feuilles qui, en élaborant la sève, la rendent propre à la fructification, il semblerait que, plus le nombre des feuilles est grand dans une rosette, plus le terme de sa fructification est proche, et qu'on pourrait le prédire : mais cette élaboration de sève due aux feuilles ne tient pas plus à leur nombre qu'elle ne tient à leur grandeur ou à leur degré d'énergie ; c'est à quoi il faut faire bien attention. On voit dans les jeunes arbres de semis, dès leur première ou seconde année, de faibles brindilles garnies de faibles rosettes, et ces rosettes n'en sont pas moins munies du nombre de feuilles désirable ; elles ne fleurissent cependant pas. On a beau, comme je l'ai fait, les suivre d'année en année, on n'y remarque que très peu de progrès, et le nombre de leurs feuilles, parvenu à son maximum, peut décroître ensuite ; et ces rosettes elles-mêmes finissent par s'oblitérer. Voilà donc des rosettes qui, au lieu d'aller en croissant, vont en décroissant ; et il n'est pas difficile d'en trouver la raison. On pourrait dire d'abord que, l'arbre étant encore trop jeune, la sève n'a pas eu le temps de s'y perfectionner ; mais je négligerai cette considération, n'en pouvant donner la preuve, et je m'en tiendrai à dire que, dans ces jeunes arbres, ou les rosettes sont en trop grand nombre, et elles périssent faute de nourriture, ou la sève s'emporte ailleurs, et les néglige. Dans les vieux arbres, le nombre des feuilles des rosettes peut aussi aller en décroissant, et les rosettes elles-mêmes périr. Ce n'est pas chez eux, parce que la sève s'emporte ailleurs, ce n'est pas même faute de sève appropriée, mais c'est tout simplement parce que la sève elle-même manque. Dans ce cas, le retranchement de la plus grande partie de ces rosettes me paraîtrait être le véritable remède, celles qui resteraient devant profiter de la nourriture de celles qu'on supprimerait.

On pourrait m'objecter ici qu'il serait à craindre que le retranchement d'une partie des rosettes ne fît développer les autres à bois : je ne le pense pas; ou du moins, si cet effet était produit, je pense qu'il n'aurait lieu que sur quelques unes d'entre elles, c'est à dire sur celles placées à l'extrémité; au surplus, cet effet serait également produit par la taille.

Cette objection donne lieu naturellement aux deux questions suivantes :

1°. Lorsqu'on retranche à un arbre un de ses membres, comme une partie quelconque de branche, la sève qui était destinée à nourrir la partie retranchée profite-t-elle plus particulièrement à la partie restante, ou reflue-t-elle indifféremment dans l'arbre entier?

2°. Lorsqu'on retranche à un arbre plusieurs rosettes, soit isolées, soit réunies sur une brindille, la sève qui devait les nourrir reflue-t-elle au profit de l'arbre tout entier, ou étant supposée d'une qualité plus élaborée que la sève à bois, profite-t-elle aux rosettes conservées en général, ou plus particulièrement à celles voisines des rosettes retranchées?

Je ne pense pas qu'on soit assez riche en observations pour résoudre affirmativement ces questions. Il y a cependant quelque lieu de présumer que la sève ayant habitude de prendre son cours vers la partie retranchée, les fibres destinées à la charrier sont portées à continuer leur office, et que le reste de la branche en profite plus particulièrement. Quant à décider s'il y a d'avance une sève élaborée répandue dans la totalité de l'arbre, et destinée spécialement à la nourriture des rosettes, ou si cette sève ne s'élabore que dans les rosettes elles-mêmes; si enfin elle passe de l'une à l'autre, plutôt que de se reporter vers la production du bois, quoique j'aie par devers moi quelques raisons de pencher pour cette opinion, c'est à dire que les rosettes restantes profitent de préférence de la sève destinée aux rosettes retranchées, je n'y insisterai point, et j'attendrai un plus grand nombre d'expériences pour prononcer affirmativement.

En attendant, raisonnons comme si le retranchement d'une partie des rosettes devait être favorable aux autres; chose, au surplus, qui ne peut être douteuse au fond, car il ne s'agit ici que du plus ou du moins.

Admettons, comme le plus éloigné pour l'entière perfection des rosettes, le terme de trois ans, et voyons s'il serait possible ou d'avancer ce terme, ou de le graduer de façon à ménager la production du fruit pendant trois années subséquentes.

Je suppose un arbre très chargé de rosettes d'inégale formation et d'inégale grosseur; je partagerais ces rosettes en trois séries destinées à fleurir successivement. Dans la première série, je mettrais les rosettes les plus garnies de feuilles, les plus arrondies, les plus grosses et les mieux placées; je n'en laisserais qu'une quantité très modérée, afin de hâter leur floraison. Dans la seconde série, je rangerais les rosettes moyennes, destinées à fleurir la seconde année; je les éclaircirais avec modération, pour ne pas trop les avancer. Enfin, dans la troisième série, destinée à fleurir la troisième année, je rangerais les plus faibles et les plus mal exposées, qui se trouvent ordinairement en très grand nombre sur les brindilles; je n'y toucherais pas la première année; j'attendrais à la seconde et à la troisième pour les éclaircir modérément, afin de tenir un juste milieu en ne hâtant pas trop, ni ne reculant trop le terme de leur fleuraison. (N'ayant fait aucune expérience pour m'assurer du succès de cette dernière opération, je ne la donne que comme très hasardeuse; on peut l'essayer.)

L'époque du retranchement des yeux et des boutons à fruits ou rosettes n'est pas, autant que je puis préjuger, une chose indifférente: devrait-on les retrancher dans le courant de la belle saison, et au fur et à mesure qu'ils se forment? La suppression des feuilles et l'évaporation causée par les plaies n'auraient-elles pas quelque inconvénient? Cette opération devrait-elle être remise au printemps, ou plutôt être faite immédiatement après la chute des feuilles? Je ne sais, mais je suis porté à croire qu'en la pratiquant à ce moment-là même, le travail intérieur de la sève (dont on ne peut contester l'existence, puisque, dans les hivers doux, il se manifeste même au dehors) serait très probablement avantageux pour les rosettes restantes; elles prendraient par là plus de force et plus d'avance. Toute espèce de retranchement fait aux arbres avant l'hiver doit certainement les fatiguer moins: la preuve en est dans le retard que la taille faite lors de la pousse occasione aux arbres. Il faut cependant aussi faire entrer en considération l'utilité dont peut être ce retard, lorsqu'on a à craindre des gelées tardives.

Du cassement.

Le cassement se pratique au moment de la taille sur l'extrémité des brindilles, pour faire produire des rosettes aux yeux placés immédiatement au dessous, ou pour faire profiter celles qui y sont déjà. Le cassement est, dit-on, préférable à la coupe par la serpette, parce qu'il paraît s'opposer au développement à bois de ces mêmes yeux. Réussit-on toujours par ce moyen à l'empêcher ? Je ne sais si on n'obtiendrait pas plus sûrement le but désiré, en faisant une incision annulaire ou une ligature à la place du cassement : je conviens que l'opération serait un peu plus longue.

Le cassement se pratique aussi pendant la sève et sur les nouvelles pousses, toujours dans la vue de procurer la fructification. J'ai fait là-dessus quelques expériences dont je vais rendre compte, en y ajoutant quelques réflexions.

Le cassement change-t-il réellement les boutons à bois en boutons à fruits ? ou ne fait-il qu'avancer le développement de ces derniers ? ou plutôt jusqu'à quel point peut-il opérer en même temps l'un et l'autre de ces effets ? Si l'on pouvait à tout cela faire des réponses positives, il est certain que l'on serait en état de prononcer sur l'utilité de cette opération, ainsi que sur la place et l'époque où l'on devrait l'exécuter. Voici ce que m'a fourni le peu d'observations que j'ai pu faire, et les réflexions que ces observations m'ont suggérées.

Si, au commencement de la sève du printemps, ou, du moins, dès qu'un bourgeon commence à se développer, on pince ou on casse son extrémité, la sève est suspendue momentanément, mais ne tarde pas à reprendre son cours; et alors l'œil qui est placé immédiatement au dessous du cassement se développe ordinairement seul (quoiqu'il arrive, mais rarement, qu'il s'en développe plusieurs); ce nouveau jet prend la place du principal et ne présente rien d'extraordinaire : si le cassement se fait un peu plus tard, la même chose à peu près arrive, si ce n'est que le nouveau jet prend un peu moins d'accroissement en longueur; mais si le cassement est fait peu avant que la sève s'arrête, ou à ce moment-là même, et d'autant qu'il est plus tard, le nouveau jet prend d'autant moins d'accroissement en longueur, mais il en prend un peu plus en grosseur, tellement qu'il devient quelquefois plus gros que le jet qui le supporte, et il se termine assez communément par un bouton à fruit, qui fleurit et fructifie l'année suivante. Il est encore possible que, si l'opération n'a lieu que lorsque la sève est complétement arrêtée, l'œil immédiat, au lieu de se développer, comme je viens de le décrire, émette au dehors quelques petites feuilles nouvelles en forme de rosette, ou se borne à prendre un certain accroissement en grosseur, pour porter fleur et fruit l'année suivante, ce sur quoi il ne faut cependant pas trop compter. Il est même encore possible que, si la seconde sève, dite sève d'août, reprend avec beaucoup de force, ce bouton se développe à bois seulement. Au surplus, j'avoue que je n'ai point encore assez étudié cette partie pour pouvoir prévoir tous les cas possibles, d'autant que nos années et nos saisons sont si irrégulières et se ressemblent si peu, qu'elles sont faites pour dérouter les observateurs les plus attentifs (1).

D'après cet exposé, l'on voit que selon que, lors du cassement, la sève a plus ou moins de force, le jet supplémentaire prend plus ou moins de longueur, qu'en raison de la moindre longueur il prend plus de grosseur proportionnelle, et qu'en raison du plus de grosseur il se dispose mieux à fruit. Il paraîtrait donc que, pour le

---

(1) C'est ce qui est arrivé en 1818, où l'extrême sécheresse de l'été a contrarié tous les effets attendus.

mettre à fruit, il faudrait l'effectuer le plus tard possible. Voilà bien quelques données sur le moment le plus favorable : voyons présentement la place la plus convenable. (*Voyez* Ch. VI de la Pomologie.)

Effectuer le plus tard possible le cassement me paraissant donc être préférable, il en résulterait que l'opération devrait se faire sur les derniers yeux du jet de l'année ; mais comme ce sont précisément ces derniers yeux qui doivent, l'année suivante, fournir les plus belles rosettes, on peut présumer, avec assez de fondement, que le jet supplémentaire ne donne un bouton terminal à fruit que parce que l'œil qui le fournit était, dès le principe, destiné à fournir par suite une rosette : d'où l'on conclurait assez volontiers que le cassement n'a rien changé à la nature de cet œil, mais qu'il ne fait que le développer par anticipation, et le porter au bout d'un jet, au lieu de lui faire terminer une rosette. Ceci n'est, au surplus, qu'une conjecture ; car l'on sait qu'il est difficile de déterminer, d'une manière absolue, si, sans le cassement, l'œil qui en est résulté eût donné, ou non, une rosette. Je pense néanmoins que lorsqu'on connaît assez son arbre et sa manière d'être, il n'est pas impossible d'estimer à quelle place doivent sortir ses branches à bois ou ses branches à fruit.

D'un autre côté, comme nous le verrons ailleurs, il y a des cas où les rosettes se manifestent aux yeux inférieurs d'un jet; il est alors assez probable que le cassement devrait être exécuté immédiatement au dessus de ces yeux inférieurs, afin de les forcer à se mettre en évidence.

Il peut encore arriver que, sur le vieux bois, il y ait des rosettes latentes ou des yeux qui dorment par telle cause que ce soit, et que ces yeux, dans le principe, eussent été destinés à former des rosettes; s'il était possible de déterminer la position de ces yeux, il est encore probable que le cassement pratiqué immédiatement au dessus d'eux les mettrait également en évidence.

Lorsqu'on opère le cassement sur une brindille, les rosettes placées au dessous en profitent; mais opéré au dessus d'une rosette placée sur une forte branche à bois, n'y aurait-il pas à craindre qu'il ne la fît développer à bois? Je ne le crois pas; cependant je n'en répondrais pas.

Les idées que je viens d'exposer sur la propriété fructifiante du cassement ne sont pas tout à fait celles des praticiens qui l'ont conseillé; il paraîtrait qu'ils attribueraient la mise à fruit non pas au mécanisme de l'opération, mais à ses résultats physico-chimiques. Ils semblent en voir la principale cause dans l'évaporation de sève qui a lieu dans la partie fracturée;

car ils recommandent de casser, et non de couper avec la serpette. Il serait intéressant de constater s'il y aurait réellement quelques différences entre casser et couper; et s'il n'y en avait point, on en conclurait que l'évaporation n'y entre pour rien; et s'il y en avait, j'aimerais autant croire que le cassement produit dans les fibres du bois et de l'écorce une irritation, ou même une espèce de désorganisation (par désorganisation on doit entendre ici plutôt déplacement ou altération, que décomposition d'organes). En rappropriant avec la serpette les dommages causés par la fracture, la différence du succès obtenu porterait à se décider ou pour l'évaporation ou pour l'irritation.

Je hasarderai en outre quelques conjectures. On pourrait supposer que le cassement pratiqué au moment où la sève perd de sa force contribue encore à l'affaiblir et à la modifier, en la faisant dévier de son cours naturel, et que cela suffit pour déterminer la mise à fruit.

Voici néanmoins un autre fait un peu contradictoire; le cassement opéré, même après que la sève est complétement arrêtée, occasione un gonflement très manifeste dans l'œil qui lui est inférieur; il faut donc supposer, malgré le repos de la sève, un restant de force aspirante de la part des fibres correspondantes à celles retranchées, et admettre que la sève latente, destinée à perfectionner cette partie retranchée, n'y trouvant plus son débouché ordinaire, se rejette sur l'œil le plus voisin, et y opère un grossissement.

On voit, d'après tout cela, qu'il est difficile de prononcer si la mise à fruit résultante du cassement est la suite de l'évaporation et de la modification de la sève ou de l'irritation. Il reste donc beaucoup à désirer sur ce qui est relatif au cassement, et cette connaissance, utile au progrès de la culture, le serait encore davantage pour ceux de la physiologie végétale.

P.-S. L'action du cassement, comme je l'ai déjà fait observer, ne se fait pas seulement sentir sur l'œil ou bouton placé immédiatement au dessous; il réagit encore, quoique plus faiblement, et d'autant plus faiblement qu'il s'en éloigne davantage, sur tous les yeux ou boutons inférieurs de la branche soumise à cette action. Lorsque la sève est encore dans sa force au moment de l'opération, plusieurs yeux peuvent se développer, mais plus communément il ne s'en développe qu'un seul; mais celui ou ceux qui se trouvent au dessous forment en premier lieu des rosettes allongées ou fausses rosettes, plus bas de véritables rosettes; ceux placés encore plus bas prennent seulement un peu de grosseur, le tout en raison de la vigueur de l'arbre et de la force de la sève. On peut augmenter, par la suite, l'effet produit sur ces yeux inférieurs, en cassant de rechef le jet nouveau produit par le premier cassement; si la sève est encore active, l'œil immédiat placé au dessous du second cassement pousse encore quelquefois tout seul, sinon une nouvelle commotion se communique à tous les yeux, boutons et rosettes inférieurs; quelques unes font une espèce de mouvement, mais tous en profitent plus ou moins sensiblement.

On peut encore pratiquer le cassement sur le vieux bois : si on le fait trop tôt, on détermine la sortie d'un œil à bois; mais, si on le fait à propos, les rosettes placées au dessous en profitent, et il peut arriver qu'un reste de sève, ou le retour de la sève d'août, à défaut de rosettes actuelles sur lesquelles il puisse agir, fasse sortir quelques nouvelles rosettes latentes.

L'endroit où la pousse de l'année se joint à l'ancienne, là où il y a une espèce de bourlet formé à leur point de réunion, est plus gros, plus nourri, plus velouté, si l'on peut parler ainsi, plus abondant en parenchyme que toute autre partie. Quoique cet endroit ne soit pas spécialement consacré à l'apparition des rosettes ou boutons à fruit, il semble que, lorsqu'il y en apparaît, soit spontanément, soit par accident fortuit ou préparé à dessein, les rosettes ou boutons à fruit sont également plus gros et mieux nourris. Cela peut s'expliquer en ce que, dans cette partie, l'écorce étant plus épaisse, plus veloutée, plus abondante en parenchyme, les boutons qui en sortent sont, dès leur naissance, accompagnés et recouverts de cette écorce épaisse et veloutée. Ne conviendrait-il pas d'opérer le cassement à cet endroit-là même? C'est ce que je me propose d'essayer.

(Toutes choses égales d'ailleurs, le parenchyme paraît être d'autant plus abondant sur une branche ou partie de branche, que ses yeux et ses feuilles sont moins distans les uns des autres, et *vice versâ* : d'où l'on pourrait conclure que, s'il a diminué en raison de cet éloignement, c'est qu'il a servi au développement de l'écorce intermédiaire ; et, dans ce dernier cas, il est d'autant moins capable de servir à la nourriture du bouton à fruit.)

On doit être convaincu, d'après tout cela, que le lieu et l'époque du cassement sont difficiles à déterminer ; il faut saisir l'à-propos, pour ne pas faciliter l'émission d'un œil à bois au lieu d'un œil à fruit. Il ne faut pas le pratiquer trop tard, parce qu'alors on n'en obtiendrait aucun effet : on peut dire, en général, qu'il faut l'effectuer plus bas et plus tôt sur les arbres faibles que sur les arbres forts, plus haut et plus tard sur les arbres forts, et se conduire d'après les mêmes principes, en raison de la force de la sève, observant que dans les différentes parties du même arbre les branches faibles, latérales, inclinées, arquées, incisées, doivent être opérées plus tôt que la maîtresse-tige, sur laquelle l'ascension de la sève se maintient plus long-temps, à cause de son cours direct.

En variant les procédés du cassement, en les combinant avec quelques autres, tels que l'incision annulaire, l'arqûre, etc., on peut augmenter beaucoup son efficacité, et l'on parvient ainsi à en obtenir des résultats assez singuliers. (Voyez *Annales d'Agriculture*, tome II, 2ᵉ. série, p. 255.)

Remarques sur les épines du poirier.

Les poiriers sauvages ont une grande partie de leurs branches terminées par des épines, quelques uns de nos poiriers domestiques en offrent aussi ; mais comme elles y sont en beaucoup moins grande quantité, on en a conclu assez naturellement que plus ils étaient perfectionnés par la culture, moins ils en avaient. On présume encore que l'âge contribue à les faire disparaître : tout cela est vrai jusqu'à un certain point ;

mais nous allons voir comment il faut l'entendre.

J'ai fait beaucoup de semis de pepins de poires cultivées des meilleures espèces ; j'ai choisi à dessein les plus perfectionnées, notamment le doyenné, qui peut être regardé comme tel. J'ai employé aussi les pepins de plusieurs excellentes poires nouvelles envoyées à la Société royale d'agriculture par M. Van Mons, de Bruxelles, qui paraissent être ce qu'on peut avoir de mieux en ce genre : tous mes jeunes arbres ont eu plus ou moins d'épines. Comment suis-je assez malheureux, me disais-je, pour n'avoir, malgré mes précautions, que des poiriers épineux, n'ayant choisi que de bonnes espèces? Et tant d'autres avant moi ayant si bien réussi, cela me paraissait fort singulier.

Continuant d'examiner dans mes bois les poiriers sauvages avec plus de soin que je ne l'avais fait jusqu'alors, mais toujours dans l'entière persuasion que tous devaient être à peu près également épineux, je remarquai que, si les uns en offraient une très grande quantité, d'autres en avaient beaucoup moins ; quelques uns même n'en avaient pas du tout ou en offraient à peine des vestiges. Jusque-là rien de merveilleusement étonnant; mais, ce qui me le parut beaucoup plus, ce fût de trouver des individus qui en étaient absolument dépourvus sur quelques unes de leurs parties, tandis que, sur le même arbre, on en voyait dans d'autres parties des quantités incommensurables.

J'avais cru d'abord, et cela était tout simple, qu'il pouvait y avoir des espèces plus ou moins épineuses, à tous les degrés possibles ; mais je fus bientôt détrompé : en effet, trouver sur le même arbre des parties chargées d'épines, d'autres parties absolument dépourvues, indiquait assez que la variété seule n'y entrait pas pour beaucoup. Cette dernière observation me mit sur la voie.

Les épines du poirier ne sont pas, comme on le sait fort bien, parsemées plus ou moins régulièrement sur l'écorce, comme les aiguillons des rosiers et autres arbustes épineux; elles sont la continuation des fibres ligneuses, et la terminaison de certaines branches, dont le dernier œil ou bouton avorte et laisse à nu l'extrémité de la jeune tige, qui reste pointue, parce que, n'ayant plus d'œil ou de bouton à nourrir, elle ne prend point d'accroissement en grosseur; mais il s'en faut de beaucoup que toutes les branches du même poirier soient également et indistinctement terminées par une épine; jamais l'œil ou le bouton terminal d'un poirier, si jeune, si vigoureux et si sauvage qu'il soit, ne forme une épine; jamais non plus les maîtresses-branches, destinées à former la tête de l'arbre, ne sont terminées par une épine; il n'y a de pointues que les branches latérales et secondaires, et encore ne le sont-elles pas toutes. Y a-t-il quelque régularité dans l'épineux ou le non épineux de ces branches latérales ? C'est ce que je ne puis précisément déterminer; mais pourquoi les épines ne se forment-elles que sur les branches latérales ? C'est sur quoi je puis donner quelques éclaircissemens, ainsi que sur le lieu et sur la manière dont elles se forment.

Lorsqu'un poirier sauvage est parvenu à un certain âge, à un certain degré d'accroissement, qu'il est en état de fructifier régulièrement, il est assez ordinaire que ses branches poussent modérément et uniformément, et qu'il ne s'emporte sur aucun point. Les boutons terminaux de ses branches s'allongent sur un seul jet, comme c'est l'ordinaire, et sur le bois de l'année précédente se développent également branches à bois et rosettes, chacune à leur place; il y a entre toutes les parties de cet arbre, que jamais la serpette n'a contrarié, un équilibre naturel, qui ne peut être dérangé que par quelque circonstance accidentelle. Sur un poirier aussi bien réglé, il est possible de ne trouver aucune épine actuelle : c'est tout au plus si, avec beaucoup d'attention, on pourrait retrouver la place de celles qui ont pu exister ; il ne paraît pas s'y en former de nouvelles, et il est possible qu'il n'y en reparaisse jamais.

Mais si ce poirier si bien réglé, et en conséquence si bien débarrassé d'épines, éprouve quelque accident, qu'une de ses branches tant soit peu forte soit coupée ou cassée, sur le jet nouveau qui sort au dessous de la cassure et de la coupe, aussitôt reparaissent de fortes et nombreuses épines ; la même chose arrive, si, sur le corps de l'arbre, il s'élance quelque gourmand, si de son pied poussent quelques rejetons, et, à plus forte raison, s'il est recepé sur sa tête, et encore mieux sur le pied. A la suite de ces opérations s'opère une espèce de rajeunissement ; des jets nouveaux poussent vigoureusement ; les épines paraîtraient donc compagnes de la jeunesse et de la vigueur : cette opinion est vraiment fondée : c'est bien là le pourquoi, mais ce n'est pas le comment. Que si l'on examine avec soin le développement de ces jeunes et forts rejets, on ne tarde pas à s'apercevoir d'une particularité qui leur est propre, c'est que presque tous ces jets, au lieu de s'allonger sur un seul brin, développent en même temps, et par anticipation sur l'année subséquente, tous ou presque tous leurs yeux latéraux secondaires ; et ce sont ces yeux latéraux secondaires, développés par anticipation, qui seuls sont terminés par une épine. Les plus fortes, les plus longues de ces épines se trouvent ordinairement au tiers ou au milieu de la hauteur du jet principal de l'année, et offrent la forme pyramidale que j'ai décrite page 458. C'est ainsi, et non pas autrement, du moins j'ai cherché en vain ailleurs, que se forment les épines du poirier.

Mais pourquoi, dira-t-on, dans ces sujets jeunes et vigoureux, sauvages ou domestiques, tous les yeux latéraux secondaires, développés par anticipation, ne sont-ils pas toujours et toujours également épineux? C'est ce qu'il n'est pas aisé d'expliquer. Tout ce que je puis dire, c'est que dans les sauvageons proprement dits, et dans ceux qui s'en rapprochent le plus, le nombre des rosettes, des fruits et des yeux me paraît proportionnellement plus considérable que dans les poiriers domestiques. Les poiriers sauvageons, quoique doués d'une plus grande énergie, s'emportent d'abord avec une vivacité telle, que leurs forces réelles n'y répondent pas toujours. Ces petites branches épineuses, produit d'une végétation luxuriante dans le principe, dû à l'élan d'une fougue immodérée de la sève, peuvent être considérées comme des enfans perdus que la sève plus ralentie n'a ni le temps ni les facultés de nourrir; elle ne peut suffire à leur subsistance; ils sont abandonnés à eux-mêmes, l'œil terminal avorte, l'extrémité reste nue et sèche : elle est changée en épines.

Au surplus, la forme conique affectée aux épines est déterminée par leur base et dès leur sortie de la jeune tige; telles elles naissent, telles elles s'accroissent, le faux œil qui doit les terminer n'ayant le temps de prendre aucun accroissement en grosseur. Il n'en est pas ainsi des yeux ou boutons formés sur une branche plusieurs mois avant de s'épanouir. Dès le commencement de leur apparition, soit pendant la belle saison, soit même pendant l'hiver qui précède leur épanouissement, leur émission hors de la tige leur permet de s'arrondir et de prendre une grosseur supérieure à celle de leur support futur; comparables à l'œuf sorti du corps de la poule, une vitalité particulière semble leur être propre. Ils paraissent, de plus, jouir d'une aspiration affectée à leur essence. L'espèce de col ou de nœud qui unit tout bouton à sa tige y forme un étranglement qui, généralement dans toutes les plantes, opère au dessus de lui un grossissement, un gonflement dont on ne fait encore que soupçonner la cause : ce gonflement permet à la sève d'y accumuler les élémens du parenchyme. Cet effet, comme on le sent bien, ne peut avoir lieu dans l'œil terminal de l'épine, qui prend son essor, pour ainsi dire, avant d'exister.

Les arbres anciennement cultivés, soumis à des transplantations qui mutilent leurs racines, multipliés depuis longues années par des greffes successives, sont presque dépourvus d'épines. C'est un effet de la culture, sans contredit; mais doit-elle être envisagée ici comme agissant sur les mêmes individus, constamment et avec la réunion de plusieurs auxiliaires, tels qu'amendemens, labours, transplantation, taille, etc., ou seulement par des moyens de multiplication forcés, tels que marcotte, bouture et greffe, pratiqués à différentes époques sur la même espèce, mais non sur les mêmes individus, et tendant à les renouveler, sans cependant leur donner une nouvelle vie, ni leur imprimer une nouvelle création, chose qui ne peut avoir lieu que par le semis? Les arbres propagés par les boutures, la greffe, etc., passent pour être moins vigoureux, sont regardés comme abâtardis, non pas quant à la qualité du fruit, mais bien quant à la production de la semence et à la constitution des individus; et si l'époque de la plus grande force d'un arbre a pour limites un âge fixe; si, passé ce terme, elle doit aller en décroissant progressivement, que devons-nous penser de l'arbre qui, transplanté dans nos jardins avec les apparences trompeuses de la jeunesse, porte cependant, au moyen de la greffe, un bois peut-être réellement âgé de plusieurs centaines d'années?

Il y a cette grande différence entre la multiplication par greffe ou par bouture, et celle par semis, que la première ne change pas essentiellement l'espèce ni la variété de l'individu, telles modifications qu'elle puisse d'ailleurs lui imprimer, et que le semis, au contraire, peut le changer au point de le rendre méconnaissable. C'est dans les plantes cultivées surtout que les différences sont plus sensibles. Il paraît néanmoins que, par le semis, les arbres à fruits tendent assez fortement à remonter à leur primitive origine, et que les pepins des pommes et poires cultivées ne se ressentent que jusqu'à un certain point des modifications produites par la culture sur les arbres auxquels elles étaient attachées: d'où il suit qu'elles paraissent tenir plutôt du naturel du jeune arbre franc de pied, type de leur variété, peut-être épineux lui-même, que du naturel des greffes successives qu'il a pu fournir depuis par l'intermédiaire d'autres individus plus domestiques, en sorte que les semis de ces poires offrent des épines comme leur type originel, bien qu'elles aient été cueillies sur des individus non épineux ou ayant perdu leurs épines.

Il s'ensuivrait de là que les modifications imprimées par la greffe, telles que la perte des épines, la saveur plus agréable des fruits, etc., ne seraient que passagères, et qu'à la première occasion favorable les traces en devraient disparaître. Tout ceci cependant n'est que conjectural, et, pour décider affirmativement, il faudrait semer comparativement des pepins de la même variété de poire cueillie sur franc de pied, sur sauvageon greffé et sur cognassier, afin de s'assurer des différences qui pourraient se trouver sur les individus produits, relativement à leurs épines et à la qualité de leurs fruits.

Quoique hasardées, je n'abandonne point mes conjectures ; il m'est agréable de prévoir que, pas à pas, mes jeunes poiriers de semis, perfectionnés par la greffe, perdront leurs épines; que leurs fruits gagneront en saveur, et qu'ils ne seront pas en cela moins heureux que leurs devanciers. Je suis d'autant plus fondé à le croire, que je suis parvenu à découvrir des épines, quoique rares, sur des poiriers domestiques auxquels je n'en aurais pas soupçonné. Les épines ne sont donc point essentiellement inhérentes à la nature du poirier. Les individus de l'espèce, soit réunis par variétés, soit pris isolément, soit même considérés dans les diverses parties du même arbre, peuvent n'avoir pas du tout d'épines, en avoir quelques unes, en avoir beaucoup, et même après cela définitivement les perdre. Cette dernière disposition doit aller en augmentant par diverses considérations, d'autant qu'il est tout naturel de prendre de préférence des greffes sur les parties les moins épineuses des individus les moins épineux, et que les épines n'étant elles-mêmes produites, ainsi que je l'ai exposé plus au long, que par le développement anticipé des yeux latéraux secondaires, occasioné par une fougue immodérée de la sève, cette faculté doit devenir d'autant plus rare, que nos arbres domestiques se multiplient de plus en plus par les greffes, moyen de multiplication auquel on attribue l'affaiblissement progressif des individus, en même temps que le perfectionnement de leurs fruits.

Mais revenons-en à la formation et aux propriétés de nos petites branches épineuses, ou de nos épines.

Le bois dont ces épines sont formées y est plus dur qu'ailleurs; l'écorce paraît y être plus mince, et le parenchyme moins abondant; par un effet de cette terminaison en pointe aiguë et dénuée de bouton aspirant, la sève y arrive avec peine : aussi, enfreignant cette loi générale qui veut que les yeux et boutons supérieurs soient les premiers à partir à la sève du printemps et prennent, en raison de cela, une grande avance, les yeux de l'extrémité de l'épine, peu nourris, avortent-ils toujours.

Par une suite de ce même affaiblissement de la sève dans les pointes, ces petites branches épineuses, à moins d'accident particulier, n'émettent point d'yeux à bois; tous ceux qui n'avortent point, en raison de leur position aux deux extrémités supérieures et inférieures, fournissent des rosettes; mais, par la même raison, ce ne sont pas, comme dans les brindilles ou les branches à bois ordinaires, les rosettes supérieures qui prennent le plus d'accroissement; les plus belles se trouvent ici au milieu, ou plutôt aux deux tiers de leur hauteur. Dans le système des classificateurs de branches, ces épines devraient donc être regardées non comme branches à bois, puisqu'elles n'en fournissent jamais, mais comme brindilles, puisqu'elles se chargent toujours de rosettes. Or, quoi de moins semblable à une brindille, ou à ce que nous reconnaissons comme tel, qu'une petite branche large à sa base, mais terminée en pointe aiguë, sèche et dure, par une épine enfin, au lieu de l'être par un bouton bien nourri et bien arrondi, qui peut fleurir et fructifier lui-même, tel qu'est celui de la brindille?

Que si ces petites branches épineuses, quoique d'ailleurs si peu semblables aux brindilles, paraissent cependant en remplir les fonctions par leur aptitude à se charger de rosettes, on ne devra point s'en étonner; c'est une conséquence nécessaire du système que j'ai établi plus haut, que la modération du cours de la sève est la cause prochaine de la fructification.

En effet, et sans être obligé d'imaginer une propriété physique particulière aux pointes, en considérant l'épine dure et sèche qui, au lieu d'un gros bouton aspirant, sert de terminaison à ces branches, soit qu'on suppose qu'à raison de sa petitesse ou de son insensibilité elle se refuse à admettre la sève, ou que celle-ci une fois admise, mais y étant comprimée, ne puisse être refoulée franchement, par une surface plate ou arrondie, telle que la lui présenterait un bouton arrondi, ou la coupe bien nette de la serpette, soit qu'on pense que les fibres ligneuses de l'épine, douées d'une vitalité déjà très équivoque, réagissent d'une manière nuisible sur la sève, soit qu'on veuille que celle-ci, dans son arrivée, se trouve altérée par son contact avec celle qui déjà séjournait et dormait dans les épines, on ne peut se refuser de convenir que, dans ces branches épineuses, la sève ne peut avoir ni un cours rapide, ni même une marche bien régulière.

Au reste, au bout d'un certain temps, la vitalité de ces épines, annoncée comme déjà très équivoque, disparaît totalement. Cessant de prendre nourriture, la pointe se dessèche et tombe ; les rosettes qui lui sont inférieures subsistant toujours, leur support ne paraît et n'est plus terminé par une épine ; il n'en reste même aucune trace, et par la suite on ne se douterait plus que ces rosettes ont été produites sur des épines.

Une grande partie cependant de ces mêmes rosettes avorte, ou, pour mieux dire, après avoir pris un certain accroissement, finit par dépérir, et il n'en reste que la quantité convenable. On n'en peut accuser que leur trop grand nombre ; il était impossible que l'arbre les nourrît toutes. J'ai déjà fait remarquer que les poiriers sauvages paraissaient se charger d'une plus grande quantité de rosettes et de fruits que les poiriers domestiques, quoiqu'en dernier résultat, à raison de la petitesse des fruits, le volume total n'en fût peut-être pas plus considérable ; mais c'est une opinion assez généralement admise que la production de la graine épuise le plus; et comme elle est réellement plus abondante dans les sauvageons, c'est peut-être une des raisons qui les rendent plus sujets que d'autres à alterner.

Ce serait, au surplus, une chose assez curieuse, et même assez intéressante par son objet d'utilité, que de savoir si réellement, et à mesure égale de fruits, l'arbre qui rapporte de gros fruits, étant proportionnellement moins chargé de graines, en est réellement moins épuisé.

Résumé.

La taille n'étant pas dans la nature, sa pratique a dû nécessairement entraîner beaucoup d'inconvéniens : de quelque perfectionnement qu'elle puisse être susceptible, et quelque méthode qu'on lui substitue, on doit s'attendre ou à retrouver les mêmes inconvéniens, ou à en rencontrer de nouveaux : c'est à en diminuer le nombre et la gravité que l'art doit tendre ; c'est en étudiant la végétation des arbres à fruit qu'on peut espérer d'y parvenir; c'est la marche que j'ai suivie, et si je n'ai pas rempli mon but, on pourra du moins se convaincre que ce n'est pas faute d'avoir observé. En faisant à la taille des reproches qui m'ont paru très fondés, j'ai proposé quelques substitutions nouvelles ; je m'attends bien que leur adoption trouvera des obstacles : on m'objectera que les retranchemens de branches, de rosettes, que j'ai proposés ne sont pas non plus dans la nature. Je vois cependant, entre le raccourcissement opéré par la taille et les retranchemens de branches et rosettes, cette grande différence, c'est que, dans l'ordre naturel, rien ne se rapproche, rien ne ressemble à ce raccourcissement, rien ne peut l'autoriser, et qu'au contraire les retranchemens que je propose sont l'imitation de ce qui se passe tous les jours sous nos yeux; car nous voyons que lorsqu'un arbre prend un grand accroissement tant en hauteur qu'en étendue, ses branches inférieures périssent d'elles-mêmes, faute d'air et de nourriture : il en est de même, et par la même cause, des nombreuses branches, brindilles et rosettes que cet arbre renferme dans son intérieur. Retrancher entièrement toutes ces parties, qui, s'affamant et se nuisant réciproquement, finissent par s'étouffer, ce n'est point contrarier la nature, ce n'est qu'anticiper sur son ouvrage; c'est faire actuellement ce qu'elle aurait fait plus tard. Retrancher, comme je le conseille, la plus grande partie des rosettes, c'est, me dira-t-on, sacrifier l'espoir de la récolte; jamais il ne noue trop de fruits, ou il en tombe toujours assez; mais c'est parce qu'on laisse trop de boutons à fruit, qu'il en noue trop peu, ou c'est parce qu'il en noue trop qu'il en tombe tant. Le moyen d'en avoir assez, c'est de n'en conserver que ce qu'il faut; on n'a rien, justement parce que l'on veut trop avoir : il vaut mieux empêcher le fruit de venir en trop grande abondance, que de le voir tomber, ou de le supprimer lorsqu'il est tout venu. Un sacrifice fait à temps et de bonne grâce vaut mieux qu'un sacrifice tardif et forcé : et n'est-ce donc rien, d'ailleurs, que d'empêcher un arbre de s'épuiser?

Pour simplifier mon sujet autant que possible, et ne pas risquer de m'égarer en allant au delà de mes connaissances, j'ai commencé par déclarer que je n'entendais considérer la taille qu'en elle-même, et indépendamment des formes qu'on est dans le cas de donner aux arbres, notamment celle de l'espalier, etc., et que c'était seulement des arbres à fruits à pepins, tels que poiriers et pommiers, dont j'allais m'occuper pour le moment.

J'ai avancé que la taille, détruisant inutilement pour reconstruire, supprimant ce qui venait naturellement pour y substituer le plus souvent quelque chose de pis, était en contradiction perpétuelle avec la nature; qu'on n'avait point assez étudié celle-ci; et, pour le prouver, j'ai cherché à déterminer, d'une manière plus précise qu'on ne l'avait fait jusqu'ici, les points où l'on devait attendre et le bois et le fruit, dans toutes les circonstances possibles, et dans tous les cas qu'on pouvait prévoir, points que la taille actuelle ne respecte guère; et je crois être parvenu à mon but.

J'ai avancé que la nature n'avait point établi de différences entre les branches à bois et les brindilles; qu'elle n'avait point créé les brindilles pour servir exclusivement de support aux rosettes, et que les rosettes les plus belles et les plus tôt formées se manifestaient de préférence sur les branches fortes, et non sur les branches faibles; j'y ajoute de plus que, dans les jeunes pommiers de semis, c'est sur la maîtresse-tige, c'est sur le corps de l'arbre lui-même que se présentent, sinon toujours les premières, au moins toujours les plus belles rosettes; et j'ai dit que, sans être obligé d'employer ces dénominations de branches à bois et à fruit, un habile jardinier savait fort bien où il devait attendre l'un et l'autre. J'ai fait voir d'ailleurs que leur place n'était point fixée immuablement, et qu'elle pouvait dépendre beaucoup des saisons, des localités, de la vigueur plus ou moins grande de la sève, etc., etc. J'ai indiqué une partie des effets que l'arqûre, la greffe, l'incision annulaire, la transplantation et quelques autres opérations pouvaient avoir sur le développement des yeux à bois et à fruit, et conséquemment sur la fructification.

J'ai établi, non pas comme naturelles, mais comme artificielles, et seulement pour faciliter l'intelligence de ce que j'avais à dire, des divisions entre les différentes manières de fructifier, quoiqu'au fond je ne les regarde que comme des nuances; c'est dans le même sens que j'ai aussi établi des divisions entre les arbres jeunes et forts d'une part, et les arbres vieux et faibles d'autre part.

J'ai fait voir les inconvéniens graves qui résultaient du raccourcissement perpétuel et successif de toutes les branches; ce qui, dans la jeunesse, occasione une pousse abondante de bois contraire à la fructification, une confusion de ramification, et nécessite un ébourgeonnement sévère, et ce qui, dans la vieillesse, empêche la sève de se porter directement aux branches à bois déjà trop faibles, en supprimant leurs boutons terminaux qui auraient plus de force aspirante que les faibles yeux placés au dessous : j'en ai conclu que les principes de la taille et de la conduite des arbres devraient être modifiés d'après leur force et leur âge, et d'après cela j'en ai indiqué trois différentes, savoir : taille de régularisation, taille à fruit et taille à bois.

Au lieu de ce raccourcissement, j'ai conseillé la

suppression entière de ce qu'il pouvait y avoir de trop nombreux en branches, brindilles et rosettes, et j'ai ajouté que, dans les vieux arbres surtout, il fallait s'attacher à la diminution des rosettes, et que ce retranchement ne pouvait avoir que des suites avantageuses.

Sans rien décider, faute de connaissances positives, j'ai discuté les deux questions suivantes :

1°. S'il y avait d'avance dans les arbres une sève différemment préparée pour le bois et pour le fruit, ou si la sève ne se préparait que dans chaque point en particulier, et si celle qui devait affluer dans les parties retranchées tournait généralement au profit de toutes les parties restantes, ou seulement au profit des parties semblables à elles (1);

2°. S'il y avait des époques préférables pour

---

(1) L'opinion que la sève s'organise à son entrée dans les différentes parties de l'arbre est fortement appuyée par la considération que la couleur du bois du pêcher tranche net sur celle du bois du prunier sur lequel il est greffé ; que la première feuille qui sort de l'œil d'une greffe prise sur un arbre panaché est aussi panachée que celles qui sortiront plusieurs années après au sommet de l'arbre qui est sorti de cet œil; que les différentes parties de la fleur, du fruit, de la graine sont fort dissemblables, etc. (*Note de M. Bosc.*)

le retranchement de toutes les parties, et principalement des rosettes, et s'il y avait lieu de penser que pendant l'hiver la séve latente pût opérer un perfectionnement intérieur au profit des parties restantes.

J'ai indiqué comme supplémentaires et auxiliaires de la taille, dans la conduite des arbres, plusieurs moyens non pas nouveaux, mais trop peu employés, trop peu variés dans leur emploi et dans leurs combinaisons, la greffe, l'arqûre, l'éborgnement, l'incision annulaire, la transplantation, le recepage ou total ou partiel. J'ai donné une note particulière sur le cassement, et j'ai cité plusieurs faits à l'appui de mes opinions.

J'ai fait voir que la taille donnait peu de moyens, ou peu sûrs, de remédier à l'alternat, et après une discussion sur le temps nécessaire au développement et au perfectionnement des boutons à fruit et des rosettes, j'ai exposé mes idées sur ce qu'il y aurait à faire pour en avancer ou reculer l'époque, de manière à se ménager une fructification progressive et non interrompue.

J'ai donné un article particulier, assez étendu, sur les épines du poirier sauvage, sur la théorie de leur formation et de leur disparition, et sur la connexion qu'il pourrait y avoir entre cette dernière et la culture plus ou moins ancienne et plus ou moins perfectionnée.

J'ai ajouté quelques détails sur des poiriers que je me suis procurés par le semis ; et principalement sur des pommiers venus par la même voie, dont quelques uns offrent des particularités assez remarquables.

Enfin, j'ai conclu que la taille était loin de remplir son but, et qu'on ne pouvait absolument la regarder comme un art porté à sa perfection.

Quelques unes des pratiques que j'ai conseillé d'y substituer ou d'y ajouter sont minutieuses, il est vrai, et de longue exécution ; ce n'était pas une raison de les laisser ignorer, si elles peuvent être utiles ; les conseiller n'est pas forcer de les adopter. Le but de mes recherches tend bien à concilier la pratique et la théorie ; mais, cherchant à combattre une méthode consacrée par l'usage, il était bon de ne rien négliger, et ne pouvant réclamer la pratique en ma faveur, il fallait m'appuyer sur la théorie, et me fonder sur des raisonnemens, des analogies. A défaut de faits positifs assez nombreux, je laisse à l'expérience le soin de les confirmer, je n'ai considéré que les avantages de la chose en elle-même ; il sera temps par suite d'en discuter les avantages pécuniaires, ou plutôt, en cas de réussite, le cultivateur, ayant son intérêt pour guide, aura bientôt fait son choix. D'ailleurs, la beauté, la précocité du fruit, dans sa manière de calculer, entreront pour quelque chose et pour beaucoup plus dans celle du particulier aisé, à qui il est permis d'y ajouter encore plus d'importance.

Dans ces derniers temps, et avant moi, la taille avait déjà été attaquée. M. Cadet de Vaux avait proposé de la remplacer par l'arqûre. J'en ai parlé en son lieu, et sans prononcer sur son mérite, comme capable de remplacer la taille, je pense qu'on ne peut lui contester ses avantages. Il paraît que, dans son système, M. Cadet de Vaux supprimait au bout d'un certain temps, et quand il en avait tiré tout le parti possible, une partie de ses branches arquées; c'est bien là une espèce de recépage, et il n'avait pas tant de tort de dire que supprimer n'était pas tailler, dans le sens du moins qu'on attache à ce mot dans la pratique.

M. Du Petit-Thouars a proposé et exécuté, dans la taille et la direction des arbres, d'heureux changemens, et a publié dans divers ouvrages (*Essais sur la végétation*, *Recueil de mémoires sur la culture des arbres fruitiers*, etc.) des observations neuves et très exactes sur la végétation et la fructification. C'est donner la mesure de mon opinion sur ses ouvrages que de dire que j'en ai beaucoup profité.

M. Sieulle a aussi exécuté des innovations remarquables, et quelque degré de succès qu'on puisse leur assigner dans l'avenir, on lui en aura toujours de grandes obligations. Il paraît avoir le premier réduit en système et mis en pratique l'éborgnement (soustraction des yeux avant leur développement), moyen dont on tirera grand parti. Il dirige quelques poiriers d'après une méthode à lui particulière : il est possible qu'il y ait quelque analogie entre ses moyens et quelques uns de ceux que j'ai indiqués ; il est bien possible qu'on se rencontre sans s'être cherché ; je n'en puis parler positivement, n'ayant point vu ses cultures.

Il eût été à désirer qu'avant de rien proposer j'eusse pu exécuter moi-même ; les essais que j'ai faits sont si nouveaux, si peu nombreux, qu'avec l'espoir du succès, et avec le succès lui-même, je n'oserais en parler ; mon temps, ma position ne m'en ont pas permis de plus étendus. Je n'ai pu en faire aucune application à la conduite des espaliers, ni préjuger en rien la possibilité de cette application ; à peine ai-je pu jeter un coup d'œil sur la végétation et la fructification des arbres à noyau, aussi n'en ai-je rien dit. Je ne puis donc prétendre à donner un système complet de direction des arbres à-fruit, et je ne vise point à renverser la taille d'un premier coup : il eût fallu pouvoir la remplacer sur-le-champ, et le temps n'en est pas encore venu. Je crois cependant que les idées que j'ai jetées en avant pourront être de quelque utilité, soit à ceux qui s'occupent de perfectionnement, soit même à ceux qui, tout chauds partisans de la taille qu'ils soient, n'en dissimulent pas les abus, ou voudront bien les y reconnaître. On pourra bien me faire telles objections qu'on voudra; mais, fondées ou non, la seule et la meilleure réponse que j'y puisse faire, c'est de dire : *essayez-en* ; et c'est ce que je conseille, sinon aux praticiens, du moins aux amateurs qui ont quelques loisirs à sacrifier à des expériences utiles et agréables en même temps.

P.-S. Des observations postérieures m'ont fait voir que la conduite des maîtresses-branches sans raccourcissement avait l'inconvénient de les laisser trop s'allonger en dégarnissant le bas ; on pourrait y obvier par le moyen de la taille ordinaire, pratiquée seulement tous les trois ans. Quant aux épines du poirier, quelquefois elles se manifestent aux extrémités des jets de l'année précédente, lorsque leurs rudimens, formés à cette époque, n'ont pu prendre leur essor sur la fin de la saison.

SUR

L'EXISTENCE DES DEUX SÈVES,

DITES

DE PRINTEMPS ET D'AOUT.

La plupart des agronomes et des praticiens paraissent s'être prononcés dès long-temps en faveur de l'existence de deux sèves : l'une qui se manifeste, au retour du printemps, sur tous les végétaux à peu près sans exception, et notamment sur les arbres, qu'on appelle première sève où sève du printemps, et qui au bout d'un certain temps cesse ou paraît cesser sur la plupart d'entre eux; l'autre, qui, après cette interruption d'une durée plus ou moins longue, reparaît dans le courant de l'été, et est, pour cette raison, nommée seconde sève, sève d'août, sève de la Madeleine, sève d'automne, dénominations tirées de l'époque à laquelle on la voit communément reparaître : c'est sur les arbres que cet effet est le plus remarquable, et c'est d'eux que nous allons nous occuper.

Dans ces derniers temps, M. Du Petit-Thouars a émis une opinion tout à fait contraire à l'existence de ces deux sèves. Se fondant sur plusieurs observations, il a nié positivement l'existence de la seconde sève, en tant cependant qu'on dût la regarder comme une sève particulière, plutôt que comme la suite ou le renouvellement accidentel de la première. (Voyez *Recueil de Rapports et de Mémoires sur la culture des arbres fruitiers*, page 227.) Fondé moi-même sur mes observations particulières, je vais exposer ici mon opinion, qui se rapproche beaucoup de la sienne, bien qu'il puisse se trouver d'ailleurs quelques diversités dans le développement de mes idées à cet égard.

Quelques personnes croient avoir remarqué une grande différence entre ces deux sèves, qu'ils regardent comme absolument indépendantes l'une de l'autre. Dans leur opinion, il paraîtrait que l'une et l'autre seraient nécessaires pour le complément de la végétation ; de l'aveu de tout le monde, la première sève est regardée comme l'effet d'une impulsion générale ; suivant eux, la seconde sève reconnaîtrait la même cause, elle ne serait ni une suite ni un renouvellement accidentel de la première, mais une sève *sui generis*. Ces deux sèves différeraient essentiellement l'une de l'autre dans leur nature, leur marche et leurs effets, et l'absence de l'une comme de l'autre rendrait l'œuvre de la végétation incomplète.

Les idées de tous à cet égard sont d'ailleurs très loin d'être les miennes et d'être bien déterminées (*quot capita tot sensus*). Il ne m'est pas plus possible de les exposer toutes en général que de les suivre dans leurs variantes et leurs ramifications ; je me contenterai de dire que généralement la première est regardée comme ascendante, ou partant des racines pour s'élever dans la tige et dans les branches des arbres, y développer les boutons à feuilles et à fleurs, et servir à l'accroissement de la tige et des branches, surtout en longueur, etc.

La seconde sève serait regardée comme plus particulièrement descendante, c'est à dire se nourrissant de principes tirés de l'atmosphère par la voie des feuilles, desquelles elle descendrait (de préférence par les canaux de l'écorce, suivant quelques uns) aux racines, à l'accroissement desquelles elle serait indispensable. On croit en outre que cette seconde sève, bien que servant aussi, comme la première, à l'accroissement en longueur de la tige et des branches, mais étant plus modérée ou plutôt moins aqueuse, comme s'étant perfectionnée par son élaboration préliminaire dans les feuilles, serait principalement destinée à la formation des sucs propres au perfectionnement des fruits et des boutons à fruits pour l'année ou les années subséquentes. Ce serait particulièrement avec son aide que le cambium se formerait, et que les arbres prendraient leur accroissement en grosseur; enfin, dans ce système, si je le conçois bien, les effets de la première sève seraient plutôt une production apparente et extérieure, et ceux de la seconde un perfectionnement intérieur, d'où résulterait conséquemment la nécessité de leur concours et de leur réunion.

D'autres, et c'est principalement le plus grand nombre, la plupart des praticiens peuvent être rangés dans cette classe, sans établir précisément une différence entre ces deux sèves, sans examiner jusqu'à quel point est fondée leur existence en tant qu'indépendantes l'une de l'autre, admettent tout simplement cette existence; l'époque de la seconde est pour eux d'un grand intérêt, parce qu'elle est celle de la greffe en écusson à œil dormant. L'habitude a dû leur donner, à cet égard, des notions précises sur le moment le plus favorable. Quant à moi, qui m'amuse aussi à greffer, j'avoue qu'il m'est arrivé plus d'une fois d'attendre en vain l'arrivée de cette sève d'août, qui n'arrivait jamais; et c'est cette attente frustrée qui m'a engagé à faire quelques observations sur ce sujet. Quoi qu'il en soit au surplus, et telle direction qu'à l'avenir prenne l'opinion générale ou la mienne, je ne vois point d'inconvénient dans la pratique à adopter les dénominations reçues de sève de printemps et sève d'août, et je déclare que, sans rien préjuger, je m'en servirai dans l'occasion pour me faire mieux entendre.

Je déclare encore que, dans l'exposition que j'ai essayé de donner de toutes les opinions générales ou particulières, étrangères, ou à moi personnelles, il a pu se glisser erreur ou confusion; l'essentiel pour moi n'est pas d'en donner une idée exacte dans les détails, mais bien de faire sentir, et je vais encore le répéter, que pour ceux qui admettent l'existence de ces deux sèves, comme réellement et essentiellement différentes l'une de l'autre, leur existence et leur concours sont absolument indispensables : c'est ce point que nous allons discuter.

Comment ceux qui professent cette opinion

pourront-ils donc expliquer la formation des sucs propres, l'accroissement du corps ligneux, des racines, etc., produit, suivant eux, de la seconde sève, lorsque cette seconde sève n'a pas lieu ? Or, c'est ce qui arrive très souvent, d'après les observations de M. Du Petit-Thouars, ainsi que d'après les miennes. Il y a des espèces d'arbres qui n'en ont jamais qu'une seule; il y a des espèces qui tantôt n'en ont qu'une, tantôt en ont deux, et même trois, et dans les espèces même qu'on est porté à regarder comme se conduisant à cet égard d'une manière régulière, il y a des variétés irrégulières; cependant toutes ces espèces et tous ces individus n'en acquièrent pas moins leur perfection : donc cette seconde sève n'est pas indispensablement nécessaire. Il y a plus, lorsque, par l'effet d'une constitution d'année aussi bizarre que celle de 1816, année tant et si mal productive, il arrive à une espèce d'arbre qui n'a jamais qu'une sève d'en manifester deux, ce retour accidentel de sève est plutôt un mal qu'un bien, plutôt un défaut qu'une perfection; et tout au plus pourrait-on dire que ce retour de sève, s'il n'est pas nuisible, serait au moins indifférent.

Or, plusieurs arbres forestiers, fruitiers, arbrisseaux, arbustes, etc., tels, entre autres, que le cerisier, le merisier, le prunier, le lilas, les églantiers, rosiers, etc., ne manifestent ordinairement qu'une seule sève ; plusieurs autres, tels que le chêne, le pommier, le poirier, soit régulièrement, soit accidentellement, en manifestent ordinairement deux ; il faudrait donc admettre pour toutes ces espèces une végétation particulière, établir des divisions et des sous-divisions pour ceux qui n'auraient jamais qu'une sève, pour ceux qui en auraient toujours deux, pour ceux qui tantôt n'en auraient qu'une, tantôt en auraient deux, et ensuite pour les variétés qui présenteraient irrégulièrement les mêmes phénomènes. Quand même on pourrait supposer à ces divisions quelque fondement de vraisemblance, elles n'en seraient pas moins impossibles à faire ; il s'y présenterait plus d'exceptions que de règles, attendu la variabilité des espèces, des variétés, des individus, des localités, des constitutions d'années, etc., etc.

Aussi ne m'amuserai-je point à passer en revue tous nos arbres ; je m'excuserai sur la difficulté de faire ces observations d'une manière exacte, et sur le petit nombre de celles que j'ai pu faire ou suivre assez long-temps par moi-même. Je me contenterai d'indiquer celles qui m'ont frappé, et je m'en servirai à mesure que j'en aurai besoin pour exposer mes idées et appuyer l'opinion que j'aurai adoptée, ou pour laquelle j'aurai plus de penchant.

Ainsi, par exemple, dans le cas ordinaire, le chêne m'a paru avoir ses deux sèves bien distinctes; mais plusieurs circonstances locales ou accidentelles sont pour lui une cause de variabilité. Est-il faible, se trouve-t-il placé dans un terrain très maigre et très sec, la saison est-elle très défavorable, il lui arrive alors de n'avoir qu'une sève, même d'une très courte durée. Est-il dans un état moyen, il en a deux. Est-il excessivement vigoureux, il n'en a qu'une, mais qui dure très long-temps, quelquefois pendant toute la belle saison, qui peut même se prolonger indéfiniment, et qui dans ce cas n'est arrêtée que par les gelées. Les taillis en bons fonds, dans l'année de leur recepage, sont très sujets à cet accident, qui les endommage beaucoup. (Ce que je dis ici du chêne peut recevoir son application pour d'autres arbres.)

Voilà donc dans une seule espèce d'arbre trois manières de végéter très différentes et très irrégulières dans leurs différences mêmes. Quelle conclusion peut-on en tirer pour l'existence d'une ou de deux sèves dans le chêne?

Si le chêne devait toujours avoir ses deux sèves; si, comme je l'ai déjà dit, et comme je suis forcé de le répéter ici, parce que c'est le point capital de la discussion, si le concours des deux sèves était nécessaire à son existence, s'il était indispensable pour le complément de sa végétation, comment pourrait-on concilier l'existence et la fructification de celui qui, peu vigoureux, n'a qu'une sève très courte; de celui qui, dans un état moyen, tantôt n'en a qu'une, tantôt les a toutes deux; enfin de celui qui, très vigoureux, n'en a qu'une seule non plus, mais indéfiniment prolongée? Quel est donc le chêne de la nature? Est-ce le chêne faible, le chêne moyen ou le chêne vigoureux?

Dans toute discussion un peu épineuse, un parti mitoyen est pour ceux qui ne veulent pas se donner la peine d'examiner, ou qui ne savent quel parti prendre, un excellent moyen de se tirer d'affaire; mais ce *mezzo-termine*, quoique très souvent adopté, au fond ne satisfait personne. Le chêne, dans son état moyen, peut-il être celui de la nature? Sommes-nous dans l'état de nature, ou plutôt à quelle distance en sommes-nous, et comment nous ont suivis, ou de près ou de loin, les animaux et les végétaux qui nous entourent et que nous avons soumis à notre influence ou à notre domination absolue?

Lorsque les Gaules et l'Europe entière étaient couvertes d'antiques forêts, avant les immenses

33.

défrichemens qu'ont nécessités la réunion des hommes en société, l'accroissement de la population, les arts nombreux, produits de la civilisation, et les cultures variées et multipliées qui en sont la conséquence, les montagnes comme les plaines, les bonnes comme les mauvaises terres étaient couvertes de bois; les débris d'une végétation luxuriante conservaient au sol une fécondité et une fraîcheur habituelles. Si, comme l'histoire nous le rapporte, les hivers étaient plus longs et plus rigoureux, la belle saison pouvait être plus courte, mais au moins plus régulière et plus constante; car si les terres couvertes de bois sont plus long-temps à s'échauffer, plusieurs raisons portent à croire qu'elles doivent conserver plus long-temps leur chaleur acquise, et les abris qu'elles présentaient alors pouvaient bien prévenir cette irrégularité de température à laquelle nos saisons sont aujourd'hui si sujettes : une végétation plus tardive, mais aussi plus active et plus soutenue, devait en être le produit. Qui sait si le chêne alors, ainsi que bien d'autres arbres, ne jouissait pas, pendant toute la belle saison, d'une sève non interrompue ?

Qu'on ne croie pas, au surplus, que cette supposition soit purement gratuite. Je ne sais pas, j'en conviens, quelle marche suit encore aujourd'hui la sève dans les climats du nord de l'Europe, où la belle saison est plus courte, mais plus régulière; je ne sais quelle marche elle suit dans les pays non encore soumis à la culture, comme l'est une grande partie de l'Amérique septentrionale; mais je remarque que la plupart des arbres qui nous viennent de ce dernier pays, dont le climat actuel peut bien nous représenter l'ancien climat de notre Europe; je remarque, dis-je, que ces arbres, quoique transplantés loin de leur sol natal, et dans une situation très différente, ont jusqu'à ce jour du moins conservé cette vigueur de végétation qui leur a été profondément imprimée par la nature de leur sol et de leur climat. Ceux que j'ai eu occasion d'observer, tels que l'acacia, les divers peupliers de Virginie, de Canada, de Caroline, le platane, etc., m'ont tous paru n'avoir qu'une sève qui commence au printemps, ne finit qu'assez avant dans l'été, et qui, dans les terrains frais et fertiles, se prolonge jusque dans l'arrière-saison; tellement que l'acacia, le peuplier de la Caroline, le platane, sont sujets à avoir leurs dernières pousses endommagées par les gelées précoces d'automne, et leur bois, mal aoûté, détruit par les gelées d'hiver.

D'un autre côté, je remarque que, dans nos arbres et arbustes indigènes, ceux qui croissent le long des eaux ou à l'abri et à la fraîcheur dans nos forêts, tels que les osiers, les saules, les peupliers, l'églantier, etc., ainsi que quelques uns de ceux que nous avons transplantés dans nos jardins, tels que les rosiers, etc., végètent sans interruption pendant toute la belle saison : les uns parce que, retrouvant dans leur position habituelle la fraîcheur et la fécondité dont tout le sol jouissait autrefois, le climat n'a pour eux changé qu'en partie ; et les autres parce que, transplantés dans nos jardins, ils y reçoivent pour auxiliaires la culture, les arrosemens et les engrais.

D'après cet exposé, et dans l'idée que je m'en fais, l'interruption, suivant moi, prématurée de la sève, et son retour dans certains cas, ce qu'on appelle sève d'août, seraient non pas l'effet d'une impulsion générale, ou tenant à la nature du végétal lui-même, mais reconnaîtraient pour cause l'irrégularité actuelle de nos saisons ; irrégularité qui, j'en conviens, est malheureusement et tellement passée en habitude, que les effets, d'accidentels qu'ils étaient d'abord, ont bien pu définitivement être regardés comme naturels. En effet, et cela à juste titre est passé en proverbe, l'habitude est une seconde nature.

Quelles que soient, au surplus, les expressions

dont on se serve, et la valeur qu'on doive y attacher, c'est à l'irrégularité des saisons que je vais en revenir.

Le retour de la végétation au printemps, dans notre climat, est loin d'être assujetti à une époque fixe et invariable. Dès le mois de novembre et de décembre de l'année qui l'a précédé, il n'est que trop souvent préparé par une température douce et humide; et souvent aussi, dès les mois de janvier et de février, il s'annonce par le gonflement et l'épanouissement des yeux et des boutons : aussi, dès le mois de mars, la moindre chaleur de l'atmosphère suffit pour déterminer cette végétation : elle s'établit donc prématurément, et se soutient tant que la réunion des causes qui l'ont établie a lieu. Mais si, dès la fin de mai ou au commencement de juin, arrive une sécheresse causée par le hâle ou de trop fortes chaleurs, et qu'un refroidissement subit de l'atmosphère succède à cette sécheresse qui a déjà ralenti la sève, celle-ci s'arrête, du moins sur plusieurs espèces d'arbres : ainsi finit la première sève.

Cependant, pour des yeux attentifs, cet effet est loin d'être général ; suivant les espèces, suivant les individus et suivant les localités, il y a des différences remarquables.

En effet, la suspension totale n'a lieu que dans quelques espèces; dans d'autres, elle n'a lieu que sur les individus faibles. Les plus forts continuent à pousser, soit sur la totalité de leurs rameaux, soit sur une partie d'entre eux, soit seulement sur le bourgeon terminal de leur tige principale; mais la sève s'arrête presque toujours sur les branches à fruit ou rosettes des pommiers et poiriers, quoique pouvant continuer sur quelques unes de leurs branches; et enfin il y a à cet égard des différences aussi nombreuses que sensibles, dont j'ai indiqué les causes. Cet état de suspension dure plus ou moins longtemps, et est définitivement fixé pour les uns, et cesse pour les autres, ainsi que nous allons le voir.

A la fin de juin assez rarement, communément en juillet, quelquefois au commencement d'août, soit par l'effet du réchauffement de l'atmosphère, ou plutôt d'une température plus égale, soit par l'effet des pluies bienfaisantes qui ont humecté la terre, soit qu'enfin, par une cause opposée en apparence, et cependant concourant au même but, le soleil baissant, la brièveté des nuits ait diminué la trop grande chaleur et ramené des rosées abondantes, la végétation paraît se ranimer sur plusieurs des arbres desquels elle avait disparu ; elle reprend ou paraît reprendre son cours : c'est ce qu'on appelle seconde sève, sève d'août.

Mais vainement attendrait-on cette seconde sève, cette prétendue sève d'août, sur plusieurs espèces d'arbres; nous avons déjà fait voir qu'elle ne se manifestait jamais sur plusieurs d'entre eux; et de même que nous avons fait voir que sur plusieurs autres elle n'avait cessé qu'accidentellement, que partiellement, nous allons démontrer qu'elle ne se renouvelle aussi qu'accidentellement et que partiellement, et toujours à raison des localités, des saisons et de la vigueur des sujets. Dans un sujet vigoureux, elle se manifeste à peu près partout; dans un sujet moyen, elle se porte à la tige principale, et néglige tout ou partie des branches latérales, touche rarement aux boutons à fruit ou rosettes des pommiers et poiriers; dans un sujet faible, elle se porte uniquement au bourgeon terminal de la tige principale, qui seul se ressent de son action, et même très faiblement; enfin, si le sujet est encore plus faible, ou elle ne se manifeste pas du tout, ou elle n'agit que sur quelques faibles bourgeons adventifs ou inaperçus, qui se développent dans la partie inférieure de la tige ou au pied de l'arbre. C'est ce dernier effet qui a pu tromper plusieurs observateurs, et qui leur a fait dire que cette sève d'août était principalement descendante : ils n'ont pas fait attention que cet effet était dû à son peu de force, et qu'elle était dans ce cas non pas descendante, mais tout simplement moins ascendante; car peut-on dire qu'une sève (peu importe au fond le lieu où elle paraît) dont l'effet est et ne peut être que de faire développer en hauteur les bourgeons qu'elle fait mouvoir soit une sève descendante ? Et si elle ne s'attaque qu'à des boutons placés inférieurement, c'est parce qu'ils sont plus près de son point de départ, c'est à dire des racines, et qu'elle n'est ni assez abondante ni assez forte pour aller plus haut; et réellement c'est dans les sujets faibles, c'est dans les terrains maigres et secs que cet effet a lieu. Aussi, dans ces sortes de terrains, préfère-t-on planter des arbres nains et à basse tige, parce qu'ils s'y soutiennent mieux que les autres. Il arrive même que, dans les années sèches, non seulement la sève d'août ne produit aucun développement dans leurs parties supérieures, mais encore qu'elle ne s'y porte pas assez pour soutenir leur existence; aussi les arbres à haute tige qu'on y plante (car il ne s'y en élève point naturellement) ne tardent point à y périr.

De tous ces faits, il me semble qu'on peut

conclure avec vraisemblance qu'il n'y a réellement qu'une seule sève dont le cours peut être suspendu par plusieurs causes accidentelles, dont le retour peut avoir lieu par de pareilles causes, et qu'il ne peut être attribué à une impulsion générale; que les effets de la sève, soit dans sa première, soit dans sa seconde époque, sont ou peuvent être les mêmes, sauf les modifications que leur imprime la différence des saisons, modifications très irrégulières d'ailleurs par l'effet de l'irrégularité des saisons elles-mêmes; et qu'enfin il ne peut y avoir, à proprement parler, de sève descendante, parce que son effet est toujours un développement en hauteur, de quelque endroit qu'il parte, et qu'en conséquence on ne peut admettre l'existence et le concours de deux sèves comme probables et utiles, et encore moins comme indispensables pour le complément de la végétation.

Quelque bien fondées que puissent être les conclusions que je viens de tirer, et quelque suffisantes que me paraissent les raisons que j'ai données pour opérer la résolution du problème, je ne suis cependant pas assez prévenu en faveur de mon opinion pour croire que rien n'y puisse porter atteinte. Je l'ai donnée comme ce que je pouvais donner de mieux dans l'état actuel de nos connaissances, sans prétendre qu'on n'y puisse ajouter ni retrancher; dès à présent, je crois entrevoir moi-même quelques nouvelles causes capables de concourir à la solution du problème, et elles pourraient le devenir d'autant plus que de nouvelles expériences et de nouvelles observations peuvent un jour leur donner plus d'importance que je ne leur en trouve aujourd'hui; quand il devrait arriver que leur adoption pût nuire au système que j'ai établi, je ne les exposerai pas moins pour cela, et je ne les discuterai pas avec moins d'impartialité. C'est ce que je vais faire dès à présent.

En admettant, comme je l'ai fait jusqu'ici, l'irrégularité des saisons comme cause unique et suffisante de la suspension et du retour de la sève, je n'ai pu l'envisager que comme cause extérieure et accidentelle; les causes nouvelles que je vais présenter comme pouvant concourir, mais subsidiairement, suivant moi, à ce même phénomène me paraissent être d'un genre différent, en ce qu'elles tiennent à la nature intime du végétal, quoiqu'on pût encore arguer contre cette assertion, en disant qu'elles sont aussi soumises à l'influence des saisons, et que leur irrégularité, continuée depuis long-temps, a dû modifier et déranger l'ordre de leurs fonctions, telles qu'elles étaient dans le principe : c'est du jeu combiné ou alternatif des feuilles et des racines que je veux parler. D'habiles physiologistes, chimistes et physiciens se sont occupés de déterminer ces fonctions par une multitude d'expériences : tout en mettant à profit les lumières qui en sont résultées, et en rendant justice à l'exactitude et à la sagacité de leurs observations, je déclare que, quoique assurément très éloigné d'oser les combattre, je ne puis cependant m'abandonner à une entière confiance. Les fonctions des divers organes des plantes n'ont pas toujours lieu d'une manière absolue ; elles peuvent être modifiées, et même changées par les opérations qu'on leur fait subir ; ces changemens peuvent avoir lieu sans que l'observateur en ait le moindre soupçon et y fasse la moindre attention, et je suis très porté à croire que des observations faites et suivies en plain champ et en plein air nous en apprendraient plus que des expériences individuelles, locales ou temporaires, qui, faites sur d'autres individus, en d'autres temps et en d'autres lieux, auraient pu offrir des résultats différens, et nous donneraient des notions plus exactes que des expériences faites sur des plantes ou des fractions de plantes mutilées ou désorganisées par des opérations préliminaires, ou contrariées et dérangées dans leurs fonctions par la nature des divers milieux dans lesquels on les expose.

Quant à moi, je ne puis présenter en ma faveur aucune expérience du genre de celles dont je viens de parler; je n'ai que l'observation de quelques faits à citer, quelques raisonnemens et quelques conjectures à y ajouter. J'exposerai d'abord une partie des fonctions qu'on est convenu d'attribuer aux feuilles; et sans rien changer à la nature de ces fonctions, je tâcherai d'expliquer mon système par la combinaison ou l'alternat de ces diverses fonctions.

Nous avons déjà vu que les feuilles paraissaient être destinées à aspirer la sève, soit des racines, soit de l'atmosphère; à élaborer cette sève, à combiner les principes provenant de ces deux sources, et à transpirer ce qui est superflu ou nuisible. Ces fonctions peuvent être considérées comme agissant simultanément ou alternativement, soit entre elles, soit combinées avec celles des racines; nous les examinerons sous ces divers points de vue.

On a beaucoup disserté sur la cause de l'ascension de la sève au printemps dans les arbres: voici, ce me semble, ce qu'on pourrait en dire de plus probable. Le soleil s'élevant de plus en plus, à mesure que la saison s'avance, la température de l'atmosphère, plus basse auparavant que celle de la terre, se met d'abord au même niveau, puis la surpasse bientôt. Le corps de l'arbre et ses branches, raréfiés par la chaleur extérieure, se dilatent, leurs canaux s'ouvrent à la sève; celle-ci s'y élance, et quitte les racines encore engourdies par le froid et l'humidité de l'hiver; les racines se reposent, les nouveaux bourgeons et les feuilles attirent tout à eux.

Première époque.

Tant que la première sève est dans sa plus grande activité, les jeunes pousses et les feuilles qui les accompagnent sont dans un état de verdeur, de mollesse et de souplesse, qui les rend extrêmement propres à aspirer la sève venant des racines, à soutirer les gaz et l'humidité de l'atmosphère. En considérant cette mollesse et cette flexibilité de toutes leurs parties, qui leur permettent de se gonfler à volonté et de se remplir des sucs qui leur arrivent de toutes parts, et l'accroissement rapide qui en est la suite, il est bien naturel de penser que si à cette époque elles transpirent aussi, l'aspiration néanmoins l'emporte de beaucoup sur la transpiration.

Deuxième époque.

La saison s'avance, le mois de juin arrive, les branches se sont étendues, les feuilles ont pris tout l'accroissement dont elles étaient susceptibles, la chaleur augmente, l'humidité du sol diminue; la sève, d'aqueuse qu'elle était, devient plus consistante; elle perd de son volume, de sa force d'ascension; les tiges se raffermissent, leurs canaux s'obstruent; les feuilles, qui ne croissent plus, cessent de se dilater, elles aspirent avec moins de force; leur transpiration augmente, la terre s'échauffe à son tour, les racines se réveillent; en vertu des lois de correspondance établies entre les racines et les branches, elles tendent à se remettre en équilibre, à reprendre l'avantage qu'elles avaient perdu; elles aspirent à leur tour, elles croissent en étendue; la sève y afflue, la pousse des tiges se ralentit, elle s'arrête seulement sur quelques espèces; dans d'autres, elle s'arrête seulement sur les sujets faibles, et continue sur les plus vigoureux.

Revenons sur quelques uns de ces effets.

Je viens de dire qu'à une certaine époque l'aspiration des feuilles diminuait, et que leur transpiration augmentait. Le premier effet peut se concevoir aisément par les raisons que j'en ai données; quant à l'augmentation de transpiration, voici mes preuves:

Si, pendant que la pousse a encore lieu, ou plutôt peu après qu'elle a cessé, les feuilles se détruisent par accident ou par la voracité des chenilles, ou si, à dessein, on les retranche, qu'arrive-t-il ?

Les jeunes tiges, au lieu de se raffermir et de prendre de la consistance et de la grosseur, continuent de croître en longueur ; il se développe de nouvelles feuilles et de nouveaux bourgeons. Donc la présence des feuilles adultes était un obstacle à la continuation de la pousse ; et comment pouvaient-elles y être un obstacle, si ce n'était par la supériorité de leur faculté transpiratrice ?

Si, à la même époque, on pratique sur une branche une ligature ou une incision annulaire, voici ce qui se passe au dessus : l'allongement des pousses et l'accroissement des feuilles se ralentissent, cessent même quelquefois tout à coup ; il ne se développe plus de bourgeons ; la tige prend de la consistance et de l'accroissement en grosseur ; les feuilles, qui sont une prolongation extérieure des fibres de l'écorce placées au dessous d'elles, sont privées de communication avec cette écorce, et paraissent, par cette opération, acquérir avant le temps leur maturation (d'où suit pour elles, ainsi qu'on va le voir plus bas, diminution de faculté aspirante, et augmentation de faculté transpirante ;

cette dernière faculté va même quelquefois jusqu'à faire languir et périr la branche incisée); mais ce n'est pas tout, voici ce qui se passe au dessous de l'incision : le bourgeon ou les bourgeons placés immédiatement au dessous se développent et croissent en longueur ; un écusson même qu'on peut y placer se développe aussi (ce qui, soit dit en passant, peut fournir un moyen de greffer à la pousse).

A quoi peut-on attribuer ces divers effets ?

Je ne vois pas qu'on puisse en trouver d'autre cause que l'augmentation de la transpiration des feuilles. On ne peut objecter l'évaporation causée par la plaie de l'incision, puisque la ligature produit le même effet; on ne peut objecter cette évaporation, puisqu'elle n'empêche ni le grossissement de la tige supérieure, ni le développement des bourgeons inférieurs. C'est donc uniquement à la transpiration des feuilles qu'est due la cessation de la pousse supérieure; c'est à elle qu'est dû l'épaississement de la sève qui fait grossir la tige supérieure ; et si le développement des bourgeons et de l'écusson placés au dessous de l'incision a lieu, c'est parce que les effets de cette transpiration ne peuvent s'y faire sentir, à raison de la solution de continuité et de l'interruption de communication causées par l'incision : d'où il résulte que, dans cette partie inférieure, la sève suit son cours et sa marche ordinaires.

Troisième époque.

Arrive une troisième époque : la fin de juillet approche, le mois d'août va suivre, le soleil baisse; s'il est toujours ardent, au moins son action n'est-elle pas de si longue durée; les nuits sont plus longues et plus fraîches, les rosées du matin plus abondantes; il s'y joint quelques brouillards, quelquefois même des pluies bienfaisantes; la sève se ranime, elle balance, et bientôt elle surpasse la transpiration des feuilles; les racines ont pris de l'accroissement, elles ont regagné l'avantage que les branches avaient pris sur elles pendant la sève du printemps, elles l'ont même surpassé; leur accroissement en longueur cesse, il ne s'oppose plus à l'ascension de la sève; en vertu des lois de correspondance entre les racines et les branches, celles-ci tendent à reprendre leur avantage perdu; elles aspirent à leur tour; les feuilles, humectées par les rosées abondantes, les secondent, la sève monte, la pousse recommence.

Bien mieux, et à peu près vers le même temps, un effet pareil est encore plus sensible; dans les arbres qui languissent par quelque cause que ce soit, ou qui, par l'effet de la sécheresse, ont perdu tout ou partie des feuilles qui, dans l'état de vétusté où elles étaient, ne pouvaient servir qu'à la transpiration ou évaporation (chose que nous voyons souvent arriver dans nos promenades publiques, sur les tilleuls et marronniers d'Inde), la pousse se rétablit, et elle se rétablit d'autant mieux que la chute des feuilles a été plus complète : nouvelle preuve de l'obstacle que les feuilles mettaient, par leur transpiration, à la continuation ou au rétablissement de la pousse.

Dans nos jardins, les engrais et les arrosemens suppléent, et au delà, à la transpiration des feuilles; la sève s'y arrête rarement, et si elle s'arrête, elle se rétablit plus aisément, non pas une fois, mais deux fois et plus, suivant l'espèce des arbres (les moins élevés, tels que les pommiers-paradis et autres, sont dans ce cas), suivant la nature du terrain, l'emploi des paillis, la fréquence des arrosemens, et le secours des pluies qui soutient leur effet (cela est très remarquable dans les semis d'arbres); la plupart d'entre eux, à l'aide de ces moyens, peuvent être entretenus en sève pendant tout l'été, ou ils la reprennent très aisément lorsqu'ils l'ont perdue ; aussi acquièrent-ils dans ce cas une grandeur bien supérieure à ce qu'on aurait dû attendre de leur végétation ordinaire.

Dans les champs, au contraire, les semis d'arbres, abandonnés à eux-mêmes, ne manifestent qu'une seule sève et d'une assez courte durée; la grandeur des feuilles de ces jeunes plants, peu proportionnée à la petitesse et à la faiblesse de leur tige, occasione en eux une forte transpiration qui arrête bientôt leur pousse, et il n'y a point de retour de sève; elle tourne au profit des racines, qui s'en accroissent d'autant, et acquièrent, dès cette première année, une étendue très grande, si on la compare à celle des feuilles. Au surplus, que ce soit là ou non la raison de ce grand accroissement des racines ou qu'il y en ait encore quelque autre, il tourne au profit des jeunes arbres, et jette pour eux les fondemens de leur grandeur future.

Pour confirmer ce que j'avance ici d'après une simple inspection et sans y avoir fait une attention particulière, il serait assez intéressant de comparer avec exactitude les volumes réciproques des tiges et feuilles avec ceux des racines, dans les semis d'arbres faits dans les jardins et ceux faits dans les champs : cette comparaison, faite avec précision, pourrait confirmer les effets que j'attribue à la transpiration des feuilles.

Les arbres résineux conifères, dans lesquels la nature des sucs séveux rend les feuilles beaucoup moins caduques, beaucoup moins sensibles aux impressions de la température et beaucoup moins susceptibles de transpiration retardée ou accélérée, ne manifestent jamais qu'une seule sève; nouvelle preuve des effets de la transpiration alternative sur le retour de la sève.

Je crois avoir, autant qu'il était en moi, donné des preuves, ou au moins établi la probabilité des effets occasionés par la transpiration des feuilles; j'espère que de nouvelles observations dirigées sur ce point pourront en fournir d'autres et confirmer mon opinion. Je dois cependant ici avouer que ce que j'attribue à la transpiration pourrait encore avoir lieu par une autre cause. En effet, au lieu de supposer dans les feuilles cette transpiration du superflu aqueux de la sève, on pourrait dire qu'à l'époque où je suppose cette transpiration augmentée, il se développe en elles une propriété qui fixe et solidifie les gaz faisant partie ou contenus dans l'atmosphère, soit oxigène ou azote, soit plutôt le gaz acide carbonique. Cela n'est pas rigoureusement impossible; mais il me semble qu'à une époque où les feuilles ont perdu ou sont prêtes à perdre une partie de leur énergie vitale, il est bien moins convenable de leur attribuer une propriété aspirante et solidifiante des gaz, propriété qui nécessiterait en elles un redoublement de force et d'énergie, que de leur supposer une faculté simplement évaporante, qui, suivant moi, est très compatible avec un commencement de faiblesse ; et de plus, si l'on admettait que leur énergie dût augmenter avec leur âge, cette même énergie prétendue solidifiante serait nécessairement un obstacle invincible au retour de la sève d'août. Je m'en tiens donc à mon opinion première, la transpiration des feuilles.

Il n'est peut-être pas hors de mon sujet de présenter ici des observations sur une cause de la chute des feuilles, que je pense n'avoir pas été indiquée, ou au moins suffisamment développée.

Le pétiole des feuilles paraissant, ainsi que nous l'avons vu plus haut, être un prolongement des fibres de l'écorce qui leur correspondent, bien qu'il n'y soit attaché que par une espèce de soudure, lorsque ce pétiole éprouve un retrait occasioné par une cause quelconque, maladie, sécheresse ou refroidissement de l'atmosphère (ce dernier effet a lieu aux approches de l'hiver), la solution de continuité s'opère et la feuille tombe ; mais cette chute a quelquefois lieu pendant l'été, et les raisons que nous avons données pour l'expliquer ne paraissent pas suffisantes. On peut y suppléer par ce que je vais dire : à l'aisselle des feuilles en général se trouvent d'abord l'œil principal, puis deux yeux latéraux et subsidiaires, qu'on pourrait appeler *stipulaires*, parce qu'ils paraissent avoir été nourris par les stipules qui accompagnent la feuille ou son pétiole, et enfin un quatrième œil, qu'on pourrait appeler *pétiolaire*, parce qu'il paraît avoir été nourri par le pétiole, ou parce qu'il paraît destiné à lui survivre et à hériter de la portion de sève destinée et portée au pétiole par les fibres de l'écorce correspondante. Ce dernier œil, pour peu qu'il prenne d'accroissement, doit faire effort pour pousser dehors le pétiole. De plus, les yeux stipulaires, déjà assez profondément implantés dans l'écorce et le corps ligneux lui-même, tendent à s'éloigner de la base du pétiole par l'effet de l'écartement des fibres de l'écorce, suite nécessaire du grossissement des branches ; les stipules tenant au pétiole ne peuvent obéir à cet écartement et sont forcés de se détacher. Il s'opère donc alors entre les fibres de l'écorce d'une part, et le pétiole et les stipules d'autre part, une solution de continuité : ces derniers tombent ainsi que leur feuille. Cet effet n'a pas lieu de la même manière dans les arbres résineux conifères, tant par les raisons que nous avons exposées plus haut, que parce que leurs feuilles sont emboîtées.

A ce que j'ai dit précédemment sur les pousses alternatives des branches et des racines, j'ai encore quelque chose à ajouter. J'appellerai à mon secours les observations futures, car je ne puis m'appuyer sur aucune qui me soit personnelle. Il me paraît probable que s'il y a alternat entre la sève d'accroissement en longueur des branches, et la sève d'accroissement en longueur des racines, il doit aussi y avoir alternat entre leurs sèves réciproques d'accroissement en grosseur : je m'explique, c'est pendant que les tiges s'allongent que les racines grossissent, et c'est pendant que les tiges grossissent que les racines s'allongent. Je prie de ne voir dans ceci qu'une simple hypothèse ; au surplus, ces alternations ne doivent pas être prises à la rigueur ; on n'entend parler que de la supériorité de l'un de ces effets sur l'autre, et non pas de la nullité absolue de l'un ou de l'autre.

Si ces alternations sont réelles, elles doivent exercer leur influence sur la reprise et la pousse, soit des greffes en écusson, soit des greffes faites sur racines. Quel est, pour la pousse et la reprise de ces deux sortes de greffe, le moment le plus favorable? Est-ce celui du grossissement?

est-ce celui de l'allongement de la partie sur laquelle on les place ? C'est ce que je laisse à examiner.

Je donnerai, à la fin de ce Mémoire, un tableau de la marche alternative de la sève dans les branches et dans les racines pour le cours de l'année dans notre climat. J'ai déjà prévenu que tout n'y est pas également fondé sur l'expérience et l'observation ; on ne devra donc le prendre que pour ce qu'il vaut : il servira du moins à me faire mieux comprendre et à faire voir d'un coup-d'œil tout ce qui se trouve ici épars de côté et d'autre.

Application des principes émis dans cette discussion aux causes de l'alternat des arbres fruitiers à pepin.

Les arbres à fruit à pepin paraissent être assez sujets à alterner, c'est à dire qu'il leur arrive souvent de ne donner du fruit que de deux années l'une, et même de se reposer plusieurs années après avoir fructifié. Les causes de cet alternat sont peu connues : on ne peut guère espérer d'y remédier que par la connaissance de ces causes ; elle est donc d'un assez grand intérêt pour le cultivateur. Il m'a semblé qu'entre les faits que j'ai cités, les idées que j'ai émises et cet alternat, il pourrait se trouver quelque connexion : ce sujet vaut la peine d'être examiné.

Je vais être obligé de répéter ici une partie de ce que j'ai déjà dit ; je me servirai aussi des expressions de sève de printemps et de sève d'août sans rien préjuger quant à leur existence. L'essentiel pour moi est de me faire entendre, et peu importe ici que l'on admette deux sèves distinctes, ou qu'on admette deux époques distinctes dans une seule sève.

Je suppose que nous avons à examiner quelle a été sur la fructification future l'influence d'une année qui vient de s'écouler, et que cette année a été une année ordinaire, c'est à dire que le cours des saisons s'y est présenté avec autant de régularité que nous puissions nous y attendre, et qu'il n'y ait eu dans la température aucun extrême ; les deux sèves y auront eu les qualités particulières qu'on a coutume de leur attribuer (voyez plus haut ce qui en a été dit). Je prie mes lecteurs de me suivre avec attention dans cette supposition, à laquelle je donnerai le plus de vraisemblance possible.

Première cause d'alternat.

La sève du printemps a été abondante, active, mais assez aqueuse, c'est à dire peu élaborée dans ses principes, et elle a cessé à l'époque où elle cesse ordinairement. Elle a développé les branches à bois comme d'ordinaire, elle a opéré un mouvement en longueur sur les rosettes formées les années précédentes, elle en a même indiqué quelques nouvelles; mais les unes, comme les autres, ont peu profité en grosseur, et on n'y remarque point ce gonflement qui caractérise une préparation de fruits pour l'année suivante.

La sève d'août qui a suivi, moins active, plus modérée, plus élaborée dans ses principes, a cependant eu assez de force pour s'élever dans la tige et les branches principales; elle y a continué le développement commencé, au printemps, de leurs bourgeons terminaux; mais, n'ayant tout juste de force que ce qu'il lui en fallait pour cela, elle n'a pu que s'amuser en passant dans les petites branches latérales, brindilles, lambourdes ou rosettes : elle n'y a effectué aucun développement, mais cependant y a opéré un travail insensible; elle y a perfectionné les germes de fructification dont au printemps les élémens seuls avaient été déposés, et ainsi mis les boutons à fruit en état d'éclore au printemps de l'année suivante. Elle a fait quelque chose de plus; elle a indiqué ou fait sortir quelques nouvelles rosettes, dont quelques unes pourront aussi fructifier aussitôt que les anciennes, et dont le reste sera remis à une époque plus éloignée. La première sève a donc seulement déposé les élémens de la fructification ; la seconde les a perfectionnés, a préparé les germes et les a disposés à produire; tout s'est passé comme il devait se passer, et il en résulte pour l'année suivante, si la saison est favorable, une fructification ordinaire.

Supposons actuellement que, toutes choses égales d'ailleurs, la sève d'août, avec les attributs précédemment décrits, n'ait pas eu lieu par l'effet d'une saison défavorable : qu'en doit-il résulter ? Absence totale de fleurs et de fruits pour l'année suivante; donc cause première d'alternat.

Deuxième cause d'alternat.

Il serait cependant possible que la constitution de l'année fût telle que, par une irrégularité de saisons qui n'est que trop commune chez nous, la première sève favorisée par un temps chaud et modérément sec, la seconde accompagnée d'un temps froid et humide, opérassent précisément en sens inverse de ce que chacune d'elles aurait dû faire, et que le contraire de ce que nous avons exposé dans l'article précédent eût précisément lieu : il serait possible que, dans ce cas, la première sève eût commencé par développer les branches à bois comme elle devait le faire ; mais que se soutenant et se prolongeant avec les circonstances les plus favorables pour aoûter et préparer à fruit les boutons anciennement et nouvellement formés, elle eût réussi à opérer complétement et son propre travail et le travail réservé à la seconde sève ; et qu'au contraire cette seconde, accompagnée d'un temps froid et humide, détruisît cette œuvre si bien commencée, en développant à bois, par son immodération et la quantité de ses sucs aqueux et mal élaborés, les boutons destinés à fruit, en étouffant et faisant oblitérer leurs germes : d'où il résulterait, pour le printemps de l'année suivante, une privation partielle ou totale de fleurs et de fruits : donc deuxième cause d'alternat.

Troisième cause d'alternat.

Il est possible que ni l'une ni l'autre sève n'amènent à bien leurs produits, et qu'il en résulte également privation totale, pour l'année suivante, de fleurs et de fruits : donc troisième cause d'alternat.

Quatrième cause d'alternat.

Il est possible et il arrive quelquefois que, par une cause quelconque, il se développe à contre-saison une plus ou moins grande quantité de fleurs au détriment du produit de l'année suivante : donc quatrième cause d'alternat.

Cinquième cause d'alternat.

Enfin, si à une première sève heureuse par sa préparation fructifiante il succède une seconde sève également heureuse, il en résulte pour l'année suivante une abondance de fruits telle, que l'arbre suchargé s'épuise pour les nourrir, et qu'il néglige entièrement la préparation et les produits de l'année ou des années suivantes : donc cinquième cause d'alternat.

On pourrait porter à l'infini le nombre de ces combinaisons de première ou de deuxième sève plus ou moins heureuses, et en déduire une multitude de conséquences et de causes d'alternat plus ou moins variées et compliquées, je me suis borné à exposer les plus frappantes, les plus probablement fréquentes : j'aurais pu parler des ravages occasionés par les chenilles, par la grêle et autres accidens qui, en détruisant les feuilles, peuvent ou occasioner une nouvelle pousse ou empêcher le perfectionnement des boutons à fruits ; j'aurais pu parler du jeu des racines et de l'influence que leur végétation plus ou moins heureuse peut avoir sur la préparation des boutons à fruits: car on peut bien supposer que telle année qui est favorable pour la végétation des branches ne le soit pas également pour celle des racines ; mais j'avoue que je n'ai aucune donnée à cet égard.

Je dois encore donner ici quelque éclaircissement relativement à une objection qu'on pourrait me faire. J'ai attribué à l'abondance de la sève tantôt une grande préparation de fruits, tantôt une destruction absolue : cela, en apparence, est contradictoire, et cependant cela a souvent lieu. Voici, pour l'expliquer, tout ce que je puis en dire pour le moment, réservant pour un autre Mémoire de plus grands développemens. D'après mon observation, les rosettes ou boutons à fruits sont un faisceau d'yeux ou plutôt de germes presque imperceptibles, les uns à feuilles ou bois, les autres à fleurs. On peut concevoir que, par telle cause que ce soit, la sève se porte, suivant tel ou tel cas, à la nourriture des uns plutôt que des autres ; on peut concevoir que, lorsqu'elle est très peu abondante, de mauvaise qualité ou contrariée par les températures, elle ne se porte que sur les germes à feuilles ; on peut concevoir aussi qu'une sève très abondante et très active s'emporte et étouffe les germes à fruits, et qu'elle développe seulement les germes à bois.

Notes supplémentaires.

Feu M. Olivier, membre de l'Institut et de la Société royale d'agriculture, a publié un Mémoire sur l'alternat des oliviers dans nos départemens du Midi ; il en attribue la cause à la trop grande abondance et au trop long séjour du fruit sur les arbres. Cette cause a été en partie indiquée plus haut ; mais je n'ai pas cru devoir la donner comme suffisante pour expliquer l'alternat de nos arbres à pepin. J'ai désigné comme devant y concourir spécialement le renouvellement de sève occasioné par une effeuillaison quelconque. M. Féburier, membre de la Société d'agriculture de Seine-et-Oise, a fait sur ce sujet plusieurs expériences, et les miennes propres m'ont convaincu que cette effeuillaison, en occasionant une nouvelle pousse, s'opposait à l'aoûtement, et conséquemment à la fructification prochaine des rosettes des pommiers et poiriers. Cette effeuillaison, exécutée par moi sur un cerisier, n'a point empêché entièrement sa fructification; mais elle l'a beaucoup diminuée : ses effets ne sont donc pas absolument les mêmes sur toutes espèces d'arbres; j'ai cependant en outre remarqué que, sur la plupart d'entre eux, elle occasionait un retard sensible sur la pousse et la floraison de l'année subséquente. M'entretenant avec M. Vilmorin sur ce dernier effet, et du parti qu'il me semblait qu'on pouvait en tirer pour retarder la pousse et la floraison de quelques arbres, ce qui, dans certains cas, pourrait être avantageux ou agréable, il lui vint à l'idée qu'à cette effeuillaison des mûriers à soie pourraient être attribuées leur pousse tardive au printemps, et par suite les difficultés qu'on éprouve à cette époque pour nourrir les vers à soie. Dans un moment où l'on s'occupe de revivifier cette branche de notre industrie, il serait à propos de faire des recherches à cet égard, et de tâcher de remédier à ces inconvéniens. Je crois que cela serait possible; mais je n'oserais publier mes idées là dessus sans y avoir mûrement réfléchi et tenté quelques expériences.

P.-S. Beaucoup d'agriculteurs paraissent croire qu'une ou plusieurs années seraient nécessaires pour la formation complète des boutons à fruit dans les arbres à pepin; mais en admettant que cette opinion fût fondée, devrait-on compter le temps nécessaire à cette formation par nombre d'années ou par nombre de sèves? En effet. chaque année pouvant avoir ou n'avoir pas ses deux sèves, il en résulte que les années ne sont pas réellement égales entre elles et que conséquemment leurs résultats ne peuvent être égaux. Ainsi, en suivant cette idée, il faudrait, pour cette complète formation des boutons à fruit, deux années à une sève chacune contre une seule année à deux sèves. Cela paraît un peu singulier, et on a peine à admettre cette conséquence. On ne peut douter néanmoins que cette irrégularité dans le nombre de sèves dans la même année n'influe sur la fructification, et peut-être devrait-on aussi lui attribuer une autre irrégularité, savoir : celle du nombre des couches ligneuses, qui n'est pas toujours en correspondance exacte avec celui du nombre d'années de leur formation. Le plus ou le moins ne tiendrait-il pas à l'absence ou à la présence de la seconde sève, ou plutôt de son second et même troisième renouvellement? Je n'ai point fait d'observation à cet égard.

Dans l'observation des causes d'alternat, on doit encore considérer l'influence du climat, du terrain, du sujet sur lequel l'arbre est greffé et de la nature de sa variété. Tout le monde sait que le poirier greffé sur cognassier se met plus tôt à fruit; qu'il en est de même du pommier greffé sur paradis; que celui-ci peut fleurir et fructifier sur le bois de l'année précédente, soit au bourgeon terminal, soit même sur tous les yeux de la jeune branche, sans qu'avant la pousse rien n'eût indiqué dans ces yeux la présence des fleurs. Il n'y a donc point de temps fixé pour la formation des boutons à fruit; cela ne tient point intimement à leur nature : le cerisier de la Toussaint fleurit et fructifie perpétuellement; un pommier nouvellement connu présente le même phénomène, et bien plus encore on nous annonce un poirier qui fructifie sans fleurir. Puisque nous n'avons plus de printemps et fort peu d'été, il nous importe de nous procurer et de multiplier des variétés dont les diverses époques de végétation puissent balancer l'irrégularité de nos saisons; il nous faut des espèces qui fleurissent tard et mûrissent de bonne heure : si cela n'est pas aisé, cela n'est pas cependant rigoureusement impossible.

M'occupant présentement du perfectionnement des fruits, notamment par la voie des semis, il m'importe, pour jouir plus tôt, d'accélérer et d'assurer leur fructification; c'est ce qui m'a déterminé à publier ce mémoire, tout imparfait qu'il est; aussi lui ai-je simplement donné le titre de *discussion*, et il doit être regardé comme tel. Si j'eusse attendu sa plus grande perfection de mon fait seul, il est probable qu'il n'aurait jamais été publié; car comment aurais-je pu faire seul les observations nombreuses qu'il aurait exigées? Bien que le sujet fût nouveau pour moi, je n'ai pris l'avis de personne; j'ai voulu émettre mon opinion dans toute son intégrité, et telle que je l'avais primitivement conçue. Je désire qu'elle fournisse à de meilleurs observateurs l'idée de faire de nouvelles expériences; et si je me suis trompé, je suis prêt à me rétracter. Du choc des opinions naît la lumière; et telle chose qu'il arrive, j'en profiterai et pour mon instruction et pour parvenir plus promptement et plus sûrement au but que je me propose actuellement, le perfectionnement des fruits.

TABLEAU

du cours présumé de la sève pour les divers mois de l'année, dans le climat de Paris.

Octobre, Nov., Décem., Janvier, Février.	Mars, Avril, Mai, Juin.	Juillet.	Août, Septembre.
Supériorité de la sève intérieure ou latente.	Supériorité de la sève extérieure ou apparente.	Supériorité de la sève extérieure ou apparente.	Supériorité de la sève extérieure ou apparente.
Nullité absolue de la sève extérieure ou apparente.	Infériorité de la sève intérieure ou latente.	Infériorité ou nullité de la sève extérieure ou apparente.	Infériorité de la sève intérieure.
	Croissance des branches en étendue.		Croissance des tiges et branches en étendue.
Croissance des racines en étendue.		Croissance des racines en étendue.	
	Croissance des racines en grosseur.	Croissance des branches en grosseur.	Croissance des racines en grosseur.
			Combinaison de ces divers effets, suivant que la sève se manifeste plus ou moins à l'extérieur.

Voyez, pour ce tableau, l'avis à la page 538, et notez que les époques indiquées dans ce tableau ne doivent pas être prises à la rigueur; et de plus, faites attention que le cours de la sève intérieur ou extérieur, n'ayant pas toujours lieu d'une manière absolue, les divers effets que je lui ai attribués ne doivent pas non plus être pris d'une manière absolue. Ainsi, dans les mois d'août et de septembre ne doivent pas non plus être pris deur et en grosseur des branches et des racines me paraît être combiné suivant les circonstances, et par conséquent doit avoir lieu en même temps.

SUR LA PRODUCTION

DES HYBRIDES,

DES VARIANTES, DES VARIÉTÉS, ETC.

M'occupant, depuis plus de quinze ans, d'expériences sur les fécondations naturelles et artificielles des végétaux, j'ai ramassé un assez bon nombre de matériaux. J'ignore si j'aurai la possibilité de les mettre en ordre et de publier un traité complet sur ce sujet : c'est ce qui me détermine aujourd'hui à en extraire particulièrement ce qui peut avoir rapport à l'objet que je traite ici.

Plusieurs agronomes anglais paraissent s'être occupés des hybrides, entre autres M. Knight, président de la Société d'horticulture de Londres, et M. W. Herbert. Mais je ne connais d'eux que des notes insérées dans les *Annales de l'agriculture française*. M. Duchesne, en France, s'en est aussi occupé. J'avais consulté, quelques années auparavant, plusieurs notices de Kœlreuther, insérées et éparses dans les

Mémoires de l'Académie royale de Pétersbourg, qui sont à la Bibliothèque de l'Institut. Ces diverses notices de Kœlreuther, écrites en latin, mériteraient bien d'être traduites et réunies ; c'est un travail que je m'étais proposé, mais que la faiblesse de ma vue m'empêche de faire aujourd'hui, quoique j'en aie bien le temps.

La plupart de mes expériences ont été faites avant la lecture des ouvrages de Kœlreuther ; mais le hasard nous avait fait nous rencontrer quelquefois sur le même objet, et j'ai été charmé de voir que nous nous accordions. De nombreuses expériences ont été faites par lui avec des résultats heureux sur les digitales, les tabacs, les malvacées, les lins, les lychnis, les cucubalus, les œillets et les lyciums, etc.; mais il paraît que les nombreux hybrides obtenus par lui se sont perdus, qu'il n'en est resté que les descriptions; cependant à défaut de résultats matériels, ses observations subsistent, et peuvent nous donner la mesure de ce qui est possible et de ce qui ne l'est pas. Ayant, par suite, répété plusieurs de ses expériences, j'ai eu lieu de me convaincre de plus en plus de son exactitude et de sa véracité; je crois donc qu'il mérite toute confiance : au surplus, dans ce qui va suivre, je n'ai rien emprunté à personne, et j'ai vu par moi-même tout ce que j'annoncerai, sauf les décompositions et recompositions de tabacs hybrides, qu'il a poussées au dernier degré, et qu'il m'a paru inutile de suivre de nouveau avec lui, pour ne pas perdre de temps, puisqu'il avait fait à cet égard tout ce qu'il était possible de faire, et que sa véracité n'est pas douteuse pour moi.

Suivant lui, les plantes hybrides, à l'instar des mulets, sont communément plus vigoureuses que leurs ascendans; mais si quelques unes sont stériles comme les mulets, plusieurs autres aussi grènent et fructifient abondamment, et cette stérilité et cette fécondité peuvent également se remarquer dans des individus pareils, c'est à dire provenant des mêmes ascendans. C'est aussi ce que j'ai vu, et, suivant moi, la proportion des hybrides féconds est infiniment plus grande. Je ne me rappelle point s'il a remarqué, comme moi, que la faculté de grener pouvait tenir au plus ou au moins d'analogie des plantes hybrides, quoiqu'il y ait, à cet égard, comme en tout autre point, des exceptions; ni s'il avait éprouvé l'extrême facilité avec laquelle elles se multiplient de marcottes, de drageons, de boutures, etc., prises indistinctement sur toutes leurs parties, ainsi que l'extrême propension que plusieurs d'entre elles ont à devenir vivaces, d'annuelles que nous les voyons ordinairement, et à pousser en terre, contre leur habitude, des espèces de filamens pour se multiplier. J'ai eu un très beau tabac hybride, *nicotiana tabaco-undulata*, dont on ne pouvait cultiver une potée nulle part qu'il n'y en repoussât l'année suivante, dont la moindre portion de plante, quelque part qu'elle fût tombée, prenait infailliblement racine; je l'ai conservé pendant plusieurs années en pleine terre à l'abri d'un mur, et je ne l'ai perdu que dans l'hiver de 1819 à 1820, dans lequel le thermomètre a descendu chez moi à douze degrés au dessous de zéro, froid auquel n'ont point résisté mes choux-navets et mes rutabagas.

J'ai perdu beaucoup d'hybrides que j'avais faits; mais je possède encore actuellement une très grande quantité d'arbres et arbustes hybrides, tels que rosiers, pommiers, amandiers et amandiers-pêchers, parmi lesquels ceux qui sont en âge fructifient pour la plupart et grènent assez aisément. Ils ont d'ailleurs le secours de la greffe, comme moyen assuré de conservation et de multiplication; car il faut convenir que la plupart des graines hybrides sont un peu plus lentes à lever que les autres. J'ai conservé en outre des graines de diverses espèces de choux-navets et de colzas artificiels. Ces derniers, cultivés les uns près des autres, m'ont donné un exemple frappant de la facilité avec laquelle les hybrides, une fois introduits dans une famille, peuvent s'y allier dans toutes sortes de proportions, dégénérer ainsi eux-mêmes, et faire dégénérer leurs voisins d'espèce franche ou non, de la même famille bien entendu; ce dont il résulte par suite d'une confusion inextricable. J'ai remarqué cette même tendance à se mêler sur mes melons hybrides : tous d'ailleurs présentent une végétation vigoureuse, fructifient plus aisément que nos melons ordinaires, et produisent des graines nombreuses et fécondes.

Mais ce que j'ai vu de plus singulier dans mes hybrides s'est offert à moi sur le chou-raifort, *brassico-raphanus*, produit du radis noir, fécondé par le chou. On sait jusqu'à quel point diffèrent les siliques de ces deux plantes; on les distingue au premier coup-d'œil : ce chou-raifort qui fleurissait abondamment, mais grenait difficilement, avait quelques capsules simples, mais peu apparentes, qui contenaient tout au plus une seule graine, tantôt mal, tantôt bien formée, et quelques autres capsules beaucoup plus belles. Ces dernières, au lieu d'être, comme je m'y attendais, d'une forme moyenne entre celles du chou et du radis, offraient sur le même fruit deux siliques au dessus l'une de l'autre, et très distinctes par la forme : l'une ressemblant à celle du chou, et l'autre à celle du radis, ayant chacune d'elles une seule graine assez analogue à l'apparence de leur silique réciproque. (Ce fait aura plus bas son application.)

Il eût été curieux de suivre le produit de ces deux graines ; mais les individus en provenant, étant faibles, je les ai négligés.

Avant d'aller plus loin, je dois exprimer ici la signification précise de quelques mots anciens, et de quelques mots nouveaux que je ne puis me dispenser d'employer.

Je laisserai aux mots *variété, sous-variété* et *race* à peu près la même signification que M. Bosc leur a assignée dans le *Dictionnaire d'Agriculture*, sauf ce que je vais en extraire pour caractériser le mot *variante*.

Variante exprimera les différences légères ou peu constantes observées sur des plantes de la même espèce, cultivées ou non, et venues de semis, en tant qu'on aurait lieu d'attribuer ces différences plutôt à la nature du sol ou du climat, qu'aux effets de la culture elle-même ; d'autre part cependant, je l'appliquerai à quelques plantes à fleur double aussi venues de semis, telles qu'aux pieds des giroflées rouges et blanches doubles, qui n'offrent d'ailleurs aucune autre différence avec les individus simples de la même variété : alors la giroflée blanche double sera une variante de la variété de giroflée dite blanche simple; mais le mot *variante* sera principalement applicable aux individus non venus de semis, qui devront leur origine aux greffes, marcottes, boutures, drageons, tubercules, etc., et qui, suivant les circonstances, offriront, soit des productions plus hâtives, comme les petites pommes de terre vitelottes hâtives, les petites truffes d'août hâtives, qui ne sont que des variantes de vitelottes et truffes d'août ordinaires, devenues seulement hâtives par leur culture dans un sol plus léger; *variante* sera encore applicable aux branches panachées et non panachées sur la même plante, comme le *geranium zonale*, etc., et aux fleurs rouges et panachées de rouge, provenant du même pied, comme sur plusieurs œillets.

Atavisme, mot tiré du latin *atavus*, aïeul, imaginé par M. Duchesne pour exprimer soit la ressemblance que les plantes et les animaux peuvent avoir avec leurs ascendans, soit encore plus une tendance marquée qu'ils paraissent avoir à rappeler et à offrir de nouveau cette ressemblance, même à des époques assez éloignées, après une espèce d'oubli, avec leurs ascendans quelquefois même en ligne indirecte, comme avec les oncles, tantes, etc.

Accoutumé dès long-temps à voir se former sous mes yeux des hybrides ou variétés, soit que ces mutations fussent dues à mes efforts, soit qu'elles fussent, si l'on veut, l'effet du hasard, hasard cependant amené par la réunion de plusieurs espèces et variétés d'une même famille, j'ai pris l'habitude de les analyser pour les reconnaître, et j'ai appris, pour ainsi dire, à les deviner. Si je n'ai pu remonter à la cause première de ces mutations, j'ai pu du moins en rechercher les causes secondes, et examiner de quelle manière elles avaient lieu : aussi prendrai-je la liberté de hasarder sur ce sujet quelques idées.

J'ai constaté, par plusieurs expériences faites *ad hoc*, que les graines du même fruit pouvaient, chacune en particulier, recevoir une fécondation différente ; il me serait trop long de les détailler ici, mais elles étaient assez nombreuses et assez concluantes pour ne laisser aucun doute. Mais une autre question se présente : les graines du même fruit, une fois bien formées et mûres, sont-elles nécessairement et dès lors destinées à produire une plante caractérisée d'avance, ou bien l'époque de leur semis et la différence de sol et de culture influent-elles sur leur caractère futur? Il paraît bien que la plus ou moins parfaite maturité des graines est déjà une cause de variante ; mais dans le cas présent, nous supposons cette maturité parfaite. M. Vilmorin, que j'ai consulté à ce sujet, fondé sur plusieurs observations qui lui sont propres et sur celles de plusieurs jardiniers dont il a connaisance, m'a certifié qu'il y avait de grandes influences exercées sur la production des fleurs doubles, et de la précocité des plantes, par l'époque du semis et les différens procédés de culture.

On peut, je le pense, supposer dans les végétaux anciennement cultivés, et qui pour la plupart ont donné des variétés d'autant plus nombreuses et d'autant plus marquées, que la culture en est plus ancienne et plus variée; on peut, dis-je, supposer l'existence de deux forces agissant en sens contraire et avec divers degrés d'intensité, suivant les circonstances : la première tendant à les ramener à l'état sauvage ou primitif, et devant avoir le dessus lorsque la culture cesse ou dégénère, ou que les végétaux se retrouvent dans leur sol ou climat naturel; et alors on doit s'attendre à voir reparaître des individus plus ou moins ressemblans à ceux qu'on avait vus autrefois (première cause d'atavisme) (1) ; la seconde force au contraire, animée par la succession non interrompue, ou augmentée, des efforts de la culture et tendante à multiplier les variétés : lorsque ces deux forces se balancent mutuellement, les choses peuvent rester *in statu quo :* les variétés alors se fixent, et peuvent prendre le nom de *race.*

Dans les plantes dont les fleurs sont hermaphrodites, les choses peuvent se passer ainsi : il n'y a point ordinairement à rechercher une double origine, à moins qu'elle n'ait été provoquée ; mais dans les plantes monoïques et dioïques, dont les organes sexuels sont distincts, ainsi que dans les animaux, il faut nécessairement avoir égard à l'influence du mâle et à celle de la femelle : la recherche est alors plus compliquée. Je ne parlerai point ici de l'influence du mâle en tant que comparée à celle de la femelle, d'autant plus que, dans les plantes, on peut croire que cela n'est pas d'une importance majeure ; je n'ai d'ailleurs aucune observation mar-

---

(1) M. Thoüin a rapporté à M. Bosc que M. de Malesherbes avait fait jeter de la graine de superbes asters de la Chine (*grande marguerite*) sur un terrain impropre à la culture, voisin de sa maison de Malesherbes, et que, la seconde année, les pieds qui s'étaient reproduits spontanément de graines étaient presque tous rouges et simples.

quante qui y soit relative : je me bornerai à suivre ces influences sans avoir égard au sexe.

La première idée qui s'offre à l'esprit lorsqu'une plante hybride se présente à vos yeux, soit que cette plante soit véritablement hybride, c'est à dire provenant de deux espèces différentes, soit hybride de deux variétés, si tant est qu'on doive alors lui donner ce nom; la première idée, dis-je, est de chercher dans cet hybride mis sous vos yeux une ressemblance qui donne un terme moyen entre ses deux ascendans connus ou présumés, soit immédiats, soit même à des degrés plus éloignés si l'on veut admettre l'atavisme, et l'on est naturellement porté à croire que cette ressemblance doit être une fusion, sinon intégrale, au moins partielle, ou apparente, ou intime, des caractères appartenans aux deux ascendans. Cette fusion de caractères peut avoir lieu dans certains cas; mais il m'a paru qu'en général les choses ne se passaient pas ainsi : peut-être y a-t-il une distinction à faire; peut-être, à raison de plus ou moins d'analogie entre les espèces, y a-t-il plus ou moins d'éloignement pour un mélange parfait. Ainsi donc, en définitive, il m'a paru qu'en général la ressemblance de l'hybride à ses deux ascendans consistait, non dans une fusion intime des divers caractères propres à chacun d'eux en particulier, mais bien plutôt dans une distribution, soit égale, soit inégale, de ces mêmes caractères; je dis égale ou inégale, parce qu'elle est bien loin d'être la même dans tous les individus hybrides provenant d'une même origine, et il y a entre eux une très grande diversité. (Ces faits sont constatés par une multitude de mes expériences.)

Les idées que je présente ici m'ont paru remarquables, elles me semblent être d'une très grande importance; pour bien les faire saisir, j'en donnerai quelques exemples pris sur mes melons hybrides : je vais donc en conséquence faire une supposition.

Je suppose qu'il s'agit ici d'examiner plusieurs hybrides, produits de la fécondation d'un chaté par un melon cantaloup brodé, l'un et l'autre d'espèce assez franche pour faire espérer que chacun contribuera pour sa part à rendre son espèce autant que possible.

Je suppose aussi, pour plus de simplicité et de clarté, que cinq caractères seulement, remarquables ou dignes d'attention, se trouvent dans le chaté et dans le melon, dont les produits hybrides nous occupent ici.

Le melon ascendant avait :

Caractères.

1ᵉʳ. Chair jaune ;
2ᵉ. Graines jaunes ;
3ᵉ. Broderie ;
4ᵉ. Côtes fortement prononcées ;
5ᵉ. Saveur douce.

Le chaté ascendant avait :

Caractères.

1ʳᵉ. Chair blanche ;
2ᵉ. Graines blanches ;
3ᵉ. Peau lisse ;
4ᵉ. Côtes légèrement prononcées ;
5ᵉ. Saveur sucrée et très acide en même temps.

Le produit présumé des hybrides créés aurait dû être en terme moyen ; 1°. chair jaune, très pâle ; 2°. graines jaunes, très pâles ; 3°. broderie légère et clair-semée ; 4°. côtes légèrement prononcées ; 5°. saveur douce et acide en même temps ; mais tout au contraire.

Produits réels des deux hybrides des chatés et melons sus-désignés.

Premier hybride :
1°. Chair jaune ;
2°. Graines blanches ;
3°. Broderie ;
4°. Côtes assez prononcées ;
5°. Saveur acide.

Deuxième hybride :
1°. Chair jaunâtre ;
2°. Graines blanches ;
3°. Peau lisse ;
4°. Sans côtes ;
5°. Saveur douce.

36.

Ces deux hybrides, dont j'ai maintes fois obtenu les analogues ou les équivalens, suffiront, je pense, pour l'intelligence de ce que j'ai dit plus haut. On y voit, en effet, tantôt une fusion des caractères appartenans au melon et au chaté, mais cette fusion est de bien peu d'importance; tantôt on y voit une distribution bien plus marquée de leurs divers caractères sans aucun mélange entre eux, l'un a la saveur douce et agréable du melon sans mélange, et l'autre, la saveur acide du chaté, etc.

On ne peut trop admirer avec quelle simplicité de moyens la nature s'est donné la faculté de varier à l'infini ses productions et d'éviter la monotonie. Deux de ces moyens, fusion et distribution de caractères combinés de diverses manières, peuvent porter ces variétés à un nombre indéfini.

Toutes ces idées et principalement celle de la distribution aux hybrides des caractères de leurs ascendans sans fusion de ces caractères, et que je regarde comme la base principale de la ressemblance de ces hybrides avec leurs ascendans, sont fondées notamment sur l'observation de la singulière fructification du chou-raifort, décrite plus haut et subsidiairement appuyée sur le grand nombre et l'extrême variabilité des melons que j'ai cultivés, de leurs hybrides avec le chaté et le melon-serpent, et par la variabilité, peut-être encore plus étendue et plus étonnante du pepon, que je nomme *pepo citrullus*, connu généralement sous les divers noms de citrouille, giraumont, coloquinelle (fausse coloquinte, courge à la moelle et autres, patisson, bonnet-d'électeur, etc. Ce pepon, d'après mes observations, a fourni toutes les variétés de forme, de grosseur et de couleur qu'on a quelquefois attribuées à des espèces particulières. La graine du même fruit m'a offert tout ce qu'il est possible d'imaginer, m'a fourni tous les accidens possibles, et m'a souvent reproduit des variétés qui avaient disparu depuis long-temps. M. Duchesne en a consigné plusieurs exemples dans ses ouvrages et dans une fort belle collection de planches, lesquelles sont déposées au Muséum d'histoire naturelle.

A quoi tient donc cette faculté que la nature a de reproduire sur les descendans tel ou tel caractère qui avait appartenu à leurs ascendans? Nous ne le savons pas; nous pouvons bien soupçonner qu'elle dépend d'un type, d'un moule primitif qui contient le germe de tous les organes, germe qui dort et se réveille, qui se développe ou non suivant les circonstances; et peut-être ce que nous appelons espèce nouvelle n'est qu'une espèce ancienne, dans laquelle se développent des organes anciens, mais oubliés, ou des organes nouveaux dont le germe existait, mais dont le développement n'avait jamais été favorisé.

Au surplus, tous les faits que j'ai rapportés et les idées qu'ils m'ont suggérées n'ont rien de si extraordinaire.

Qu'on se reporte, en effet, à ce qui se passe dans le règne animal : ne voyons-nous pas, dans les abeilles ouvrières, le sexe féminin ne pas se développer par le seul fait du manque d'une nourriture plus abondante ou plus appropriée, ainsi que par leur défaut de développement complet dans un alvéole trop petit? Et pour en revenir à mes idées sur le mode de ressemblance des hybrides avec leurs ascendans, ne voyons-nous pas que les enfans d'un père qui a les yeux et les cheveux noirs, et d'une mère blonde et aux yeux bleus, n'ont pas nécessairement pour cela les yeux et les cheveux gris ou châtains? L'un peut avoir les yeux de la mère et les cheveux du père, *et vice versâ;* mais il est assez ordinaire qu'ils retiennent quelque chose de l'un et de l'autre. La même remarque peut s'appliquer au nez, aux oreilles, etc., et en outre à certaines affections ou maladies héréditaires qui peuvent affecter les uns et non les autres, qui peuvent ne pas se

croisemens sont susceptibles. Je désire que mes observations contribuent à les mettre sur la voie.

Mais il est temps de revenir à mon sujet.

J'ai présenté jusqu'ici les hybrides obtenus par moi comme n'étant le produit et la représentation que de deux ascendans immédiats; je n'ai point parlé des cas où ces ascendans eux-mêmes auront déjà des signes d'hybridisme, si ce n'est en passant, et lorsqu'il a été question des tabacs hybrides de Kœlreuther et de mes choux-navets artificiels, dans lesquels ont été signalés des hybrides composés, soit doubles ou triples hybrides, soit surhybrides. Ce sujet est important, mais il est difficile à traiter; et mes observations à cet égard, quoique déjà très nombreuses, ne sont point encore assez positives pour que j'ose m'y engager; cependant je ne puis passer sous silence quelques singularités, qui donneront lieu de soupçonner la possibilité d'une double paternité immédiate : je m'explique.

Une seule et même graine, un seul fœtus a-t-il pu recevoir en même temps et indivisément deux fécondations différentes, ou, pour me servir d'une expression triviale, mais fort claire, un enfant peut-il avoir deux pères? De ce que ce fait n'aurait point lieu dans les ani-

faire apercevoir dans la première génération et reparaître dans la seconde et les suivantes. Le fond reste, les accessoires varient, le type ou moule primordial existe, le germe y existe aussi ; mais il dort ou se réveille suivant les circonstances.

Ce n'est donc pas sans raison que les Arabes conservent avec tant de soin la généalogie de leurs chevaux; il leur a donc paru important de pouvoir établir qu'aucun mélange, aucun défaut n'avaient souillé la pureté de leur race, et qu'un atavisme malheureux était impossible dans une race pure de toute antiquité.

On peut encore tirer de ceci un avis important pour ceux qui s'occupent du croisement et de l'amélioration des races : ce qui a été dit sur les chevaux peut s'appliquer aux moutons mérinos et aux autres races, comme à toute autre espèce d'animal ; il est bon qu'ils prévoient ce qu'ils ont à craindre d'un atavisme inconvenant; qu'ils sachent que l'époque de son retour est peut-être indéterminée ; qu'ils sachent que, dans les ascendans, des défauts ne sont pas toujours compensés par des qualités contraires; enfin qu'ils apprennent à connaître par l'expérience, si faire se peut, quels sont ceux qui se perpétuent sans mélange, et quelles peuvent être les modifications dont les

maux, on n'en pourrait rien conclure contre son existence dans les végétaux : au surplus, voici ce qui m'a donné lieu d'agiter cette question.

Dès le premier croisement opéré par moi entre le melon commun, le melon-serpent et le chaté, plusieurs de ces plantes étant assez voisines les unes des autres, et, malgré mes précautions, la possibilité d'une fécondation étrangère spontanée et imprévue étant admissible, j'avais cru m'apercevoir que plusieurs hybrides provenus du premier degré d'hybridation paraissaient tenir en même temps du melon, du melon-serpent et du chaté ; c'est à dire que, dans les uns, la saveur acide du chaté se rencontrait avec les formes du melon et du melon-serpent ; que dans les autres, la forme du melon dominait, mais que les saveurs peu agréables du melon-serpent et du chaté se faisaient seules ressentir ; qu'il pouvait même arriver que, dans ce cas, ces saveurs fussent portées à un tel degré de force, et tellement repoussantes, qu'il était impossible de les comparer à celle des espèces franches elles-mêmes. Ce fait m'intriguait beaucoup, et, sans la supposition d'une double paternité, me paraissait inexplicable ; j'avoue même encore aujourd'hui qu'avec le secours des nouvelles lumières que depuis j'ai pu acquérir, je suis peu satisfait de toute autre explication.

Quelques personnes ont pensé que l'influence d'une fécondation étrangère pouvait se faire sentir immédiatement sur la saveur d'un fruit, et ont cru qu'un melon pouvait devenir amer, parce qu'il se trouvait auprès d'une coloquinte : je ferai voir ailleurs que ce fait doit être regardé comme une absurdité, je ne puis donc l'admettre ici comme une explication : j'aimerais mieux dire que toutes les plantes, et peut-être plus encore les plantes hybrides, ayant, ainsi que nous l'avons vu, la faculté de rappeler, pour ainsi dire, à volonté, sans mesure et indifféremment, et indépendamment les unes des autres, les qualités de leurs ascendans, il est possible que quelques unes d'entre elles, mal partagées, aient laissé tout ce qu'il y avait de bon, et pris tout ce qu'il y avait de mauvais, ainsi qu'on voit des enfans avoir les défauts de leurs parens sans avoir leurs bonnes qualités.

Laissant, au surplus, une meilleure explication de ce dernier fait à des observations postérieures, je vais, en réunissant tout ce que j'ai dit jusqu'ici, chercher à en profiter pour jeter quelque jour sur certains phénomènes qui s'observent dans quelques plantes, savoir :

1°. L'existence et la réunion sur une plante, soit variété, soit hybride, de plusieurs caractères qui, ne se retrouvant point dans ses ascendans immédiats, s'expliquent par l'atavisme (*voyez plus haut*), c'est à dire la tendance à rappeler d'anciens caractères perdus et qui se renouvellent;

2°. L'existence, sur la même plante, de fleurs de couleurs différentes, comme sur quelques rosiers, *la rose Vilmorin*, et sur quelques œillets : il n'est pas rare d'y voir sur le même pied des fleurs rouges et des fleurs panachées;

3°. L'existence, sur la même grappe de raisin, de grains blancs et de grains noirs; et de grains moitié blancs et moitié noirs; sur le même plant de melon, de deux fruits absolument différens (ce dernier fait m'a été certifié par M. Vilmorin et par plusieurs autres personnes dignes de foi; je l'ai observé moi-même depuis.)

4°. L'existence, sur le même pied et sur les boutures qui en proviennent, de feuilles et de branches panachées, et d'autres qui ne le sont pas, comme dans le *geranium zonale* et autres.

Ces deuxième, troisième et quatrième faits s'expliquent par les modifications que peuvent subir pendant le cours de leur végétation, soit une plante, soit une partie de plante : ainsi que nous l'avons vu plus haut en parlant des produits différens que peut donner la même graine semée à des époques différentes, et par une culture différente, il est possible que l'atavisme qui ne s'était point manifesté sur la plante principale se manifeste sur quelqu'une de ses parties.

TABLE DES MATIÈRES.

CHAPITRE PREMIER.

INTRODUCTION . . . . Page 1

CHAPITRE II.

DES MOYENS DE PERFECTIONNER LA FRUCTIFICATION. . . . 13
1°. De la Greffe. *Ib.*
2°. Observations physiologiques sur la greffe en général, et sur quelques espèces de greffes en particulier 39

CHAPITRE III.

DE L'INCISION ANNULAIRE OU CIRCONCISION, ET DE LA LIGATURE. 74

CHAPITRE IV.

DES MOYENS DE FAIRE NAITRE DES ESPÈCES ET DES VARIÉTÉS NOUVELLES, ET D'EN DIRIGER LA CRÉATION 104
De la multiplication des arbres à fruit par boutures, marcottes, etc. 116
Des diverses opérations de culture, telles que l'arqûre, la transplantation, la perforation, la coupe des racines, la taille, etc., etc., etc., comme moyens d'amélioration et de perfectionnement de la fructification 122

Des fécondations étrangères artificielles ou spontanées, ou de l'hybridation . . . . Page 123
Du semis et du choix des graines 130
1°. Avant leur formation. 134
2°. Pendant leur formation. . . . . Ib.
3°. Influence exercée sur les graines après leur formation. 140

CHAPITRE V.

DE L'ACCLIMATATION ET DE LA NATURALISATION DES ESPÈCES
ÉTRANGÈRES 151

CHAPITRE VI.

DES MOYENS D'ACCÉLÉRER L'ÉPOQUE DE LA MISE A FRUIT (DANS
LES VÉGÉTAUX EN GÉNÉRAL), MAIS PRINCIPALEMENT DANS LES
JEUNES ARBRES A FRUIT, A PEPINS ET A NOYAUX, ET AUTRES
VENUS DE SEMIS. 165
Du pincement et du cassement; but de ces deux
opérations. 196
De la mise à fruit 214

CHAPITRE VII.

DU POIRIER (*pyrus*) 215
Considérations sur le procédé qu'emploient les pépi-
niéristes pour obtenir de nouveaux fruits amélio-
rés, et sur celui que paraît employer la nature
pour arriver au même résultat, par M. *Poiteau*. 228
Extrait du Catalogue de M. *Van Mons*. 242
Autres notes de M. *Van Mons*, citées par M. *Poiteau*. 245
Extrait du *Bon Jardinier* de M. *Poiteau* 248
Réflexions sur tout ce qui concerne le poirier. 255

CHAPITRE VIII.

Du POMMIER (*malus*) . . . . Page 285
   Variétés de pommes remarquables 288
   Moyens employés pour avancer l'époque de la fructification d'un jeune pommier venu de semis. . . 307
   Du cognassier (*cydonia*) 312
   Du cormier ou sorbier (*sorbus*) 314
   Des aliziers, azéroliers (*cratægus, mespilus*) . . . 316
   Du néflier (*mespilus germanica*) 317

CHAPITRE IX.

DES ARBRES A FRUIT A NOYAU. 318
   De l'amandier (*amygdalus*), du pêcher (*amygdalus persica*), et de l'amandier-pêcher. . . . . *Ib.*
   Lettre de *Thomas Andrew* KNIGHT, au secrétaire de la Société d'horticulture de Londres, sur un pêcher produit de la semence d'un amandier . . 334
   Note du secrétaire de la Société. 339
   De l'abricotier (*prunus armeniaca*) 340
   Du prunier (*prunus*) 343
   Des cerisiers et merisiers (*cerasus*). 355

CHAPITRE X.

Du NOYER (*juglans regia.*) 384
   Du châtaignier (*fagus castanea*), et du hêtre (*F. sylvatica*) 387
   Du chêne (*quercus robur* et *Q. pedunculata*) . . . 388
   Du pin cultivé (*pinus*) . . . . *Ib.*
   Du mûrier noir et du mûrier blanc (*morus nigra* et *M. alba*) 389

De l'olivier (*olea*). . . . . Page 390
Des orangers et citronniers (*medica citrus* et *M. aurantium*) 392
Du grenadier (*punica granatum*) . . . . *Ib.*
Du figuier (*ficus*). 393
De la vigne (*vitis*) . . . . *Ib.*
Du cornouiller (*cornus*). 397
Des groseilliers, framboisiers, fraisiers, etc. . . . 398
Des cucurbitacées et du melon en particulier . . . 399
De la patate (*convolvulus batatas*) 403
De la pomme de terre (*solanum tuberosum*) 404
Du topinambour (*helianthus tuberosus*) 407
Du maïs (*zea maïs*) . . . . *Ib.*
Du tabac (*nicotiana tabacum*) 408
Du café (*coffea arabica*) 409

CHAPITRE XI.

Résumé. 410
Domesticité du prunier de Briançon (*prunus brigantiaca*). 411
Domesticité du marronnier d'Inde (*esculus hippocastanum*). 413
Domesticité du maclura aurantiaca 414

MÉMOIRES.

Pag.

1°. *Sur la taille des arbres à fruit.* . . . 418
Du but de la taille 425
Moyens auxiliaires de la taille 426
De la végétation et de la fructification du poirier et du pommier, et de la division établie par les auteurs entre leurs branches 427
Divisions artificielles proposées entre les arbres d'âge et de force différens 432
   Premier ordre. . . . . *Ib.*
   Deuxième ordre. 433
   Troisième ordre. . . . . *Ib.*
   Quatrième ordre. 435
   Cinquième ordre. . . . . *Ib.*
1°. Arbres très jeunes et très vigoureux.—De l'effet que fait et devrait faire la taille sur les arbres de cette première division. 440
2°. Arbres adultes, commençant à porter fruits, ou en pleine fructification.—De l'effet que fait et que devrait faire la taille sur cette seconde division 441
3°. Arbres vieux et faibles.—De l'effet que fait et que devrait faire la taille sur cette troisième division. 445
Du recepage. 450
Des ressources que la taille offre ou devrait offrir contre l'alternat des arbres à fruits à pepins. . . 453
Suite des remarques sur la végétation et la fructification, et du temps nécessaire pour l'entière formation des boutons à fruit 456

Tableau des divers modes de fructification des poi- Pag.
riers et pommiers 463
Du cassement. 473
Remarques sur les épines du poirier. 482
Résumé 496

2°. *Sur l'existence des deux sèves, dites de printemps et d'août.* 507

Première époque. 527
Deuxième époque . . . . *Ib.*
Troisième époque. 531
Application des principes émis dans cette discussion aux causes de l'alternat des arbres fruitiers à pepins. 538
Première cause d'alternat. 539
Deuxième cause d'alternat 541
Troisième cause d'alternat 542
Quatrième cause d'alternat 543
Cinquième cause d'alternat . . . . *Ib.*
Notes supplémentaires 545
Tableau du cours présumé de la sève pour les divers mois de l'année, dans le climat de Paris . . 550

3°. *Sur la production des hybrides, des variantes, des variétés, etc.* 551

FIN DE LA TABLE DES MATIÈRES.

Ouvrages qui se trouvent chez Mme. Huzard, libraire, rue de l'Éperon, n°. 7.

ALMANACH DU CHASSEUR, ou Calendrier perpétuel. Paris, 1773, in-12, avec musique gravée.

2 fr. et 2 f. 50 c.

AMUSEMENS (les) innocens contenant le Traité des Oiseaux de volière; ou le parfait Oiseleur. Paris, 1774, in-12. 3 et 4 f.

APERÇU GÉNÉRAL DES FORÊTS; par *C. d'Ourches* (contenant l'aménagement et l'exploitation des bois et forêts, avec une technologie forestière). Paris, 1805, 2 vol. in-8, ornés de 39 planches. 12 et 15 f.

ART (l') du Taupier, suivant les procédés de M. *Aurignac*; par *Dralet*. in-8, fig. 50 c. et 60 c.

ESSAI DE VÉNERIE, ou l'Art du valet de Limier; suivi d'un Traité sur les maladies des Chiens et sur leurs remèdes; 3e. édition revue, corrigée et augmentée; par *Leconte Desgraviers*. Paris, 1810, in-8.

6 f. et 7 f. 25 c.

FORÊTS (des) de la France, considérées dans leurs rapports avec la marine militaire, à l'occasion du projet de *Code forestier*; par M. *Bonard*, ingénieur de la marine, etc. Paris, 1826, in-8 : avec la Réponse à la Lettre d'un inconnu. 5 et 6 f.

FORÊTS VIERGES de la Guiane française, considérées sous le rapport des produits qu'on peut en retirer pour les chantiers maritimes de la France, les constructions civiles et les arts; par M. *Noyer*. Paris, 1827, in-8. 2 f. 50 c. et 3 f.

GENÊT (du), considéré sous le rapport de ses différentes espèces, de ses propriétés et des avantages qu'il offre à l'agriculture et à l'économie domestique; par M. *Thiébaut de Berneaud.* Paris, 1810, in-8.
1 f. 50 c. et 1 f. 80 c.

HISTOIRE DE LA CRÉATION D'UNE RICHESSE MILLIONNAIRE, par la culture des Pins, ou application du Traité pratique de cette culture, publié en 1826; par *L.-G. Delamarre.* Paris, 1827, in-8, fig. color.
6 f. et 7 f.

LE TRAITÉ PRATIQUE de la culture des Pins, du même auteur, formant un vol. in-8 (1826), se vend
6 f. et 7 fr.

LETTRE de *Quatremère-Disjonval* au S. *D'Eymar,* sur l'encaissement du Rhône et l'exploitation de quelques espèces de bois. Genève, an 9, in-8.   75 c. et 85 c.

LETTRE à M. *François de Neufchâteau,* sur le Robinier; par *F.-C. Médicus.* Trad. de l'allemand. Paris, 1804, in-12.   50 c. et 60 c.

LETTRE sur le Robinier, connu sous le nom impropre de faux acacia; par *François de Neufchâteau.* 1803, in-12, fig.   2 f. 50 c. et 3 f. 25 c.

MÉMOIRE SUR L'AJONC ou GENÊT ÉPINEUX, considéré sous le rapport de fourrage, de l'amendement des terres stériles et de supplément au bois; par *Ét. Calvel.* 2e. édit. Paris, 1809, in-8.   75 c. et 90 c.

MÉMOIRE SUR L'ADMINISTRATION FORESTIÈRE, sur les qualités individuelles des Bois indigènes, ou qui sont acclimatés en France, auxquels on a joint la description des bois exotiques que nous fournit le commerce; par M. *Varennes-Fenille.* 2e. édit. Paris, 1807, 2 vol. in-8, fig.   6 f. et 7 f. 50 c.

www.ingramcontent.com/pod-product-compliance
Lightning Source LLC
Chambersburg PA
CBHW060502230426
43665CB00013B/1348